# Der neue große PISA-Test für Erwachsene



Jürgen Brück
Martina Rüter
Jörg Werremeyer

Compact Verlag

Text: Jürgen Brück (Mathematik);
Dipl.-Mineralogin Martina Rüter (Naturwissenschaften);
Jörg Werremeyer (Leseverständnis)
Chefredaktion: Evelyn Boos
Redaktion: Dr. Matthias Feldbaum
Produktion: Wolfram Friedrich
Illustrationen: Tilo Bauer
Abbildungen: Gruppo Editoriale Fabbri, Mailand;
Lidman Production, Stockholm
Titelabbildungen: dpa Picture-Alliance, Frankfurt
Gestaltung: Axel Ganguin
Umschlaggestaltung: Axel Ganguin

ISBN 3-8174-5916-5
5459161

Besuchen Sie uns im Internet: www.compactverlag.de

# Vorwort

Entdecken Sie die lustvolle Seite des Lernens, des Wissens und des Verstehens.

Bildung besitzen und Wissen anwenden: zwei erlernbare Merkmale, mit denen der Mensch im Leben nur gewinnt. Er profitiert davon nicht nur im Beruf, sondern auch im Privatleben. Er wird Spitzenleistungen erzielen und auch seine Persönlichkeit weiterentwickeln können.

Die Chancen, die sich durch Bildung bieten, sollten nicht in Vergessenheit geraten. Durch die Diskussionen über die Ergebnisse der PISA-Studien mag der Eindruck entstanden sein, als wären Wissenserwerb und Wissensanwendung harte Prüfungen, die man am besten meidet. Doch das ist nicht der Fall. Vielmehr geht es um die Bereicherung des Lebens und um die Erleichterung von Problemen. Darum spricht dieses Buch auch nicht die Schüler an, sondern es wendet sich gezielt an Erwachsene, die testen wollen, wie es um ihre PISA-Kompetenz steht. Wie ist es um Ihre Fähigkeiten zu Transferleistungen bestellt? Verstehen Sie Ihr Wissen optimal anzuwenden?

Der „neue große PISA-Test für Erwachsene“ nimmt Sie mit auf eine interessante, spannende und unterhaltsame Reise durch die Welt des Lernens, Wissens und Verstehens. Er enthält über 650 abwechslungsreiche Übungen zu den ursprünglichen PISA-Themen, die für eine fundierte Bildungsbasis stehen:

Lesekompetenz
Naturwissenschaften
Mathematik

25 abgeschlossene Testbögen mit konkreten Zeitangaben für die Bearbeitung der Aufgaben ermöglichen Ihnen ein effektives Training; in den jeweils anschließenden Lösungsteilen können Sie Ihre Leistung sofort überprüfen. Sie sollten für jeden Test etwa 45 Minuten Bearbeitungszeit einplanen. Der Einführungstest hilft Ihnen Ihre PISA-Kompetenz zu erfassen und eventuelle Schwächen aufzudecken. Im Abschlusstest können Sie Ihren Trainingserfolg messen.
Abwechslung ist auch durch die unterschiedliche Form der Übungen garantiert: Es sind vorgegebene Antworten auszuwählen, eigene Antworten zu formulieren und Zeichnungen anzufertigen oder zu vervollständigen. Einige Fragen können mit Wissen, andere nur mit Transferleistung beantwortet werden. Manches können Sie einfach in das Buch eintragen, für andere Fälle sollten Sie einen Schreibblock zur Hand nehmen.

Einprägsame Symbole kennzeichnen die Wissensgebiete, sodass ein gezieltes Training möglich ist:

Lesekompetenz

Naturwissenschaften

Mathematik

Nun kann Ihre Reise durch die Welt des Lernens, des Wissens und des Verstehens beginnen! Viel Erfolg!

# Inhalt

# Einführungstest
## Übungen

### Übung E.1 — 1,5 Min.

Erweitern Sie die folgende kleine Liste von Bewegungsverben um insgesamt mindestens zehn inhaltlich benachbarte Wörter: gehen, laufen, springen, bummeln ... Mit manchen Verben können Sie auch die Art der Bewegung beschreiben.

### Übung E.2 — 1 Min.

Einen wichtigen Beitrag zur systematischen Einordnung von Pflanzen und Tieren leistete Carl von Linné. Er setzte die binäre Nomenklatur im Jahre 1739 durch. Hierbei bezeichnet der erste Name die Gattung und der zweite Name definiert die Zugehörigkeit zur Art. Beim Beispiel des Zwergschimpansen (auch Bonobo) mit der lateinischen Bezeichnung „Pan paniscus" meint „Pan" die Gattung der Schimpansen und „paniscus" (lat., „kleiner Pan") bezeichnet die Art.

Wie lautet die Artbezeichnung für den in der Gegenwart lebenden Menschen der Gattung „Homo", der moderne Mensch?

**A** „Homo erectus" (lat. erectus: emporstehend)

**B** „Homo sapiens" (lat. sapiens: einsichtsvoll, verständig, weise)

**C** „Homo habilis" (lat. habilis: handlich, tauglich, geschickt)

### Übung E.3 — 1 Min.

Sören kauft im Supermarkt Lebensmittel ein. In seinem Einkaufskorb befindet sich Fleisch für 12,63 €, Milch für 1,47 €, Obst für 4,98 €, Cornflakes für 1,23 € und Mineralwasser für 2,52 €. Sören möchte nun wissen, ob er sich noch eine Zeitung kaufen kann und überschlägt die Gesamtkosten der Waren in seinem Korb. Zu diesem Zweck rundet er die Beträge auf ganze Eurobeträge auf oder ab. Zu welchem Ergebnis kommt Sören?

### Übung E.4 — 2 Min.

Sinnfiguren sind rhetorische Mittel, die sich auf den Inhalt und die Aussage eines Textes beziehen. Sie werden vom Autor meist gezielt eingesetzt, um eine bestimmte Wirkung beim Leser hervorzurufen. Versuchen Sie anhand des Beispiels die Eigenart des hier vorliegenden Stilmittels zu bestimmen:

> Du sihst, wohin du sihst, nur Eitelkeit auff Erden:

Was diser heute baut, reist jener morgen ein.
Wo itzund Staedte stehn, wird eine Wisen seyn,
...
Was itzund praechtig blueht, sol bald zertretten werden.
Was itzt so pocht und trotzt ist Morgen Asch und Bein,
...
Itzt lacht das Glueck uns an, bald donnern die Beschwerden.
(Andreas Gryphius)

Wissen Sie, wie man dieses Stilmittel nennt? Was mag ein Autor wohl mit seiner Verwendung bezwecken?

### Übung E.5 — 1 Min.

Eine Impfung ist eine vorbeugende Maßnahme gegen Infektionskrankheiten. Hierbei wird ein Impfstoff in den Körper eingebracht, um die Bildung von Antikörpern anzuregen. Was ist der Unterschied zwischen aktiver und passiver Impfung?

**A** Bei der aktiven Impfung wird der Impfstoff direkt in die Vene eingebracht (intravenös), während bei der passiven Impfung der Impfstoff oral eingenommen wird.

**B** Bei der aktiven Impfung wird mit abgeschwächten lebenden, toten oder Bruchstücken von Erregern geimpft; bei der passiven Impfung besteht der Impfstoff aus vorgebildeten Antikörpern.

### Übung E.6 — 2,5 Min.

Ein Industriekonzern hatte im Jahr 2000 insgesamt 173.000 Angestellte. Er gliederte sich dabei in fünf verschiedene Bereiche auf. In jedem der einzelnen Bereiche hatte er folgende Mitarbeiterzahlen: Möbel: 59.000, Schrauben: 36.000, Stahl: 39.000, Holzwirtschaft: 11.000, Dienstleistungen: 28.000. Berechnen Sie, welche prozentualen Anteile jeder einzelne Bereich an der gesamten Arbeitnehmerschaft hatte (runden Sie das Ergebnis auf zwei Nachkommastellen).

### Übung E.7 — 1,5 Min.

Autoren, insbesondere Journalisten, verwenden oft Synonyme des Wortes „antworten“, um Wiederholungen zu vermeiden. Unterstellen wir, dass nur dieses Wort neutral verwendet werden kann, tun alle sinnverwandten Verben mehr: Sie differenzieren die Artikulation des Sprechers. Versuchen Sie die folgenden Verben des Wortfeldes „antworten“ sinnvoll in die Grafik einzuordnen:

widersprechen (1), bestätigen (2), entgegnen (3), protestieren (4), einwenden (5).

### Übung E.8 — 1 Min.

Der männliche Körper besteht durchschnittlich zu 40 % aus Muskeln und zu 15 % aus Fett. Bei der Frau dagegen besteht der Körper aus 25 % Muskeln und 25 % Fett. Wer bekommt schneller kalte Füße?

**A** Männer, denn Frauen besitzen ein ausgewogenes Verhältnis von Muskelmasse zu Fettgewebe, sodass die produzierte Wärme auch gut gespeichert werden kann.

**B** Frauen frieren schneller, da sie weniger Muskelmasse besitzen. Muskeln produzieren jedoch Körperwärme.

**C** Beide frieren gleich schnell oder langsam. Die Wahrnehmung ist jedoch bei Männern und Frauen unterschiedlich ausgebildet.

### Übung E.9 — 2 Min.

Der Schweizer Mathematiker Leonhard Euler (1707–1783) stellte folgende feuchtfröhliche Aufgabe:

20 Personen, Männer und Frauen, besuchen ein Gasthaus. Jeder Mann gibt acht Groschen, jede Frau sieben Groschen aus, und die ganze Zeche beläuft sich auf sechs Reichstaler. Wie viele Männer und Frauen sind es? (1 Reichstaler = 24 Groschen)

________________________________

### Übung E.10 — 2 Min.

In epischen Texten bzw. Prosatexten erscheint ein Erzähler, der nicht mit dem Autor identisch ist. Meist wird die Erzählfigur vom Autor vorgeschoben, sie kann Gedanken des Autors ausdrücken. Aber nicht immer äußert eine Erzählfigur das, was der Autor denkt. Versuchen Sie eine grobe Charakterisierung von Autor und Erzähler zu erstellen, indem Sie in der Tabelle ein Kreuz eintragen, wenn die Aussage für Autor bzw. Erzähler zutrifft.

| | Autor | Erzähler |
|---|---|---|
| seine Vorlieben, Abneigungen, Wertvorstellungen und Gedanken dürfen nicht mit denen des Verfassers gleichgesetzt werden | | X |
| eine wirklich existierende Person | X | |
| gibt als Bestandteil des Textes die Geschichte aus seiner Perspektive wieder | | X |
| identisch mit dem Verfasser oder Schriftsteller | X | |
| entscheidet sich für einen Stoff, den er erzählen will | X | |
| erfundene Person, die oft namentlich nicht genannt wird | | X |
| drückt eventuell seine Vorlieben, Abneigungen, Wertvorstellungen und Gedanken in seiner Geschichte aus | X | |

## Übung E.11 — 1,5 Min.

Das Periodensystem der Elemente (PSE) fasst in den Hauptgruppen Elemente mit ähnlichen Eigenschaften zusammen. Von links nach rechts folgen aufeinander Alkali- und Erdalkalimetalle, Bor-, Kohlenstoff- und Stickstoffgruppe, Chalkogene (Erzbildner), Halogene (Salzbildner) und abschließend die Edelgase. Aus dem PSE können u. a. Aussagen zur Reaktion der Oxide mit Wasser abgeleitet werden: Die Oxide der ersten bis dritten Hauptgruppe reagieren basisch und die Nichtmetalloxide der vierten bis siebten Hauptgruppe sauer. Welche Eigenschaften besitzen somit die Oxide der Alkali- und Erdalkalimetalle?

**A** sauer
**B** basisch
**C** neutral

## Übung E.12 — 2,5 Min.

Es sind folgende Funktionsgleichungen und Grafen quadratischer Funktionen gegeben. Welcher Graf gehört zu welcher Funktionsgleichung?

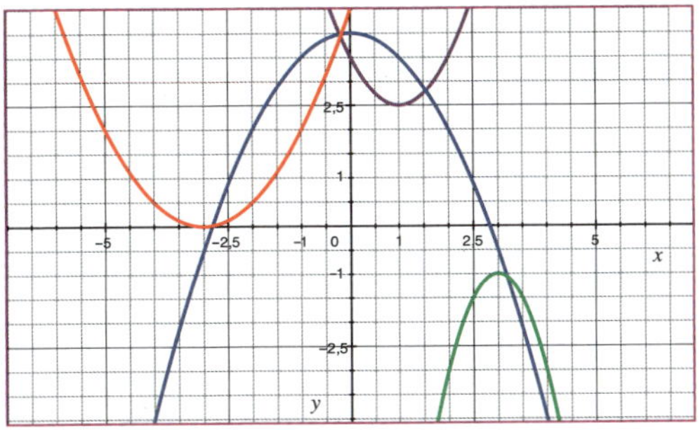


**A** $f(x) = (x - 1)^2 + 2{,}5$
**B** $f(x) = -0{,}5\,x^2 + 4$
**C** $f(x) = -2\,(x - 3)^2 - 1$
**D** $f(x) = 0{,}5\,(x + 3)^2$

## Übung E.13 — 2 Min.

Manche Hersteller bewerben oft den Zusatznutzen ihres Produktes und stellen ihn in einer Anzeige in den Vordergrund. Er wird von Werbefachleuten auch „einzigartige Verkaufsaussage" genannt (jedoch meist in englischer Sprache „unique selling proposition", kurz USP). Welches USP wird in den folgenden Slogans beworben?

**A** Die Tür muss man schieben. Das Auto fährt selbst.

______________________________

**B** Psst! Die neuen Flüsterspüler sind da.

______________________________

**C** Während andere noch drucken, sind unsere Drucker längst fertig!

______________________________

**D** Haben Sie schpn mal verszcht, auf einr zu kleinen Tasztatur eine Telrfonnummer einzutippen?

______________________________

### Übung E.14 — 1 Min.

Das von Niels Bohr im Jahre 1913 entwickelte bohrsche Atommodel für die Atomhülle ist einer Zwiebel vergleichbar. Auf den einzelnen Schalen um den Atomkern herum befinden sich die Elektronen eines Elements. Die Atome streben an, auf der äußersten Schale Edelgaskonfiguration (Oktett = 8 Elektronen) zu erreichen und verbinden sich dementsprechend mit anderen Atomen. Dies erklärt die ähnlichen Eigenschaften der Elemente, die im Periodensystem der Elemente (PSE) zu einer untereinander stehenden Gruppe zusammengefasst sind. Sie besitzen alle gleich viele Elektronen auf der äußersten Schale. Strontium steht in der 5. Periode und in der 2. Hauptgruppe des PSE. Wie viele Elektronen befinden sich auf der äußeren Schale?

**A** 2 Elektronen
**B** 5 Elektronen

### Übung E.15 — 2,5 Min.

Der Minutenzeiger einer Wanduhr ist 7,2 cm lang. Wie lang ist der Weg, den die Zeigerspitze in 60 Minuten zurücklegt? Welche Fläche überstreicht der ganze Zeiger in 45 Minuten?

### Übung E.16 — 1,5 Min.

Erzählung und Roman sind epische Gattungen. Aber was ist der Unterschied zwischen ihnen? Versuchen Sie eine grobe Charakterisierung, indem Sie „Ja“ und „Nein“ in die freien Felder der unten stehenden Tabelle eintragen.

### Übung E.17 — 1 Min.

Zur Entfernung hartnäckiger Flecken aus Stärke und Eiweiß, wie z. B. Eigelb, Kakao oder Blut, werden spezielle Substanzen benötigt. Hier wirken u. a. Proteasen, Amylasen, Lipasen und Cellulasen. Zu welcher Stoffgruppe gehören die aufgezählten Substanzen?

**A** Enzyme
**B** Proteine
**C** Peptide

| | Erzählung | Roman |
|---|---|---|
| kurze und einsträngige Handlung | X | |
| gilt als Großform der Erzählkunst | X | [illegible] |
| Geschehnisse und Handlungen erfahren eine kunstvolle Ausweitung von Zeit und Raum | | X |
| umfasst meist eine längere Zeitspanne | | X |
| umfangreich und mehrsträngige Handlung | | X |
| in sich geschlossene Handlung mit Einleitung und Schluss | | |

### Übung E.18 — 2 Min.

Ein kugelförmiger Luftballon habe den Radius r. Nun wird so viel zusätzliche Luft hineingeblasen, dass r um 10 % zunimmt. Um wie viel Prozent nimmt die Oberfläche des Luftballons zu?

---

### Übung E.19 — 2 Min.

Von wem oder was ist in diesem Vers von Friedrich von Schiller (1759–1805) wohl die Rede?

> „Wie heißt das Ding, das wen'ge schätzen,
> Doch ziert's des größten Kaisers Hand,
> Es ist gemacht, um zu verletzen,
> Am nächsten ist's dem Schwert verwandt.
> Kein Blut vergießt's und macht doch tausend Wunden,
> Niemand beraubt's und macht doch reich,
> Es hat den Erdkreis überwunden,
> Es macht das Leben sanft und gleich.
> Die größten Reiche hat's gegründet,
> Die ältsten Städte hat's erbaut,
> Doch niemals hat es Krieg entzündet,
> Und Heil dem Volk, das ihm vertraut.
> Fremdling, kannst du das Ding nicht raten,
> So weich aus diesen blühenden Staaten!“

---

### Übung E.20 — 1,5 Min.

In einem Stromkreislauf sollen zwei Glühlampen an eine Stromquelle (Batterie) angeschlossen werden. Es gibt nun zwei Möglichkeiten der Schaltung: 1. Reihenschaltung und 2. Parallelschaltung (s. Abb.). Bei welcher Art der Schaltung wird die Batterie schneller leer?

**A** Bei der Parallelschaltung wird der Stromfluss an den Verzweigungspunkten aufgespalten, deshalb fließt durch jede Lampe nur halb so viel Strom. In der Reihenschaltung fließt der gesamte Strom durch beide Lampen. Deshalb entlädt sich die Batterie in der Reihenschaltung schneller.

**B** Beide Schaltungen verbrauchen gleich viel Strom. Die Batterie wird in beiden Schaltungen gleich schnell verbraucht.

**C** Bei der Parallelschaltung fließt die doppelte Menge Strom, da die Lampen beide so hell leuchten, wie in einer einfachen Schaltung mit nur einer Lampe. Deshalb wird die Batterie schnell verbraucht.

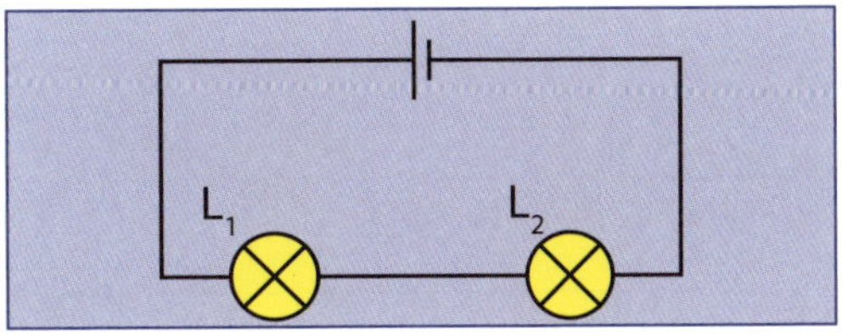

Reihenschaltung

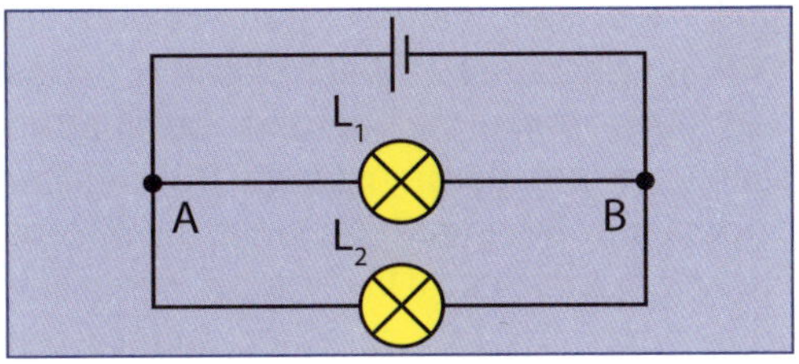

Parallelschaltung

### Übung E.21 — 3 Min.

Opa Müller möchte seiner Familie alte Dias zeigen. Die Diapositive haben Seitenlängen von 3,6 cm und 2,4 cm und werden auf eine parallele Wand projiziert. Das Objektiv ist 12 cm von Dia und 4,80 m von der Wand entfernt. Wie groß muss die Leinwand mindestens sein, damit das komplette Bild auf ihr Platz findet?

---

### Übung E.22 — 1,5 Min.

Manche Schreiber versuchen krampfhaft, Wortwiederholungen zu vermeiden. Sie verwenden Synonyme, die oft ohne Hintergrundwissen nicht zu entschlüsseln sind oder abgedroschen klingen. Was mag wohl mit diesen Ausdrücken gemeint sein?

**A** Pyrenäenhalbinsel:

---

**B** nationaler Carrier:

---

**C** Streifen:

---

**D** Venedig des Nordens:

---

### Übung E.23 — 1,5 Min.

Einige Legierungen bilden so genannte Mischkristalle. Das bedeutet, dass die beiden beteiligten Elemente ein gemeinsames Raumgitter bilden. Ein Beispiel hierfür ist die Eisen-Nickel Legierung. Die Atome befinden sich noch immer in einer dichtesten Kugelpackung, doch die Positionen im raumzentrierten Gitter sind abwechselnd von Fe- und Ni-Atomen besetzt. Was ist Voraussetzung für die Bildung von solchen Mischkristallen?

**A** Eine Atomsorte muss klein, die andere groß sein.

**B** Die beteiligten Atomsorten müssen ungefähr gleich groß sein, d. h. ihr Atomradius muss annähernd gleich sein.

**C** Die beiden Atomsorten müssen einen ähnlichen Schmelzpunkt aufweisen, damit sie ein gemeinsames Gitter beim Erstarren bilden können.

### Übung E.24 — 2 Min.

Bei einem Würfelspiel werden zwei Würfel geworfen. Gewonnen hat, wer mindestens eine Augenzahl von 10 erreicht. Wie hoch ist die Wahrscheinlichkeit dafür?

---

### Übung E.25 — 1,5 Min.

Was haben diese Wörter gemeinsam: Duden, Maggi, Baedecker, Havanna, Zeppelin, Mentor?

---

### Übung E.26 — 1 Min.

Es gibt 24 Zeitzonen, die immer 15° geografische Länge umspannen. Für welches Land gilt die Mitteleuropäische Zeit nicht?

**A** Dänemark  **B** Österreich
**C** Italien  **D** Spanien

## Lösung E.1

Die meisten Verben, die wir verwenden, sind so genannte Tätigkeitsverben (neben z. B. Vorgangs- und Zustandsverben). Sie drücken aus, dass jemand etwas tut, etwas ausführt. Viele dieser Verben präzisieren Aktionsarten. Sie helfen, einen größeren oder geringeren Grad, eine schwächere oder intensivere Intensität eines Vorgangs zu kennzeichnen. Geeignete Verben sind hier z. B.: marschieren, schreiten, stapfen, trotten; sausen, eilen, hasten; hüpfen; schlendern, streifen, wandeln, zuckeln, schleichen. Sicher haben Sie noch viele andere nennen können.

## Lösung E.2

B. Die korrekte Artbezeichnung für den modernen Menschen lautet „Homo sapiens". „Homo erectus" und „Homo habilis" sind ausgestorben.

## Lösung E.3

Die gerundeten Beträge sind: Fleisch 13,- €, Milch 1,- €, Obst 5,- €, Cornflakes 1,- €, Mineralwasser 3,- €. Sören kommt also auf ein Ergebnis von 23,- €.

## Lösung E.4

Die Antithese (griech., „Gegensatz") ist eine Sinnfigur, bei der unter einem ungenannten Oberbegriff solche Begriffe und Gedanken kombiniert werden, die dem üblichen Sprachgebrauch entsprechend in direktem Gegensatz zueinander stehen. Manche Redewendungen beinhalten Antithesen: z. B. Himmel und Hölle in Bewegung setzen, fernab von Gut und Böse sein. Hier hat der Autor Satzteile gegenübergestellt: z. B. bauen und einreißen, Städte und Wiesen, itzt und morgen. Die Antithese soll z. B. Zwiespalt, Spannung oder Zerrissenheit ausdrücken.
Der Text ist ein Auszug aus dem Gedicht *Es ist alles eitel* (1643) von Andreas Gryphius (1616–64). Es entstand während des Dreißigjährigen Krieges und handelt von der Vergänglichkeit und der Nichtigkeit alles Weltlichen.

## Lösung E.5

B. Bei der aktiven Impfung mit abgeschwächten lebenden, toten oder Bruchstücken von Erregern wird das Immunsystem zur Immunabwehr angeregt, ohne dadurch die Erkrankung selbst auszulösen. Bei der passiven Impfung wird der vorgebildete Antikörper selbst verabreicht.

## Lösung E.6

Möbel: 59.000 173.000 = 0,34104 = 34,10 %; Schrauben = 20,81 %; Stahl: 22,54 %; Holzwirtschaft: 6,36 %; Dienstleistungen: 16,18 %

## Lösung E.7

4 1 5 3 2

Opposition ⟷ Zustimmung

## Lösung E.8

B. Körperwärme wird durch Muskeln erzeugt. Fett dagegen kann Wärme lediglich isolieren. Frauen können deshalb schlechter Wärme produzieren und frieren somit schneller als Männer.

## Lösung E.9

Es sind x Frauen und (20 – x) Männer. Die Frauen geben jeweils 7 Groschen aus, insgesamt also 7x Groschen. Die Männer geben jeweils 8 Groschen aus, also $8 \cdot (20 - x)$. Insgesamt beläuft sich die Zeche auf 6 Reichstaler, also 144 Groschen.
Es lässt sich also folgende Gleichung formulieren:
$7x + 8\,(20 - x) = 144$
Es sind 16 Frauen und 4 Männer.

### Lösung E.10

| | Autor | Erzähler |
|---|---|---|
| seine Vorlieben, Abneigungen, Wertvorstellungen und Gedanken dürfen nicht mit denen des Verfassers gleichgesetzt werden | | X |
| eine wirklich existierende Person | X | |
| gibt als Bestandteil des Textes die Geschichte aus seiner Perspektive wieder | | X |
| identisch mit dem Verfasser oder Schriftsteller | X | |
| entscheidet sich für einen Stoff, den er erzählen will | X | |
| erfundene Person, die oft namentlich nicht genannt wird | | X |
| drückt eventuell seine Vorlieben, Abneigungen, Wertvorstellungen und Gedanken in seiner Geschichte aus | X | |

### Lösung E.11

B. Die Alkali- und Erdalkalimetalle stehen in der 1. und 2. Hauptgruppe und ihre Oxide besitzen basische Eigenschaften.

### Lösung E.12

Lila: $f(x) = (x - 1)^2 + 2{,}5$
Blau: $f(x) = -0{,}5x^2 + 4$
Grün: $f(x) = -2(x - 3)^2 - 1$
Rot: $f(x) = 0{,}5(x + 3)^2$

### Lösung E.13

A Schiebetüren eines Autos
B leises Betriebsgeräusch eines Geschirrspülers
C Schnelligkeit eines Druckers
D bedienerfreundliche Tastatur eines Handys

### Lösung E.14

A. Die Gruppennummer des PSE gibt an, wie viele Elektronen sich auf der letzten Schale befinden. Auf der äußeren Schale des Strontiums befinden sich 2 Elektronen, da das Element in der 2. Hauptgruppe steht.

### Lösung E.15

Hier benötigen wir zunächst die Formel zur Berechnung des Umfangs eines Kreises, also $U = 2 \cdot \pi \cdot r$
Der Weg, den der Zeiger innerhalb einer Stunde zurücklegt, beträgt 45,2 cm (der Wert ist gerundet).
Die Kreisfläche berechnet sich aus $A = \pi \cdot r^2$. In unserem Fall wollen wir aber nur wissen, wie groß die Fläche ist, die der Zeiger in 45 Minuten überstreicht, das Ergebnis muss also mit 0,75 multipliziert werden. Wir erhalten dann eine Fläche von 122,15 $cm^2$ (auch dieser Wert ist gerundet).

### Lösung E.16

Ihre Tabelle sollte wie folgt aussehen:

| | Erzählung | Roman |
|---|---|---|
| kurze und einsträngige Handlung | ja | nein |
| gilt als Großform der Erzählkunst | nein | ja |
| Geschehnisse und Handlungen erfahren eine kunstvolle Ausweitung von Zeit und Raum | nein | ja |
| umfasst meist eine längere Zeitspanne | nein | ja |
| umfangreich und mehrsträngige Handlung | nein | ja |
| in sich geschlossene Handlung mit Einleitung und Schluss | ja | nein |

### Lösung E.17

A und B. Proteasen sind Eiweiß spaltende Enzyme, Amylasen spalten Stärke, Lipasen spalten Fette und Cellulasen sind Cellulose spaltende Enzyme.

### Lösung E.18

Der neue Radius ist $1{,}1 \cdot r$.
Die prozentuale Zunahme p errechnet sich nun aus:

$$p = \frac{O_{neu} - O_{alt}}{O_{alt}} \cdot 100\,\%$$

$$p = \frac{4 \cdot (1{,}1 \cdot r)^2 \cdot \pi - 4 \cdot r^2 \cdot \pi}{4 \cdot r^2 \cdot \pi} \cdot 100\,\%$$

$$p = \frac{4 \cdot r^2 \cdot \pi \cdot (1{,}1^2 - 1)}{4 \cdot r^2 \cdot \pi} \cdot 100\,\% = 21\,\%$$

Die Oberfläche nimmt um 21 % zu.

### Lösung E.19
Der Text entstammt Friedrich von Schillers tragikomischem Märchen um die launenhafte chinesische Prinzessin *Turandot*. In diesem Vers ist die Rede vom „Pflug, der allen diesen Segen schuf".

### Lösung E.20
C. Bei der Parallelschaltung leuchten die Lampen beide in der Helligkeit, wie bei einer einfachen Schaltung mit nur einer Lampe. Deshalb fließt auch die doppelte Menge Strom und die Batterie wird doppelt so schnell verbraucht. In der Reihenschaltung fließt der Strom erst nacheinander durch die Lampen, von der jede dem Stromfluss einen Widerstand entgegensetzt. Hier fließt weniger Strom, die Lampen leuchten weniger stark und die Batterie wird langsamer verbraucht.

### Lösung E.21
Bei der Lösung dieser Aufgabe hilft der zweite Strahlensatz. Wir erhalten somit folgende Beziehung:

$$\frac{3{,}6}{12} = \frac{x}{480}$$

$$x = \frac{3{,}6 \cdot 480}{12} = 144$$

Die Leinwand muss mindestens 144 cm breit sein.
Nebenbemerkung: Wir benötigen für die Berechnung nur die längere Seite des Dias, da die Kürzere ja automatisch passt, wenn die Leinwand weit genug entfernt ist, um die komplette längere Seite abzubilden.

### Lösung E.22
A Spanien und Portugal
B Fluglinie eines Landes (z. B. für Deutschland die Lufthansa)
C Film
D St. Petersburg oder Hamburg

### Lösung E.23
B. Würden die beteiligten Atomsorten sehr unterschiedliche Atomradien besitzen, so käme es zu starken Gitterverzerrungen und das Gitter wäre nicht stabil. Deshalb müssen Atomsorten, die gemeinsam einen Mischkristall bilden, ungefähr gleich groß sein. Doch genau gleich groß sind die Atome verschiedener Elemente nie, weshalb es bei Mischkristallen immer auch zu Spannungen im Raumgitter kommt. Aus diesen geringen Verspannungen resultiert jedoch eine größere Härte und Zugfestigkeit der Legierungen.

### Lösung E.24
Das Ereignis tritt also ein, wenn die Augenzahl 10, 11 oder 12 beträgt. Nun müssen wir überlegen, in welchen Fällen das so ist. Bei folgenden Kombinationen ist die Augenzahl mindestens 10: (5/5), (4/6), (6/4), (5/6), (6/5), (6/6) – es gibt also genau 6 Fälle. Insgesamt lassen sich mit zwei Würfeln 36 verschiedene Würfe würfeln. Das heißt, dass sich die Wahrscheinlichkeit P(E) in unserem Fall so berechnet:

$$P(E) = \frac{6}{36} = \frac{1}{6}$$

### Lösung E.25
Alle Wörter sind Gattungsnamen, die sich aus Eigennamen entwickelt haben: Duden für ein Nachschlagewerk, Maggi für ein Würzmittel, Baedecker für ein Reisehandbuch, Havanna für eine Zigarre, Zeppelin für das gleichnamige Luftschiff, Mentor für einen Erzieher bzw. Ausbilder.

### Lösung E.26
D. Für Spanien gilt die Mitteleuropäische Zeit (MEZ) nicht. In Spanien gilt die Westeuropäische Zeit (WEZ) mit einer Stunde Differenz zur MEZ.

### Übung 1.1 — 1 Min.

Übertragen Sie die Kennziffern aus der folgenden kleinen Sammlung von Verben sinnvoll in die unten stehende Grafik: grinsen (1), lächeln (2), schallend lachen (3), sich ausschütten vor Lachen (4), lachen (5).

### Übung 1.2 — 0,5 Min.

Im Tierreich unterscheidet man zwischen Wirbeltieren und Wirbellosen. Wirbeltiere sind u. a. die Säugetiere. Als Wirbellose werden alle Tiere bezeichnet, die keine Wirbelsäule besitzen. Hierzu zählen z. B. die Insekten, Krebse, Spinnen und Milben.
Welches Tier zählt nicht zu den Wirbeltieren?

**A** Strahlenflosser  **B** Gliederfüßer
**C** Panzerfisch  **D** Vogel

### Übung 1.3 — 1 Min.

Bei einem wissenschaftlichen Experiment werden die Messwerte mit einem hoch empfindlichen digitalen Messgerät ermittelt. Das Messgerät bestimmt die Werte bis auf fünf Nachkommastellen genau. Um aus den Messergebnissen ein Diagramm erstellen zu können, müssen die Werte auf ein Hundertstel gerundet werden. Runden Sie die folgenden Messergebnisse entsprechend auf oder ab:

**A** 1,98782  **B** 1,67339
**C** 2,00295  **D** 1,83342
**E** 2,28898

### Übung 1.4 — 2 Min.

Wir verwenden die lateinische Schreibweise von Buchstaben und meist die arabische Schreibweise von Ziffern. Römische Zahlzeichen verwendet man aber durchaus noch für Jahresangaben, in Copyrightvermerken, auf Zifferblättern von Uhren, zur Nummerierung von Serien und Kapiteln und zur Unterscheidung von Personen gleichen Namens.
Können Sie bei den folgenden Zahlen der heutigen arabischen Schreibweise die richtige römische zuordnen? Verbinden Sie die richtigen Paare durch Linien!

| | |
|---|---|
| **A** 50 | **1** MMV |
| **B** 1990 | **2** DCCLXVIII |
| **C** 1648 | **3** CXLIV |
| **D** 2005 | **4** MCMXLV |
| **E** 768 | **5** L |
| **F** 1945 | **6** MCMXC |
| **G** 144 | **7** MDCXLVIII |

### Übung 1.5 — 0,5 Min.

Unter „functional food“ versteht man Lebensmittel, die dem Verbraucher einen – meist gesundheitlichen – Vorteil verschaffen. Welche der folgenden Produkte werden dem „functional food“ zugeordnet?

**A** probiotischer Joghurt
**B** Öko-Bananen
**C** Omega-3-Margarine
**D** Ultrahocherhitzte Milch

### Übung 1.6 — 2,5 Min.

In der unten stehenden Tabelle finden Sie den heutigen Walbestand und eine Angabe darüber, wie viel Prozent des ursprünglichen Bestandes das darstellt (die Zahlen sind erfunden und entsprechen nicht den tatsächlichen Zahlen). Berechnen Sie anhand dieser Zahlen den ursprünglichen Walbestand (runden Sie ggf. sinnvoll ab).

### Übung 1.7 — 3 Min.

Nicht alle Verben machen einen Text ansprechend. Manche vermitteln Statik, Langeweile und Stillstand. Man kann Verben nach Kategorien unterscheiden, um sich einen Überblick über deren Wirkung zu verschaffen.
Tragen Sie die folgenden Verben in die Tabelle ein:
sein, veranstalten, haben, stürmen, stehen, dürfen, bersten, liegen, durchführen, aufblühen, müssen, sich befinden, sollen, sorgen für, explodieren

### Übung 1.8 — 1 Min.

Das Insulin ist ein blutzuckersenkendes Hormon, welches von Diabeteskranken nicht in ausreichendem Maße gebildet werden kann. Die Ausschüttung von Insulin hat zur Folge, dass die Glukoseaufnahme in Muskel- und Fettzellen stark beschleunigt wird. Eine weitere wichtige Funktion des Insulins besteht in der Regulation des Zellwachstums. Aus diesem Grund ist Insulin zu einem potenziellen Dopingpräparat geworden. Bodybuilder nutzen die muskelstär-

| **Walart** | Blauwal | Finnwal | Zwergwal | Glattwal | Seiwal | Buckelwal | Pottwal |
|---|---|---|---|---|---|---|---|
| **heutiger Bestand** | 5000 | 45.000 | 760.000 | 4000 | 55.000 | 19.000 | 510.000 |
| **% des ursprünglichen Bestands** | 2% | 8% | 88% | 4% | 21% | 23% | 81% |
| **ursprünglicher Bestand** | | | | | | | |

| **Stützen für Nominalstrukturen** | **Hilfsverben** | **Statische Verben** | **Verben der Aktion und Bewegung** |
|---|---|---|---|
| | | | |

kende Wirkung von Insulin und beim Laufen wirkt das in den Zellen eingelagerte Glykogen als „Energiequelle“.
Was passiert bei einer Insulin-Überdosis?

**A** Eine Überdosis des Hormons Insulin entzieht dem Blut soviel Zucker und lagert es in den Muskelzellen ein, dass das Gehirn nicht mehr ausreichend mit Energie versorgt wird.

**B** Ein Zuviel an Insulin bewirkt ein so rasches Zellwachstum, dass sich die Zellen sehr stark vergrößern und anschließend platzen.

## Übung 1.9 — 4 Min.

Gegeben ist unten stehende Schaltung:
x0 bis x2 sind hier Schalter, die auf dem Schaltbild alle den Zustand 0 innehaben (beachten Sie, dass sich Schalter x1 grundlegend von den anderen Schaltern unterscheidet). Stellen Sie nun eine Wahrheitstabelle für diese Schaltung auf, anhand der man ablesen kann, unter welchen Bedingungen die Lampe y leuchtet.

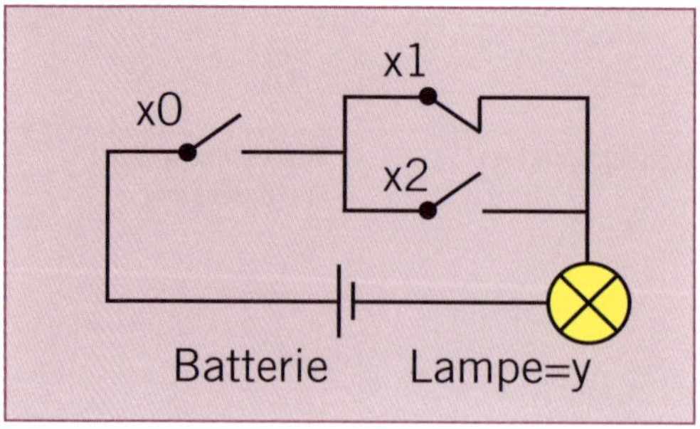


## Übung 1.10 — 1,5 Min.

In Arbeitszeugnissen verbergen sich hinter wohlwollend klingenden Formulierungen bisweilen negative Beurteilungen. Gerade in wirtschaftlich schwierigen Zeiten ist es notwendig, sich gleich nach Erhalt über den Inhalt eines Zeugnisses zu informieren, um eventuell noch eine Änderung herbeiführen zu können. Hier finden Sie Beurteilungen der Arbeitsbereitschaft. Tragen Sie die entsprechenden Buchstaben in die Leistungsskala ein.

**A** Er hat die ihm übertragenen Arbeiten mit großem Fleiß und Interesse durchgeführt.

**B** Er führte alle Aufgaben mit großer Umsicht, großem Wissen und hohem Engagement aus.

**C** Er führte seine Aufgaben im Großen und Ganzen umsichtig und engagiert aus.

**D** Er identifizierte sich stets mit seiner Aufgabe und dem Unternehmen.

**E** Er zeigte für seine Arbeit Verständnis und Interesse.

**F** Er führte seine Aufgaben mit Umsicht, Wissen und Engagement aus.

### Übung 1.11 1,5 Min.

Der Name eines Salzes leitet sich von der Säure ab, die dem jeweiligen Säurerest zugeordnet ist. So ist beispielsweise Chlorid ($Cl^-$) das Salz der Chlorwasserstoffsäure, HCl (auch Salzsäure genannt). Welche Namen tragen die Salze der Säuren?

**A** Phosphorsäure ($H_3PO_4$)
**B** Salpetersäure ($HNO_3$)
**C** Kohlensäure ($H_2CO_3$)
**D** Schwefelsäure ($H_2SO_4$)

### Übung 1.12 4 Min.

Gegeben sind eine Parabel $y = x^2 - 8x + 15$ und eine Gerade $y = -x + 5$. In welchen Punkten schneiden sich die beiden Grafen, wenn man sie in ein Koordinatensystem einträgt?

---

### Übung 1.13 1,5 Min.

Fast die Hälfte des Geldes, das die Deutschen für belletristische Literatur ausgeben, investieren sie in Romane. Vielleicht ist das deshalb so, weil der Roman eine wandelbare, variantenreiche literarische Gattung ist und sich vielfältige Arten herausgebildet haben: z. B. Abenteuerroman, Reiseroman, Liebesroman, Kriminalroman, Science-Fiction-Roman. Wissen Sie, welche der folgenden Aussagen auf den Roman im Allgemeinen zutreffen?

**A** Der Roman ist eine Großform der Erzählung in Prosa.
**B** Der Roman gilt seit Ende des 18. Jahrhunderts als angesehene Literaturform.
**C** Der Roman ist eine umfangreiche Erzählung mit einer Handlung in mehreren Strängen.
**D** Der Schelmenroman, eine Reihung abenteuerlicher Episoden, ist eine der frühen Arten des Romans.

### Übung 1.14 1,5 Min.

Oxide teilt man ihrem Reaktionsverhalten gegenüber Wasser in Säure bildende Oxide, Basen bildende Oxide und amphotere Oxide ein. Säure bildende Oxide sind solche, die mit Wasser eine Säure bilden. So verhalten sich vor allem Nichtmetalloxide wie z. B. das Kohlenstoffdioxid. Basen bildende Oxide bilden entsprechend mit Wasser eine Base. Hierzu zählen die Oxide der Alkali- und Erdalkalimetalle (z. B. Calcium- oder Magnesiumoxid). Oxide, die mit einer Säure wie eine Base und mit einer Base wie eine Säure reagieren, bezeichnet man als amphotere Oxide. Ein solches „Zwitter-Verhalten" weist z. B. Aluminiumoxid auf. Zu welchem Typ Oxid zählt Wasser?

**A** Säure bildende Oxide
**B** Basen bildende Oxide
**C** amphotere Oxide

## Übung 1.15 — 1 Min.

Das Dach eines Kirchturms wird mit Schiefer gedeckt. Es besteht aus vier gleich großen dreieckigen Flächen. Die Grundseite g eines jeden Dreiecks ist 4 m lang. Die Höhe misst 5,50 m. Die Kosten betragen 29 € pro Quadratmeter. Wie teuer wird das Dach?

## Übung 1.16 — 1,5 Min.

Unter Floskeln oder Phrasen versteht man ständig wiederkehrende Redewendungen. In Texten wirken sie abgegriffen, bieten kein Überraschungsmoment und verleihen dem Textteil kaum Aussagekraft. Ordnen Sie die folgenden Floskeln den genannten Kategorien zu:

**A** Digitalisierung der Medienwelt
**B** etwas muss ausgeführt werden
**C** Globalisierung der Wirtschaft
**D** potenzielle Geschäftsmöglichkeiten
**E** verschiedene Themenbereiche
**F** es wurde von Seiten der Verantwortlichen rasch reagiert
**G** Verbesserung im Bereich Qualität
**H** potenzielles Gefahrenmoment
**I** Verpflichtung zur Zufriedenheit der Kunden
**J** Anstrengungen noch stärker auf einen Geschäftsbereich fokussieren.

Allerweltswörter:

abstrakte Ausdrücke:

Passivformulierungen:

unterschiedliche, aber sinngleiche Begriffe (Pleonasmen):

## Übung 1.17 — 1,5 Min.

Kunststoffe werden nach ihrem Verhalten in drei Gruppen eingeteilt: 1. Thermoplaste sind bruchsicher: Sie verformen sich jedoch beim Erhitzen und behalten nach dem Abkühlen diese Form bei. 2. Duroplaste sind nicht verformbar und brechen auch leicht. Bei starker Hitze zersetzen sie sich. 3. Elastomere sind weich. Sie lassen sich bereits durch geringe Krafteinwirkung verformen und nehmen anschließend ihre ursprüngliche Gestalt wieder an. Bei großer Hitze zersetzen sie sich wie die Duroplaste. Ordnen Sie die Kunststoffe den drei Gruppen Thermoplaste (**1**), Duroplaste (**2**) und Elastomere (**3**) zu.

**A** Steckdose
**B** Plastikbesteck
**C** WC-Sitz
**D** Schaumstoff
**E** Einweghandschuhe
**F** Getränke-Flaschen

### Übung 1.18 — 1,5 Min.

In einem Messzylinder mit dem Radius r = 1,2 cm steht eine Flüssigkeit 3 cm hoch. Ein Wissenschaftler füllt diese Flüssigkeit nun in ein Reagenzglas um. Das Reagenzglas hat einen Radius von 0,6 cm. Wie hoch steht die Flüssigkeit in Reagenzglas (wir nehmen dabei an, dass das Reagenzglas einen ebenen Boden hat)?

### Übung 1.19 — 1 Min.

Der Nobelpreis für Literatur ist weltweit einer der bekanntesten Literaturpreise. Können Sie mindestens zwei Deutsche nennen, die ihn seit seiner Stiftung erhalten haben?

Alfred Nobel

### Übung 1.20 — 1 Min.

Die Formel des ohmschen Gesetzes ist leicht zu merken: $U = R \cdot I$ (sprich: URI). Es besagt, dass für einen metallischen Leiter bei konstanter Temperatur der Widerstand R eine Konstante ist, die nur von den Materialeigenschaften und der Gestalt abhängt. Wie groß ist der Widerstand (und welche Einheit führt er) für eine elektrische Spannung von 230 V und eine Stromstärke I von 0,5 A?

G. S. Ohm

### Übung 1.21 — 1,5 Min.

Um den Bau einer Brücke zu planen, müssen Landvermesser die Breite eines Flusses bestimmen. Hierzu haben sie die in der folgenden Skizze verzeichneten Strecken gemessen:

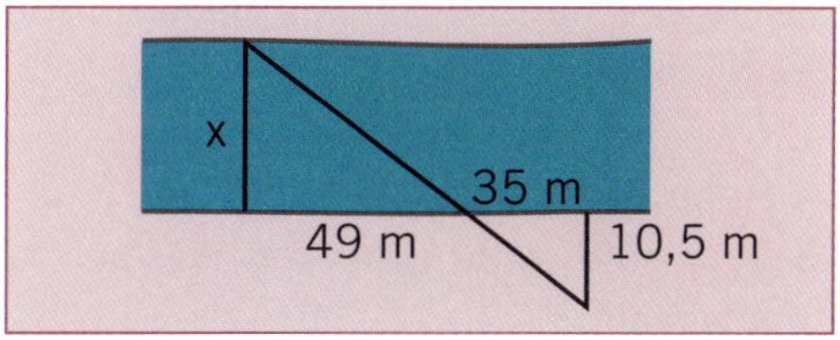


Ermitteln Sie nun rechnerisch die Breite des Flusses.

### Übung 1.22 — 0,5 Min.

Was mag wohl dabei helfen, einen Text logisch zu gestalten? Sie können die Ausdrücke unterstreichen oder einkreisen.

- klare Satzanschlüsse
- abwechslungsreicher Satzbau
- logische Gedankenreihung
- Vermeidung überlanger Sätze
- keine fehlenden Informationen
- richtige Wahl der Zeiten und Aussageweisen von Verben
- treffende Wortwahl

### Übung 1.23 — 1 Min.

Stahl ist unter dem Mikroskop betrachtet ein Einlagerungsmischkristall. D. h., dass die Eisen-Atome eine dichteste Kugelpackung bilden und die wesentlich kleineren Kohlenstoff-Atome in den Zwischenräumen der Eisen-Atome Platz finden. Die Kohlenstoff-Atome passen jedoch nicht exakt in die Zwischenräume. Sie sind etwas zu groß und es treten Spannungen im Raumgitter auf. Welche Auswirkung auf die Eigenschaft des Stahls haben diese Spannungen?

**A** Hohe Zugfestigkeit und Härte
**B** Sehr gute elektrische und Wärmeleitfähigkeit
**C** Keine

### Übung 1.24 — 1,5 Min.

Stellen Sie sich ein Schachbrett vor. In einer der vier Ecken befindet sich ein König. Sie stellen nun blind (auch wenn Blindheit im Schachspiel eine Sünde ist) eine Dame auf ein beliebiges freies Feld. Mit welcher Wahrscheinlichkeit bietet sie dem König Schach?

### Übung 1.25 — 1 Min.

Füllen Sie den Lückentext mit den entsprechenden Formen folgender Wörter: mollig, plump, rundlich, beleibt, dicklich.

„Frau Schmidt, meine __________ Nachbarin, ist eine Seele von Mensch. Sie ist zwar etwas __________, man könnte fast sagen __________, aber das verstärkt gerade den Eindruck ihrer Zufriedenheit. Trotz ihrer Figur wirkt sie nicht __________. Gerade weil sie so __________ ist, wirkt sie so angenehm.“

### Übung 1.26 — 3 Min.

Um den Leistungsstand einer Schulklasse in einem bestimmten Fach zu ermitteln, werden den Schülern nacheinander (höchstens) vier voneinander völlig unabhängige Aufgaben vorgelegt. Die Wahrscheinlichkeiten, dass die Schüler die jeweiligen Aufgaben lösen können, steigen von der ersten zur vierten Aufgabe und betragen 0,1; 0,3; 0,5 und 0,8. Wenn ein Schüler eine Aufgabe nicht lösen kann, wird ihm die nächste (leichtere) Aufgabe vorgelegt. Der Test ist beendet, wenn ein Schüler eine Aufgabe gelöst hat oder keine der vier Aufgaben lösen konnte. Wir groß ist die Wahrscheinlichkeit, dass ein Schüler erst die vierte Aufgabe lösen kann?

## Lösung 1.1

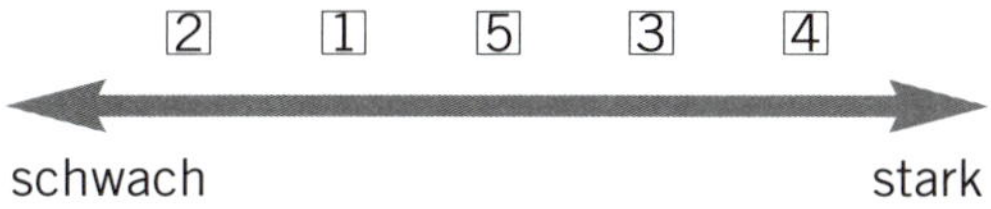


## Lösung 1.2

B. Die Gliederfüßer besitzen keine Wirbelsäule, sondern haben einen gegliederten Körperbau und ein durch Chitin versteiftes Außenskelett, welches durch Häutung während des Wachstums ersetzt wird. Der Strahlenflosser und der Panzerfisch sind Fische, die eine Wirbelsäule besitzen, ebenso wie alle Vögel.

## Lösung 1.3

A 1,99 B 1,67 C 2,00 D 1,83 E 2,29

## Lösung 1.4

A5 (50: L), B6 (1990: MCMXC), C7 (1648: MDCXLVIII), D1 (2005: MMV), E2 (768: DCCLXVIII), F4 (1945: MCMXLV), G3 (144: CXLIV).

Die römischen Zahlen bildet man in einem Additions-Subtraktionsverfahren nach folgenden Regeln:

a) kleinere Ziffern hinter einer größeren werden addiert (max. drei kleinere Ziffern sind möglich)
b) eine kleinere Ziffer vor einer größeren wird subtrahiert (nie mehr als eine kleinere Ziffer vor einer größeren).

Bei den Römern galt bis zum Mittelalter nur das reine Additionsverfahren, nach dem man Ziffern mehr als dreimal hintereinander verwenden durfte (z. B. VIIII für 9). Die Subtraktionsregel und die Regel, nicht mehr als drei gleiche Ziffern hintereinander zu schreiben (nur das Zeichen M darf beliebig oft vorkommen), sind eine nichtrömische Erfindung aus der Zeit des Mittelalters. In Mitteleuropa verwendete man die römischen Zahlzeichen bis in das 16. Jahrhundert hinein. Heute verwendete römische Ziffern:

| **Zeichen** | I | V | X | L | C | D | M |
|---|---|---|---|---|---|---|---|
| **Wert** | 1 | 5 | 10 | 50 | 100 | 500 | 1000 |

Die arabischen Ziffern gingen aus den indischen hervor und gleichen denen, die noch heute in der westlichen Welt gebraucht werden. Sie gelangten im 13. Jahrhundert durch die Araber aus dem Maghreb nach Europa.

Aufgrund der Untersuchungen existierender Zahlensysteme durch den deutschen Rechenmeister Adam Riese (1492–1559) konnten sich die arabischen Ziffern bald in Europa durchsetzen. Weil er seine Werke nicht wie damals üblich in lateinischer, sondern in deutscher Sprache schrieb, erreichte er einen großen Leserkreis. Riese hatte erkannt, dass die arabischen Ziffern das Dezimalsystem leichter abbilden können, dass sie – im Gegensatz zur störenden römischen Subtraktionsschreibweise – eine geordnete, formalisierte Verarbeitung erlauben und dass das Vorhandensein der Null im arabischen Zahlensystem eine tabellarische Addition und Subtraktion wesentlich erleichtert. Das nun bevorzugte neuzeitliche Rechnen auf Basis der arabischen Ziffern bedeutete schließlich ein Ende der Nutzung römischer Zahlzeichen im Alltagsleben.

## Lösung 1.5

A und C. Probiotische Jogurts, die lebende Bakterienkulturen enthalten, sollen die Darmflora positiv beeinflussen und die allgemeinen Abwehrkräfte stärken. Omega-3-Margarinen sind cholesterinarm und sollen zur Senkung des Cholesterinspiegels beitragen.

| Walart | Blauwal | Finnwal | Zwergwal | Glattwal | Seiwal | Buckelwal | Pottwal |
|---|---|---|---|---|---|---|---|
| heutiger Bestand | 5000 | 45.000 | 760.000 | 4000 | 55.000 | 19.000 | 510.000 |
| % des ursprünglichen Bestands | 2% | 8% | 88% | 4% | 21% | 23% | 81% |
| ursprünglicher Bestand | 250.000 | 562.500 | 863.636 | 100.000 | 261.904 | 82.608 | 629.629 |

| Stützen für Nominalstrukturen | Hilfsverben | Statische Verben | Verben der Aktion und Bewegung |
|---|---|---|---|
| veranstalten, durchführen, sorgen für | sein, haben, dürfen, müssen, sollen | stehen, liegen, sich befinden | stürmen, bersten, aufblühen, explodieren |

## Lösung 1.6

Für den Blauwal sieht die Rechnung so aus: Der ursprüngliche Bestand sei a. Dann gilt:

$$a \cdot 2\,\% = 5000$$

$$a \cdot 0{,}02 = 5000$$

$$a = \frac{5000}{0{,}02} = 250.000$$

Die weiteren Ergebnisse können Sie der Tabelle entnehmen

## Lösung 1.7

siehe Tabelle oben

## Lösung 1.8

A. Eine Überdosis des Hormons Insulin entzieht dem Blut soviel Zucker und lagert es in den Muskelzellen ein, dass das Gehirn nicht mehr ausreichend mit Energie versorgt wird. Dies kann u. U. tödlich enden.

## Lösung 1.9

Die Wahrheitstabelle sieht so aus:

| x2 | x1 | x0 | y |
|---|---|---|---|
| 0 | 0 | 0 | 0 |
| 0 | 0 | 1 | 1 |
| 0 | 1 | 0 | 0 |
| 0 | 1 | 1 | 0 |
| 1 | 0 | 0 | 0 |
| 1 | 0 | 1 | 1 |
| 1 | 1 | 0 | 0 |
| 1 | 1 | 1 | 1 |

Es ist bei der Aufstellung darauf zu achten, dass x1 in der Grundstellung (also bei 0) geschlossen ist.

## Lösung 1.10

[E] [A] [C] [F] [B] [D]

ungenügend ⟷ sehr gut

## Lösung 1.11

A Phosphat
B Nitrat
C Carbonat
D Sulfat

## Lösung 1.12

Zunächst muss man die rechten Seiten beider Funktionsgleichungen gleichsetzen. Man erhält dann die Gleichung:

$$x^2 - 8x + 15 = -x + 5$$

$$\Leftrightarrow x^2 - 7x + 10 = 0$$

Diese Gleichung lässt sich mit der Lösungsformel für quadratische Gleichungen lösen. Man erhält somit als Lösungen: $x_1 = 5$ und $x_2 = 2$

Setzt man diese Werte nun in die Funktionsgleichung ein, erhält man folgende Schnittpunkte:

P (2/3) und Q (5/0)

## Lösung 1.13

A, B, C, D. Gegen Ende des 13. Jahrhunderts bildet sich der Roman (aus altfrz. „roman“, in romanischer Sprache, nicht in Latein abgefasste Dichtung) als eigenständige Gattung heraus und löst das Epos ab. Heldenepen, Spielmannsdichtungen und Artusdichtungen liegen in Prosa vor und sind ab dem 15. Jahrhundert auch als Übersetzungen in Deutschland verfügbar, zunächst für eine adlige und geistliche Leserschaft. Nach Erfindung des Buchdrucks erreichen Versionen antiker Stoffe, Märchen und schwankhaftes Erzählgut in Form so genannter Volksbücher (u. a. *Till Eulenspiegel*, 1515) auch bürgerliche Leserschichten. Gegen Ende des 18. Jahrhunderts erkennt das Bürgertum den Roman als die ihm gemäße literarische Ausdrucksform; Entwicklungs- und Bildungsromane werden richtungweisend. Sie folgen dem klassischen Anspruch, die geistigen und emotionalen Fähigkeiten des Menschen herauszubilden. Im 19. Jahrhundert dominiert die Zivilisationskritik, Autoren kontrastieren in ihren Romanen die Widersprüche der hochbürgerlichen Gesellschaft mit individuellen Wünschen und Begehren. Anfang des 20. Jahrhunderts setzen Romanautoren auf experimentelle Verfahrensweisen im gedanklichen und formalen Sinne: Sie entwickeln neue Erzähltechniken (u. a. Collage, innerer Monolog) und problematisieren das Leben in einer modernen, komplexen Umwelt.

## Lösung 1.14

C. Wasser kann sich wie eine Säure oder wie eine Base gegenüber anderen Stoffen verhalten. Deshalb ist Wasser ein amphoteres Oxid.

## Lösung 1.15

Die Fläche eines Dreiecks berechnet sich aus $A = \frac{g \cdot h}{2}$. Da wir es mit vier Dreiecken zu tun haben, müssen wir diese Fläche also mit 4 multiplizieren und erhalten für die Gesamtfläche:

$$A = 4 \cdot \frac{4\,\text{m} \cdot 5{,}50\,\text{m}}{2} = 44\,\text{m}^2$$

Ein Quadratmeter Schiefer kostet 29 €, dann belaufen sich die Gesamtkosten also auf 1276 €.

## Lösung 1.16

Allerweltswörter: verschiedene Themenbereiche, Verbesserung im Bereich Qualität, potenzielles Gefahrenmoment

abstrakte Ausdrücke: Digitalisierung der Medienwelt, Globalisierung der Wirtschaft, Verpflichtung zur Zufriedenheit der Kunden

Passivformulierungen: etwas muss ausgeführt werden, es wurde von Seiten der Verantwortlichen rasch reagiert

unterschiedliche, aber sinngleiche Begriffe (Pleonasmen): potenzielle Geschäftsmöglichkeiten, Anstrengungen noch stärker auf einen Geschäftsbereich fokussieren.

## Lösung 1.17

A2, B1, C2, D3, E3, F1

## Lösung 1.18

Zunächst berechnen wir das Volumen der Flüssigkeit:

$$V = \pi \cdot r^2 \cdot h = \pi \cdot 1{,}2^2 \cdot 3 = 13{,}57$$

Nun müssen wir berechnen, wie hoch die Flüssigkeit in einem Zylinder mit verändertem Radius steht:

$$h = \frac{V}{\pi \cdot r^2} = \frac{13{,}57}{\pi \cdot 0{,}6^2} = 12{,}00$$

Die Flüssigkeit steht 12 cm hoch im Reagenzglas.

## Lösung 1.19

Der Nobelpreis für Literatur wird seit dem Jahr 1901 jeweils am 10. Dezember, dem Todestag Alfred Nobels, in Stockholm dem-

jenigen verliehen, „der eine ausgezeichnete literarische Leistung in idealistischer Richtung hervorgebracht hat“. Zurzeit ist der Preis mit ca. 1,1 Mio. Euro dotiert.
Deutsche Preisträger sind der Historiker Theodor Mommsen (1817–1903), der Philosoph Rudolf Eucken (1846–1926, im Jahr 1908), die Schriftsteller Paul Heyse (1830–1914, im Jahr 1910), Gerhart Hauptmann (1862–1946, im Jahr 1912) und Thomas Mann (1875–1955, im Jahr 1929), die Dichterin Nelly Sachs (1891–1970, im Jahr 1966), die Schriftsteller Heinrich Böll (1917–1985, im Jahr 1972), Günter Grass (*1927, im Jahr 1999), außerdem der seinerzeit in die Schweiz übergesiedelte gebürtige Deutsche Hermann Hesse (1877–1962, im Jahr 1946).
Weitere bedeutende deutsche Literaturpreise sind der Georg-Büchner-Preis und der Friedenspreis des Deutschen Buchhandels.

## Lösung 1.20

460 Ω
Die Gleichung muss umgestellt werden:
R = U/I = 230V / 0,5 A = 460 V/A = 460 Ω.
Der Widerstand hat die Einheit Ohm
(1Ω = 1V / 1A)

## Lösung 1.21

Zur Lösung der Aufgabe wenden wir den zweiten Strahlensatz an und erhalten folgende Gleichung.

$$\frac{10,5}{35} = \frac{x}{49}$$

$$x = 14,7$$

Der Fluss ist 14,7 m breit.

## Lösung 1.22

Der logischen Gestaltung eines Textes sind förderlich: klare Satzanschlüsse, logische Gedankenreihung, keine fehlenden Informationen, richtige Wahl der Zeiten und Aussageweisen von Verben. Alle anderen Eigenschaften fördern die Präzision eines Textes.

## Lösung 1.23

A. Aus den geringen Spannungen im Stahl resultiert eine hohe Zugfestigkeit und Härte.

## Lösung 1.24

Die Dame kann senkrecht, waagerecht und diagonal ziehen. In jeder dieser Richtungen sind ausgehend vom König noch 7 Felder frei, auf die man die Dame so platzieren könnte, dass sie dem König Schach bietet. Insgesamt sind es also 21 Fälle, die unsere Vorgabe erfüllen. Alles in allem stehen der Dame natürlich 63 Felder zur Verfügung, um sich auf ihnen niederzulassen (eines ist ja bereits vom König besetzt). Für die Wahrscheinlichkeit P(E) heißt das nun:

$$P(E) = \frac{21}{63} = \frac{1}{3}$$

Die Wahrscheinlichkeit, dass die Dame dem König Schach bietet, beträgt also $\frac{1}{3}$.

## Lösung 1.25

Die richtige Reihenfolge lautet: rundliche, dicklich, mollig, plump, beleibt.

## Lösung 1.26

Die Wahrscheinlichkeiten, dass eine Aufgabe gelöst wird, kennen wir. Daraus können wir nun die Wahrscheinlichkeiten ermitteln, dass eine Aufgabe nicht gelöst wird. Sie liegt bei Aufgabe 1 bei 0,9. Es folgen die anderen Aufgaben mit 0,7, 0,5 und 0,2. Die Aussage „erst die vierte Aufgabe wird gelöst“ heißt gleichzeitig auch „die ersten drei Aufgaben werden nicht gelöst“. Daher ergibt sich folgende Rechnung:

$$P = 0,9 \cdot 0,7 \cdot 0,5 \cdot 0,8 = 0,252$$

Die Wahrscheinlichkeit, dass ein Schüler erst die vierte Aufgabe lösen kann, liegt bei ca. 25 %.

### Übung 2.1 — 0,5 Min.

In der Literatur unterscheidet man z. B. Textformen und ihre Gattungen. Welche der folgenden Begriffe stehen Ihrer Meinung nach für die drei großen literarischen Textformen:

Komödie, Epik, Sage, Roman, Lyrik, Tragödie, Drama, Märchen, Epos, Schauspiel, Gedicht, Ballade, Prosa?

---

### Übung 2.2 — 1,5 Min.

In der biologischen Systematik werden Organismen mit übereinstimmenden Merkmalen in Kategorien und gegebenenfalls Unterkategorien zusammengefasst. In diesen hierarchischen Systemen

Marder

nimmt die Anzahl der übereinstimmenden Merkmale von oben nach unten zu; also vom Unspezifischen zum Spezifischen. Ordnen Sie am Beispiel des Baummarders die Bezeichnungen den hierarchischen Kategorien zu:

| | |
|---|---|
| **A** Reich | **1** Säugetiere |
| **B** Stamm | **2** Marder |
| **C** Unterstamm | **3** Tiere |
| **D** Klasse | **4** Raubtiere |
| **E** Ordnung | **5** Baummarder |
| **F** Familie | **6** Chordatiere |
| **G** Gattung | **7** Marderartige |
| **H** Art | **8** Wirbeltiere |

### Übung 2.3 — 1,5 Min.

In der folgenden Tabelle sind einige Zahlen vorgegeben. Geben Sie nun jeweils die kleinste (K) und größte (G) natürliche Zahl an, die aufgerundet bzw. abgerundet die vorgegebenen Zahlen ergibt. Dabei bedeutet T das Runden auf Tausender, H das Runden auf Hunderter und Z das Runden auf Zehner.

| Zahl (Art) | K | G |
|---|---|---|
| 5000 (T) | | |
| 12.490 (Z) | | |
| 12.500 (H) | | |
| 22.000 (T) | | |

### Übung 2.4 — 1 Min.

Rhetorische Figuren oder Stilfiguren lassen sich in Sinn- und Sprachfiguren unterscheiden. Sinnfiguren beziehen sich auf den Inhalt und die Aussage eines Textes, Sprachfiguren beziehen sich auf die Form eines Textes. Versuchen Sie, die folgenden Beispiele diesen beiden Kategorien zuzuordnen!

| | Sinn. | Sprach. |
|---|---|---|
| Wer soll das denn glauben? | | |
| Es knistert und knattert. | | |
| Er ist stark wie ein Löwe. | | |
| Je schneller du bist, desto besser. | | |
| Heiß geliebt und kalt getrunken! | | |

### Übung 2.5 — 0,5 Min.

Das Pasteurisieren, ein Verfahren zum Keimfreimachen (Abtöten von Mikroorganismen) durch Erhitzen auf 60 bis 90 °C, ist wonach benannt?

**A** Nach dem Entdecker dieser Methode Louis Pasteur.

**B** Zur Entkeimung wird eine chemische Paste benutzt.

### Übung 2.6 — 1 Min.

Uwe hat sein Motorrad für 4896,- € gekauft. Nach einiger Zeit verkauft er es für 3769,- €. Wie hoch ist sein Verlust in Prozent?

______________________________

### Übung 2.7 — 1,5 Min.

Was bedeutet eigentlich „ironisch“? Was versteht man unter „Ironie“?

______________________________

______________________________

### Übung 2.8 — 1 Min.

Ein Bestandteil der menschlichen Zelle sind u. a. die kugeligen oder auch stäbchenförmigen Mitochondrien. Sie treten gehäuft vor allem in Muskelzellen auf, denn sie dienen der Zellatmung und der Energiegewinnung. Mitochondrien werden auch als die „Kraftwerke“ der Zelle bezeichnet, da sie energiereiche Stoffe unter Zuhilfenahme von Sauerstoff zu energiearmen Stoffen oxidieren. Die dabei freiwerdende Energie wird in der Zelle in Form von ATP gespeichert und steht dem Körper – falls notwendig – als Bewegungsenergie zur Verfügung. Was bedeutet die Abkürzung ATP?

**A** Aluminiumtetraphenolphtalein

**B** Adenosintriphosphat

### Übung 2.9 — 2 Min.

Auch mit der booleschen Algebra lässt sich rechnen. Hier sehen die wichtigsten Operatoren folgendermaßen aus:

$\wedge$: und
$\vee$: oder
$-$: nicht

Da wundert es nicht, dass sich auch in dieser Algebra Rechengesetze formulieren lassen. Genau das soll nun Ihre Aufgabe sein. Formulieren Sie folgende Rechengesetze für die boolesche Algebra (es gibt jeweils zwei Möglichkeiten, eine von beiden sollten Sie finden):

**A** Kommutativgesetz

**B** Assoziativgesetz

**C** Distributivgesetz

### Übung 2.10 — 1,5 Min.

Um einen längeren Sachtext beurteilen und kommentieren zu

| Arbeitsschritt | Tätigkeit |
|---|---|
| Übersicht verschaffen | Text in Sinnabschnitte gliedern und jeden Abschnitt mit einer Überschrift versehen, die dessen Inhalt knapp wiedergibt |
| genaues Lesen | Struktur des Textes erkennen: Überschriften und Zwischenüberschriften anschauen, bei einem Buch das Inhaltsverzeichnis; feststellen, ob etwas hervorgehoben ist. |
| markieren und hervorheben | Hauptaussagen des Textes formulieren und notieren |
| Struktur des Textes erfassen | unbekannte Wörter und Begriffe mit Hilfe eines Wörterbuches klären; unverständliche Textpassagen mit einem Fragezeichen versehen |
| Thesen formulieren | die Kernaussagen des Textes z. B. mit einem Textmarker kenntlich machen und Schlüsselbegriffe mit einem Stift einkreisen |

können, sind zunächst mehrere Arbeitsschritte erforderlich. Ordnen Sie den oben dargestellten Schritten die richtige Tätigkeit zu. Das Verfahren erlaubt die systematische und konzentrierte Auseinandersetzung mit einem Text. Sicher gibt es noch andere Vorgehensweisen, mit deren Hilfe Sie sich einen Text erschließen können.

### Übung 2.11 — 1,5 Min.

Reagiert eine Säure mit einer Base, so entsteht ein Salz und Wasser. Wenn also Schwefelsäure mit Bariumhydroxid zusammenkommt, bildet sich das Salz Bariumsulfat und Wasser:

$H_2SO_4 + Ba(OH)_2 \rightarrow BaSO_4 + 2\ H_2O$

Vervollständigen Sie die Reaktionsgleichung für Salzsäure (Chlorwasserstoffsäure) und Natriumhydroxid. Welches Salz entsteht?

$HCl + NaOH \rightarrow$ ____________ $+ H_2O$

### Übung 2.12 — 4 Min.

Der Sprung eines Frosches wird durch die Parabel

$y = -\frac{1}{30}x^2 + 2x$ beschrieben. Dabei ist x die Sprungweite und y die Höhe. Wie weit und wie hoch springt der Frosch?

____________________________

### Übung 2.13 — 1,5 Min.

Nachdem viele Kinobetriebe in den 1980er-Jahren aufgeben mussten, erlebt das Kino Anfang der 1990er-Jahre eine Renaissance. In Deutschland entstehen die ersten Multiplex-Kinos mit jeweils Tausenden von Sitzplätzen. Eine neue digitale Tontechnik gehört bald zur Grundausstattung und lockt die Menschen wieder in die Lichtspielhäuser. Tausende können die erfolgreichen Filme gleichzeitig in verschiedenen Sälen erleben. Die folgende Tabelle zeigt, wie sich die Besucherzahlen seit 1997 entwickelt haben:

| 1997 | 1998 | 1999 | 2000 |
|---|---|---|---|
| 143.122* | 148.876* | 148.996* | 152.533* |
| **2001** | **2002** | **2003** | **2004** |
| 177.925* | 163.910* | 148.957* | 156.709* |

* Besucherzahlen in Tausend

Welche Kurve des folgenden Diagramms gibt den Sachverhalt der Tabelle richtig wieder?

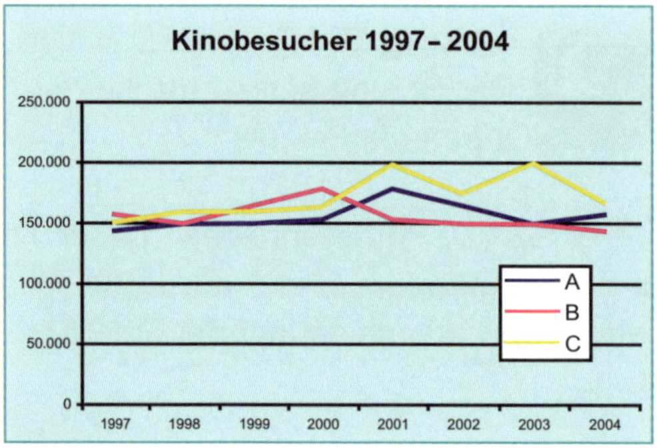


### Übung 2.14 — 1 Min.

Die Kugel ist in der Natur der Körper mit der energetisch besten Eigenschaft. Deshalb bilden Regentropfen Kugelform aus. Auch der Mensch nutzt Kugeln – z. B. beim Fußball. Doch aus einem Stück Leder ein rundes Etwas zu erhalten ist gar nicht so leicht. Man behilft sich mit Polygonen (Vielecken). Früher wurde der Fußball aus Zweiecken (sphärische Zweiecke) hergestellt. Diese Zweiecke sind den Schalen von Apfelsinen vergleichbar. Heute ist das runde Leder perfekter. Aus welchen regelmäßigen Vielecken ist ein Fußball gefertigt?

**A** Dreiecke
**B** Dreiecke und Vierecke
**C** Fünfecke
**D** Sechsecke
**E** Fünfecke und Sechsecke

### Übung 2.15 — 2 Min.

An eine Mauer ist eine 5 m lange Leiter gelehnt. Das untere Ende ist 1,4 m von der Mauer entfernt. Wie hoch reicht die Leiter?

### Übung 2.16 — 1,5 Min.

Tagtäglich stoßen wir auf eine Fülle schriftlicher Informationen. Nicht immer ist es dabei möglich, das Wichtigste auf Anhieb zu erfassen. Unüberschaubare Texte erhalten durch Markieren (1) ein Lesegerüst, mit dem Ordnen (2) verschaffen wir uns einen Überblick über Wörter oder Begriffe, mit einer Gliederung (3) erzeugen wir eine Rangordnung der Informationen. Ordnen Sie den folgenden Tätigkeiten die entsprechende Ziffer zu.

**A** einen Plan erstellen (__)
**B** Wörter unterstreichen (__)
**C** nach Merkmalen sortieren (__)
**D** manche Wörter fett, kursiv oder farbig schreiben (__)

**E** Begriffe unter Oberbegriffen zusammenfassen (__)

**F** Gedanken in eine logische Abfolge bringen (__)

**G** Schlüsselwörter kenntlich machen (__)

### Übung 2.17 — 1,5 Min.

Gummi ist vulkanisierter Kautschuk. Bei der Vulkanisation wird dem Naturkautschuk u. a. Schwefel zugesetzt. Dadurch werden die Kautschuk-Moleküle über Schwefelbrücken vernetzt. Die molekulare Struktur des Gummis ist ein amorphes (ungeordnetes) weitmaschiges Knäuel von Fasern. Beim Dehnen des Körpers verhindern die Schwefelbrücken das Abgleiten der Moleküle und beim Entlasten bewirken sie Rückführung in den Ausgangszustand. Ergänzen Sie unten die schematische Zeichnung der Gummi-Fasern im Zustand der Dehnung.

### Übung 2.18 — 2 Min.

Was soll man nur mit den ganzen Weihnachtskerzen machen, wenn das Fest vorüber ist? Hier ein Vorschlag: Man kann die Kerzen doch einfach einschmelzen und neu gießen. Nehmen wir einmal an, wir hätten 35 Weihnachtskerzen in Zylinderform. Sie sind 13,2 cm hoch und haben einen Radius von 1 cm. Ihr Docht ist 4 mm dick. Nach dem Entfernen des Dochtes schmelzen wir die Kerzen in einem Topf. Welches Volumen hat die Wachsmasse?

___

### Übung 2.19 — 1 Min.

In einem Reisebericht könnte es heißen: „Die Golden Gate Bridge in San Francisco war bis zu ihrer Fertigstellung im Jahr 1937 mit einer Gesamtlänge von 2,74 km und einer maximalen Spannweite von 1,28 km die größte Hängebrücke der Welt."
Ist die Aussage dieses Satzes, abgesehen von den Angaben zu Länge und Spannweite, nach menschlichem Ermessen realistisch?

**A** Ja

**B** Nein

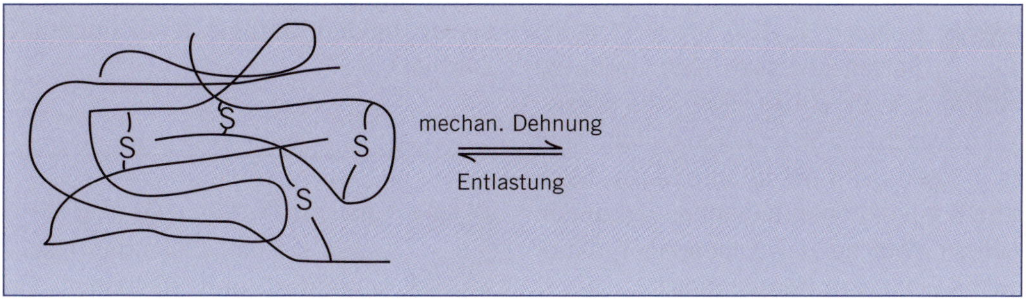

### Übung 2.20 — 1 Min.

Sabine sitzt im ICE Hamburg–München. Der Zug fährt mit 200 km/h. Sabine möchte sich im Bistro-Wagen einen Kaffee kaufen. Sie läuft mit 5 km/h in Fahrtrichtung durch den Zug. Wie schnell bewegt sich Sabine für einen wartenden Spatziergänger (Beobachter) an einer Bahnschranke?

**A** 195 km/h
**B** 200 km/h
**C** 205 km/h

### Übung 2.21 — 1,5 Min.

Eine quadratische Wandöffnung hat die Seitenlänge 25 cm. Sie ist 10 m von einer zu ihr parallelen Wand entfernt. In welcher Entfernung muss nun hinter ihr eine punktförmige Lichtquelle installiert werden, damit das Licht, das durch die Öffnung fällt, eine 25 $m^2$ große Wandfläche beleuchtet? Tipp: Eine kleine Skizze kann hier weiterhelfen.

---

### Übung 2.22 — 1 Min.

Satzanschlüsse sind wichtig, um in einem Text eine Beziehung zwischen Sätzen herzustellen. Aber es müssen nicht immer alle Sätze durch eine Konjunktion miteinander verbunden werden. Welche der folgenden funktionieren ohne eine Konjunktion?

**A** Er schreibt einen Brief. Sie liest die Zeitung.
**B** Die Lampe brennt nicht. Der Strom ist ausgefallen.
**C** Wir wollen zum Flughafen. Wir fahren nach Hamburg.
**D** Es hat gefroren. Draußen ist es glatt.

### Übung 2.23 — 0,5 Min.

Grauguss ist eine Eisen-Kohlenstoff-Legierung aus weniger als 2% Kohlenstoff. Bei großer Krafteinwirkung bricht dieses Material ohne vorher eine plastische Verformung zu zeigen. Welche Eigenschaft charakterisiert das Material?

**A** plastisch
**B** elastisch
**C** hart
**D** spröde

### Übung 2.24 — 1,5 Min.

Gegeben ist die Menge der natürlichen Zahlen von 1 bis 51. Man zieht nun zwei beliebige Zahlen aus dieser Menge. Wie hoch ist die Wahrscheinlichkeit, dass die Summe dieser beiden Zahlen eine ungerade Zahl ist?

---

### Übung 2.25 — 1,5 Min.

Lesen sie den folgenden Nachrichtentext und versuchen Sie

dessen Struktur anhand der so genannten W-Wörter (wer, wie, wo, was, wann, warum) zu ermitteln:

> „Nach mehr als zehnjähriger Vorbereitung hat Kulturstaatsministerin Christina Weiss nun die Ausstellung ‚Goya – Prophet der Moderne' in der Alten Nationalgalerie zu Berlin feierlich eröffnet. In der größten je im deutschsprachigen Raum veranstalteten Goya-Schau sind Bilder aus Privatbesitz zu sehen, die noch nie öffentlich gezeigt wurden."

______________________________

______________________________

______________________________

______________________________

______________________________

### Übung 2.26 — 0,5 Min.

Bei einem Fallschirmsprung herrscht der Zustand der Schwerelosigkeit im freien Fall lediglich kurz nach dem Ausstieg aus dem Flugzeug vor. Der Fallschirmspringer erreicht auch nicht eine unendliche Geschwindigkeit, sondern maximal 200–300 km/h. Welcher Faktor begrenzt die Geschwindigkeit beim Fallschirmsprung?

**A** Luftreibung
**B** Gewicht des Springers
**C** Thermische Strömungen

### Übung 2.27 — 2,5 Min.

Auf Schulfesten wird gern das Wissen der Lehrer auf die Probe gestellt. Und so hat eine Klasse der Siegfried-Lenz-Schule einen Test entworfen, bei dem die Lehrer fünf extrem schwere Fragen vorgelegt bekamen. Um es ihnen ein wenig einfacher zu machen, waren drei Antwortmöglichkeiten vorgegeben, von denen genau eine richtig war. Wir hoch ist die Wahrscheinlichkeit, dass

**A** alle Lehrerantworten richtig sind?

______________________________

**B** nur eine Antwort falsch ist?

______________________________

**C** höchstens eine Antwort richtig ist?

______________________________

# Test 2
## Lösungen

### Lösung 2.1
Epik/Prosa, Lyrik und Drama sind die drei großen literarischen Grundformen: a) Unter dem Begriff „Epik“ (griech., „Wort, Lied, Gedicht“) fasst man alle Genres der fiktiven erzählenden Literatur zusammen, sei es in Versen oder in Prosa (lat., „schlichte Rede“); b) Unter „Lyrik“ (aus griech. lyra, „Leier“, oder lyrikós, „zum Spiel der Leier gehörend“) versteht man im weitesten Sinne all das, was in Gedichtform geschrieben und durch Verse und Strophen gegliedert ist; c) „Drama“ (griech, „Handlung, Geschehen“) ist ein Sammelbegriff für alle Arten von Bühnenstücken. Sage, Roman, Märchen und Epos sind demnach Gattungen der epischen Literatur, Gedicht und Ballade Gattungen der Lyrik, Komödie, Tragödie und Schauspiel sind Gattungen des Dramas. Die epische Literatur wird auch Prosa genannt: Nachdem es in der Antike üblich war, Romane in Versform abzufassen, entstanden im 14. und 15. Jahrhundert volkstümliche Romane, im 18. Jahrhundert dann ganze schriftstellerische Romane in Prosa. Seit Mitte des 19. Jahrhunderts gilt Prosa neben Lyrik und Dramatik als literarische Hauptgattung.

### Lösung 2.2
Die hierarchische Einordnung des Baummarders in die festgelegte Systematik vom Unspezifischen zum Spezifischen sieht wie folgt aus:

| | | |
|---|---|---|
| A Reich | – | 3 Tiere |
| B Stamm | – | 6 Chordatiere |
| C Unterstamm | – | 8 Wirbeltiere |
| D Klasse | – | 1 Säugetiere |
| E Ordnung | – | 4 Raubtiere |
| F Familie | – | 7 Marderartige |
| G Gattung | – | 2 Marder |
| H Art | – | 5 Baummarder |

### Lösung 2.3

| Zahl (Art) | K | G |
|---|---|---|
| 5000 (T) | 4500 | 5499 |
| 12.490 (Z) | 12.485 | 12.494 |
| 12.500 (H)) | 12.450 | 12.549 |
| 22.000 (T) | 21.500 | 22.499 |

### Lösung 2.4
Ihre Tabelle sollte wie unten aussehen Die Spalte zu den rhetorischen Mitteln ist hier der Erklärung wegen eingefügt.

### Lösung 2.5
A Louis Pasteur (1822–95) erkannte, dass durch kurzzeitige Erhitzung die meisten Mikroorganismen abgetötet werden, ohne dass das Produkt dadurch seine Eigenschaften wesentlich verändert. Bei Lebensmitteln wird durch Pasteurisieren die Haltbarkeit gesteigert. So wird z. B. Milch für die Dauer von 15 bis 40 Sekunden auf 72 bis 75°C erhitzt und danach sofort wieder abgekühlt. Pasteurisierte Milch ist anschließend im Kühlschrank bis zu sechs Tage haltbar.

| | Sinnfigur | Sprachfigur | Mittel |
|---|---|---|---|
| Wer soll das denn glauben? | X | | rhetorische Frage |
| Es knistert und knattert. | | X | Lautmalerei bei der Wortbildung |
| Er ist stark wie ein Löwe. | X | | Vergleich |
| Je schneller du bist, desto besser. | | X | Auslassung eines Satzteiles (Ellipse) |
| Heiß geliebt und kalt getrunken! | X | | Gegensatz (Antithese) |

### Lösung 2.6

Zunächst einmal berechnen wir den Verlust in €. Der beläuft sich auf 1127 €. Nun stellt sich also die Frage: Wie viel Prozent von 4896 € sind 1127 €? Als Gleichung lässt sich diese Frage so ausdrücken:

$$4896 \cdot x\,\% = 1126$$

$$4896 \cdot \frac{x}{100} = 1126$$

$$x = \frac{1126 \cdot 100}{4896} = 23{,}02\,\%$$

Uwe hat also einen Verlust von 23,02 % gemacht.

### Lösung 2.7

Mit Ironie (griech., „Verstellung") bezeichnet man eine Äußerung, die meist das Gegenteil des Gesagten meint und mit scheinbarer Ernsthaftigkeit den gegnerischen Standpunkt ins Widersprüchliche ziehen will. Mittel der Ironie sind Über- bzw. Untertreibung, Häufung, Reihung bzw. Unangemessenheit. Ironie ist kritisch, der Sprecher ist nicht um Zustimmung bemüht. Er unterstreicht seine ironische Äußerung oft durch Mimik, Gesten oder Betonung zusätzlich.

In der griechischen Antike galt die Ironie als Mittel zur Entlarvung vermeintlichen oder anmaßenden Wissens. Der Dialogpartner sollte durch das scheinbar selbstständige Auffinden eigener Widersprüchlichkeiten in die Lage versetzt werden, diese zu durchschauen. In der heutigen Alltagssprache zeigt sich Ironie zumeist in spöttischen Wortbildungen, ironische Äußerungen wirken in der Kommunikation als negative Bewertung. In der Selbstironie spiegelt sich eine kritische, spielerische Haltung gegenüber dem eigenen Standpunkt wider.

### Lösung 2.8

B. ATP ist die Abkürzung für Adenosintriphospat. Das ATP-Molekül besteht aus Adenin, an dem der Fünferzucker Ribose gebunden ist, und drei (tri-) Phosphat-Resten.

### Lösung 2.9

A: $x \vee y = y \vee x$ oder $x \wedge y = y \wedge x$

B: $(x \wedge y) \wedge z = x \wedge (y \wedge z)$

oder $(x \wedge y) \wedge z = x \wedge (y \wedge z)$

C: $x \wedge (y \vee z) = (x \wedge y) \vee (x \wedge z)$

oder $x \vee (y \wedge z) = (x \vee y) \wedge (x \vee z)$

### Lösung 2.10

Als geübter Leser ist es auch möglich, das Markieren und Gliedern in einem Arbeitsschritt zu erledigen:

| Arbeitsschritt | Tätigkeit |
|---|---|
| Übersicht verschaffen | Struktur des Textes erkennen: Überschriften und Zwischenüberschriften anschauen, bei einem Buch das Inhaltsverzeichnis; feststellen, ob etwas hervorgehoben ist |
| genaues Lesen | unbekannte Wörter und Begriffe mit Hilfe eines Wörterbuches klären; unverständliche Textpassagen mit einem Fragezeichen versehen |
| markieren und hervorheben | die Kernaussagen des Textes z. B. mit einem Textmarker kenntlich machen und Schlüsselbegriffe mit einem Stift einkreisen |
| Struktur des Textes erfassen | Text in Sinnabschnitte gliedern und jeden Abschnitt mit einer Überschrift versehen, die dessen Inhalt knapp wiedergibt |
| Thesen formulieren | Hauptaussagen des Textes formulieren und notieren |

### Lösung 2.11
$HCl + NaOH \rightarrow NaCl + H_2O$
Es entsteht das Salz Natriumchlorid (Kochsalz).

### Lösung 2.12
Um die Sprungweite zu berechnen, muss man die Höhe = 0 setzen. Man erhält also folgende Gleichung:

$$-\frac{1}{30}x^2 + 2x = 0$$
$$\Leftrightarrow x^2 - 60x = 0$$

Mithilfe der Lösungsformel für quadratische Gleichungen erhält man die beiden Lösungen $x_1 = 0$ und $x_2 = 60$
Der Frosch springt also 60 Meter weit.
Der Scheitelpunkt der Parabel befindet sich auf dem halben Weg, der Frosch hat also nach 30 Metern seine höchste Stelle erreicht. Setzt man diesen Wert nun in die Gleichung ein, erhält man als Ergebnis für die Höhe 30 Meter.

### Lösung 2.13
A. Ab 1997 steigen die Besucherzahlen kontinuierlich, bis zu einem Einbruch im Jahr 2002. Die Besucherzahl nimmt im Folgejahr erneut ab. Erst im Jahr 2004 hat sich der Markt offensichtlich wieder erholt, die Besucherzahl steigt. Diese Entwicklung gibt nur Graf A wieder. Haben Sie bemerkt, dass die Grafen A und B genau spiegelverkehrt dargestellt sind?

### Lösung 2.14
E. Der moderne Fußball setzt sich aus 12 schwarzen Fünfecken und 20 weißen Sechsecken zusammen. Allein aus Sechsecken kann kein Körper zusammengesetzt werden. Fünfecke bilden zwar einen Körper, doch der ist nicht so rund, wie ein Ball aus Fünf- und Sechsecken. Jedes Fünfeck ist dabei von fünf Sechsecken umgeben.

### Lösung 2.15
Bei der Lösung der Aufgabe hilft der Satz von Pythagoras weiter, denn wir haben es mit einem rechtwinkligen Dreieck zu tun. Die Höhe der Leiter berechnet sich also folgendermaßen:

$$h = \sqrt{5^2 - 1{,}4^2} = 4{,}8$$

Die Leiter ist also 4,8 m hoch.

### Lösung 2.16
Markieren (1): B Wörter unterstreichen, D manche Wörter fett, kursiv oder farbig schreiben, G Schlüsselwörter kenntlich machen
Ordnen (2): C nach Merkmalen sortieren, E Begriffe unter Oberbegriffen zusammenfassen
Gliedern (3): A einen Plan erstellen, F Gedanken in eine logische Abfolge bringen.

### Lösung 2.17
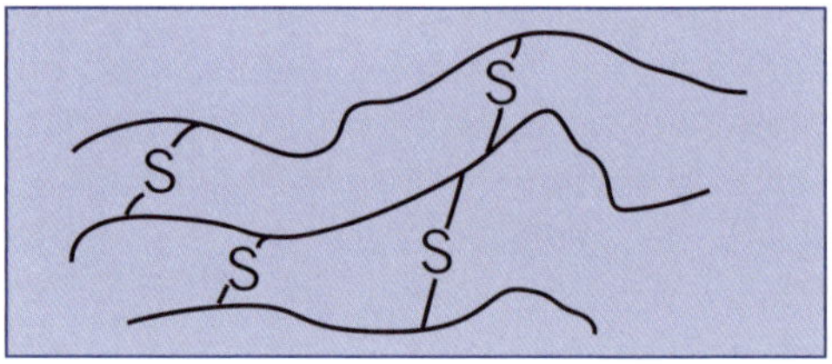


### Lösung 2.18
Zur Lösung berechnen wir zunächst zwei Volumina. $V_1$ ist dabei das Volumen einer Kerze mit Docht, $V_2$ das Volumen des Dochts. Die Menge Wachs einer Kerze erhalten wir, wenn wir $V_2$ von $V_1$ subtrahieren.

$$V_2 - V_1 = \pi \cdot r_1^{\,2} \cdot h - \pi \cdot r_2^{\,2} \cdot h$$
$$= 13{,}2 \cdot \pi - 13{,}2 \cdot 0{,}2^2 \cdot \pi = 39{,}81$$

Das Wachs einer Kerze hat ein Volumen von 39,81 $cm^3$, 35 Kerzen dieser Art liefern folglich 1393,35 $cm^3$ Wachs.

### Lösung 2.19
B. Die Aussage des Verfassers ist nach menschlichem Ermessen falsch. Die Brücke ist nur bis zu ihrer Fertigstellung die größte. Das trifft zu. Aber warum nur bis zu diesem Tag und nicht einige Tage länger. Ist sie plötzlich geschrumpft?

## Lösung 2.20

C. Sabine bewegt sich mit insgesamt 205 km/h an dem wartenden Spatziergänger vorbei. Die Geschwindigkeiten können addiert werden, da die Bewegungsrichtung gleich ist.

## Lösung 2.21

In diesem Fall helfen die Strahlensätze beim Finden der Lösung. Sie bringen uns auf folgende Gleichung:

$$\frac{x}{25} = \frac{x+1000}{500}$$

$$500 \cdot x = 25 \cdot x + 25.000$$

$$x = 52{,}63$$

Die Lichtquelle muss in einer Entfernung von 52,63 cm installiert werden.

## Lösung 2.22

B, D. Beide Passagen funktionieren ohne eine Konjunktion (B: Begründung; D: Folge), weil der Leser auf sein Alltagswissen zurückgreifen kann und automatisch eine Verbindung zwischen beiden Sätzen herstellt. In den anderen Beispielen ist eine Konjunktion erforderlich, z. B.: Er schreibt einen Brief, während sie die Zeitung liest (A); Wir fahren nach Hamburg, weil wir zum Flughafen wollen (B).

## Lösung 2.23

D. Materialien wie Grauguss, die bei Krafteinwirkungen zerbrechen ohne eine plastische Verformung zu zeigen, nennt man spröde.

## Lösung 2.24

Es befinden sich in der Menge insgesamt 25 gerade und 26 ungerade Zahlen. Eine ungerade Zahl ergibt sich nur aus der Addition einer geraden mit einer ungeraden Zahl. Also müssen wir die Wahrscheinlichkeit, eine ungerade Zahl zu ziehen mit der Wahrscheinlichkeit, eine gerade Zahl zu ziehen verknüpfen. Daher ergibt sich folgende Rechnung:

1. Es wird zuerst eine gerade Zahl, danach eine ungerade gezogen:

$$P(E_1) = \frac{25}{51} \cdot \frac{26}{50} = 0{,}255$$

2. Es wird zuerst eine ungerade, danach die gerade Zahl gezogen:

$$P(E_2) = \frac{26}{51} \cdot \frac{25}{50} = 0{,}255$$

Die Gesamtwahrscheinlichkeit ist die Summe der Einzelwahrscheinlichkeiten:

$$P_{ges} = P(E_1) + P(E_2) = 0{,}51 = 51\%$$

## Lösung 2.25

Der Text entspricht der Struktur einer typischen Zeitungsmeldung: wann (nach mehr als zehnjähriger Vorbereitung), wer (die Kulturstaatsministerin), wo (in der alten Nationalgalerie) was (Ausstellung eröffnet), wie (feierlich), warum (größte Goya-Schau). Auch eine längere Nachricht enthält in der Regel im ersten Absatz (dem so genannten Vorspann) alle wesentlichen Informationen, mit denen der Journalist die klassischen W-Fragen beantwortet.

## Lösung 2.26

A. Die Luft bremst den Fallschirmspringer in seinem freien Fall. Die Luftreibung ist der Grund dafür, dass ein Fallschirmspringer nicht unendlich schnell auf die Erde zurast.

## Lösung 2.27

A: $P = \left(\frac{1}{3}\right)^5 = 0{,}0041$

Die Wahrscheinlichkeit beträgt 0,41 %.

B: $P = 5 \cdot \left(\frac{1}{3}\right)^4 \cdot \frac{2}{3} = 0{,}041$

Die Wahrscheinlichkeit beträgt 4,1 %.

C: $P = 5 \cdot \left(\frac{2}{3}\right)^4 \cdot \frac{1}{3} + \left(\frac{2}{3}\right)^5 = 0{,}46$

Die Wahrscheinlichkeit beträgt 46 %.

### Übung 3.1 — 2,5 Min.

Die folgenden Sätze sind stilistisch sehr schwach. Stellen Sie fest warum (Antwort:

______________________________________)

und verbessern Sie an geeigneter Stelle.

**A** Die Ente läuft zum Teich.

______________________________________

**B** Das Pferd läuft über die Wiese.

______________________________________

**C** Der Mann läuft durch den Park.

______________________________________

**D** Der Polizist läuft dem Dieb hinterher.

______________________________________

**E** Die Maus läuft durch die Küche.

______________________________________

**F** Der Reisende läuft zum Zug.

______________________________________

### Übung 3.2 — 1 Min.

Arten können artenreich oder artenarm sein. Ordnen Sie diese Ordnungen der Säugetiere die entsprechende Artenzahl zu:

| | |
|---|---|
| **A** Fledertiere | **1** ca. 1700 |
| **B** Nagetiere | **2** ca. 1100 |
| **C** Beutelratten | **3** ca. 60 |

### Übung 3.3 — 2 Min.

Klaus möchte nicht, dass seine Computerdaten auch von seinen Geschwistern eingesehen werden können. Deshalb hat er seinen Computer mit einem Passwort vor unbefugten Benutzern gesichert. Als Passwort hat er eine vierstellige Zahlenkombination gewählt und sie – wie es immer wieder geraten wird – nicht notiert. Dummerweise hat Klaus aber nun sein Passwort vergessen. Das Einzige, was er noch mit Sicherheit weiß, ist, dass sein Passwort aus den Ziffern 3, 4, 7 und 9 besteht. Es bleibt ihm nicht anderes übrig, als alle möglichen Kombinationen auszuprobieren. Wie viele Versuche benötigt Klaus höchstens, bis er sein Passwort wieder gefunden hat?

| | |
|---|---|
| **A** 999 | **B** 23 |
| **C** 24 | **D** 1000 |

### Übung 3.4 — 0,5 Min.

Die Wörter der folgenden Liste sollen mit den gleichen drei Buchstaben beginnen. Welche sind es?

| | |
|---|---|
| _ _ _ om | _ _ _ ophe |
| _ _ _ udel | _ _ _ uppig |
| _ _ _ and | |

### Übung 3.5 — 1,5 Min.

Wird eine Pferdestute mit einem Eselhengst gekreuzt, so nennt

Maultier

sich das Kreuzungsprodukt (Bastard) Maultier; wird hingegen ein Hengst mit einer Eselstute gekreuzt, so ist der Bastard ein Maulesel. Obwohl Pferd und Esel gemeinsame Nachkommen hervorbringen können, zählen sie doch zu zwei unterschiedlichen Arten. Warum?

**A** Pferde und Esel leben in der Natur nicht nebeneinander im selben Lebensraum.

**B** Das Kreuzungsprodukt von Pferd und Esel ist in den meisten Fällen unfruchtbar; eine Art muss sich jedoch fortpflanzen können.

## Übung 3.6 — 2 Min.

Sehr große und sehr kleine Zahlen stellt man im wissenschaftlichen Bereich gerne in Exponentialschreibweise dar. So gilt z. B. $100.000 = 10^5$ und $0{,}024 = 2{,}4 \cdot 10^{-2}$.

Schreiben Sie nun folgende Zahlen in Exponentialschreibweise:

**A** 14,544 ________________

**B** 0,00005370 ________________

**C** 0,40037900 ________________

**D** 14.000.000.000 ________________

## Übung 3.7 — 4 Min.

Lesen Sie die ersten beiden Sätze aus der Novelle *Der Tod in Venedig* von Thomas Mann (1875–1955).

Thomas Mann

„Gustav Aschenbach oder von Aschenbach, wie seit seinem fünfzigsten Geburtstag amtlich sein Name lautete, hatte an einem Frühlingsnachmittag des Jahres 19.., das unserem Kontinent monatelang eine so gefahrdrohende Miene zeigte, von seiner Wohnung in der Prinzregentenstraße zu München aus allein einen weiteren Spaziergang unternommen. Überreizt von der schwierigen und gefährlichen, eben jetzt eine höchste Behutsamkeit, Umsicht, Eindringlichkeit und Genauigkeit des Willens erfordernden Arbeit der Vormittagsstunden, hatte der Schriftsteller dem Fortschwingen des produzierenden Triebwerkes in seinem Innern, jenem ‚motus animi continuus', worin nach Cicero das Wesen der Beredsamkeit besteht, auch nach der Mittagsmahlzeit nicht Einhalt zu tun vermocht und den entlastenden Schlummer nicht gefunden, der ihm, bei zunehmender Abnutzbarkeit seiner Kräfte, einmal untertags so nötig war."

Versuchen Sie, die Hauptaussagen des Textes in zwei kurzen Sätzen wiederzugeben.

________________________________

________________________________

________________________________

### Übung 3.8 — 0,5 Min.

Das Gehirn ist die elektrische Schaltstelle des Körpers. Hier laufen alle Informationen zusammen und werden ausgewertet. Welches Verfahren wird zur Messung der Hirnströme angewendet?

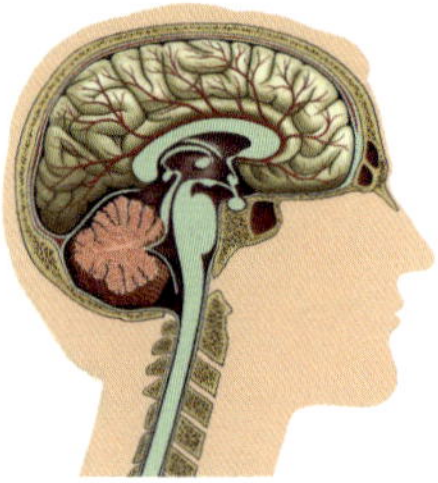

menschliches Gehirn

**A** EEG  **B** EKG

### Übung 3.9 — 4 Min.

Man spricht von gerader Parität der Eingangsvariablen, wenn keine oder eine gerade Anzahl der Eingangsvariablen wahr bzw. 1 ist. Wie lautet die Wahrheitstafel für eine Kontrolle von 3 Eingangsvariablen auf gerade Parität?

### Übung 3.10 — 2 Min.

Manchmal ist es notwendig, unverständliche oder unbekannte Wörter im Wörterbuch nachzuschlagen. Doch bevor es so weit ist, stehen Ihnen noch andere Möglichkeiten zur Verfügung, mit deren Hilfe Sie sich Klarheit über ein Wort verschaffen können. In welcher Reihenfolge könnten Sie vorgehen?

**A** klären, ob die Bedeutung des Wortes aus dem Text heraus zu erschließen ist; falls ja, weiterlesen
**B** klären, ob die Bedeutung des Wortes für das Textverständnis erforderlich ist; falls nicht, weiterlesen
**C** klären, ob die Wortbildung Informationen über die Bedeutung des Wortes gibt; falls ja, weiterlesen
**D** im Wörterbuch nachschauen

### Übung 3.11 — 3 Min.

Kohlenstoff ist in der Lage, mit sich selbst Bindungen einzugehen. Die Kohlenwasserstoffe entstehen nach der Summenformel $C_xH_y$. Die Nomenklatur der Kohlenwasserstoffe richtet sich nach der Anzahl der im Molekül gebundenen Kohlenstoffatome. Vervollständigen Sie die Liste der Alkane, mit der charakteristischen Endung -an. Ab dem Butan erfolgt die Benennung regelmäßig über die numerische griechischen Vorsilben (mono-, di-, tri-, tetra-, penta-, hexa-, hepta-, okta- etc.).

| | |
|---|---|
| Methan | $CH_4$ |
| Ethan | $C_2H_6$ |

Propan $C_3H_8$
Butan $C_4H_{10}$

____________________ $C_5H_{12}$

____________________ $C_6H_{14}$

____________________ $C_7H_{16}$

____________________ $C_8H_{18}$

### Übung 3.12 — 1,5 Min.

Luisa erhält eine Ausbildungsvergütung von 537,00 €. Wie viel bekommt sie nach einer geplanten Erhöhung von 3,4 %?

____________________

### Übung 3.13 — 2 Min.

Was ist die Eigenschaft eines Kreisdiagramms und zu welchem Zweck verwendet man es?

____________________

____________________

### Übung 3.14 — 1,5 Min.

Die chemische Bindung von Stoffen kann stark oder schwach sein. Zu den schwachen Bindungsarten gehören u. a. die Van-der-Waals-Kräfte. Sie halten die Bindungspartner nur mit geringen Kräften zusammen. Atom-, Ionen-, und Metallbindungen hingegen sind starke Bindungen. Dabei gehen Nichtmetalle miteinander Atombindungen ein. Ionenbindungen bilden Nichtmetalle mit Metallen und die Metallbindung gehen Metalle untereinander ein. Welche Bindungsart liegt beim NaCl (Kochsalz) vor?

**A** Ionenbindung
**B** Atombindung
**C** Metallbindung

### Übung 3.15 — 2 Min.

Ein Boot fährt 7 km nach Norden, dann 6 km nach Osten und dann noch einmal 4 km nach Norden. Wie weit ist es von seinem Ausgangsort entfernt, wenn man die kürzeste Strecke wählt?

____________________

____________________

### Übung 3.16 — 2 Min.

Nicht immer sind es unverständliche Wörter oder verschachtelte Sätze, die das flüssige Lesen eines Textes stören. Welche nicht textgebundenen Faktoren können Ihrer Meinung nach die Aufmerksamkeit herabsetzen und den Lesefluss beeinträchtigen? Nennen Sie mindestens drei.

____________________

____________________

### Übung 3.17 — 1 Min.

Kunststoffe bestehen aus Molekülketten oder stark verzweigten Molekülen (Makromoleküle), den Polymeren, die meist aus Kohlenstoffketten bestehen. Welches Produkt ist kein Kohlenstoff-Polymer?

**A** PVC-Bodenbeläge
**B** Styropor
**C** Nylon
**E** Grafit

### Übung 3.18 — 2 Min.

Wir haben 1219,4 $cm^3$ Kerzenwachs eingeschmolzen und gießen uns daraus eine schöne neue Kerze. Als Form nehmen wir eine Pyramide mit quadratischer Grundfläche und einer Kantenlänge von 10 cm. Wie hoch wird unsere Kerzenpyramide (bei dieser Rechnung ignorieren wir den Docht)?

---

### Übung 3.19 — 2 Min.

Ein Zeitungsbericht könnte mit folgender Schlagzeile aufmachen:

> **„Sturmtief Simon fegt über Nordeuropa – Orkan wütet mit mehr als 130 km/h.**
> Beträchtliche Schäden: Polizeiauto rast in Leitplanke, umgestürzte Bäume und überflutete Keller“

Welche Stelle des Textes ist problematisch und warum?

---

### Übung 3.20 — 1 Min.

Die Geschwindigkeit ist definiert als Meter pro Sekunde; also ein Raummaß dividiert durch ein Zeitmaß. Wird die Geschwindigkeit des Scheinwerferlichtes eines Jumbo-Jets durch die Fluggeschwindigkeit des Jets erhöht?

Jumbo-Jet

**A** Ja. Geschwindigkeiten in die gleiche Richtung werden addiert.
**B** Nein. Die Geschwindigkeit des Lichts ist immer gleich groß.

### Übung 3.21 — 3 Min.

Auch Spinnen sind bisweilen faule Tiere, wie in diesem Beispiel. Es geht um die Spinne Klara, die in der Ecke E eines würfelförmigen Zimmers sitzt (siehe Skizze). Sie möchte die Fliege Puck fangen, die am Punkt J (genau in der Mitte zwischen C und G) sitzt, dabei aber den kürzesten Weg zurücklegen, um sich nicht unnötig anstrengen zu müssen. Wie lang ist der Weg, wenn die Kantenlänge des Würfels 3 m beträgt?

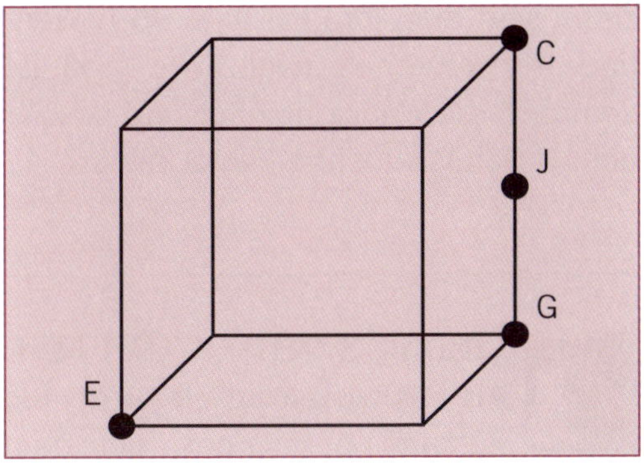


### Übung 3.22 ⏱ 2 Min.

Viele Fremdwörter sind inzwischen so sehr in den alltäglichen Sprachgebrauch übergegangen, dass sie nurmehr schwer als solche zu erkennen sind. Den so genannten Lehnwörtern merken wir ihre Herkunft nicht mehr an. Was meinen Sie, woher stammen die folgenden?

Pullover, Steppe, Krawatte, Violine, Konto, Start, Säbel, Kostüm, Saldo, Kompanie, Bilanz, Sport, Konzert, Leutnant.

**Italienisch:** ______________________

**Französisch:** ______________________

**Slawisch:** ______________________

**Englisch:** ______________________

### Übung 3.23 ⏱ 0,5 Min.

Das Internationale Einheitensystem (SI-Einheiten; SI, frz.: Le Système international d'unités) regelt die physikalischen Einheiten. So wird die Länge in Metern (m) und die Masse bzw. das Gewicht in Kilogramm (kg) gemessen. Wie heißt die SI-Einheit der Zeitmessung?

**A** Sekunde **B** Minute **C** Stunde

### Übung 3.24 ⏱ 3 Min.

In einem Expeditionscamp in der Arktis gehen langsam die Nahrungsmittel und der Treibstoff zur Neige. Es muss dringend Nachschub herbeigeschafft werden. Allerdings tobt schon seit Tagen ein schwerer Schneesturm. Dennoch muss noch am selben Tag aufgebrochen werden, um nicht das Leben der Wissenschaftler zu riskieren. Es gibt drei Möglichkeiten mit den folgenden Erfolgschancen: Hubschrauber 30 %, Motorschlitten 10 % und Hundeschlitten 70 %. Wie groß ist die Wahrscheinlichkeit eines totalen Misserfolgs?

______________________

### Übung 3.25 ⏱ 1 Min.

Die Werbesprache bedient sich verschiedener Mittel, um die Aufmerksamkeit potenzieller Kunden auf ein Produkt zu lenken. Schlagzeilen und Slogans sollen bei ihm bestimmte Emotionen hervorrufen und verwenden einen Stil, der z. B. auf Modernität und Dynamik (1), Originalität und Einzigartigkeit (2) oder Kompetenz (3) abzielt. Was vermitteln diese?

A Das Duschgel mit natürlichen Fruchtessenzen (__)
B Jung, Schwung, Spannung – Yo (__)
C Geil! Noch 'ne Camel inner Jacke! (__)
D Jetzt in der unkaputtbaren Mehrwegflasche (__)
E Bei Prellungen, Zerrungen, Verstauchungen: mit der 3-Wirkstoff-Formel (__)
F Ei love you! Ei too! (__)

### Übung 3.26 — 1 Min.

Die Gravitation ist das Ergebnis zweier Massen, die sich gegenseitig anziehen. Sie ist Ursache dafür, dass Gegenstände zu Boden fallen. Betrachtet man die Erde als eine homogene Kugel, so ist die Gravitationskraft proportional zum Erdradius. Die Gravitation einer homogenen Kugel im Vakuum ist deshalb an ihrer Oberfläche am größten. Dies ist auf die Erde übertragbar. Wie groß ist die Erdanziehung am Erdmittelpunkt?

______________________

### Übung 3.27 — 2 Min.

Hans Scharfblick ist nicht nur ein guter Jäger, er glänzt auch beim Tontaubenschießen. In dieser Disziplin sagt man ihm gar eine 95-prozentige Treffsicherheit nach. Wie groß ist demnach die Wahrscheinlichkeit, dass er bei 10 Schüssen ohne Fehler bleibt?

______________________

### Übung 3.28 — 1 Min.

Als Schwerelosigkeit wird ein Zustand bezeichnet, bei dem eine Masse kein Gewicht hat. Dieser Zustand entsteht immer dann, wenn einem Körper, der mittels Gravitationskraft (Erdanziehungskraft) angezogen wird, kein Widerstand entgegengesetzt ist. In welchem Fall ist der Zustand der Schwerelosigkeit erreicht?

A Fallschirmspringen (bei geschlossenem Schirm)
B Bungeejumping
C Turmspringen

### Übung 3.29 — 1,5 Min.

Das Jahr neigt sich dem Ende entgegen. Es wird Zeit für die Abschlussprüfungen. Dabei muss sich Stefan 3 Prüfern stellen. Der Erste hat 2 leichte und 3 schwere Fragen, der Zweite 2 leichte und 2 schwere und der Dritte 4 leichte und 3 schwere in der Tasche. Von jedem Prüfer darf er eine Frage ziehen. Mit welcher Wahrscheinlichkeit erhält Stefan

A nur schwere Fragen?
B nur leichte Fragen?

## Lösung 3.1

Alle Sätze enthalten das ausdrucksschwache Verb „laufen“. Eine Verbesserung besteht daher in der Verwendung ausdrucksstarker Verben. Die Sätze könnten z. B. lauten:

A Die Ente watschelt zum Teich.
B Das Pferd galoppiert/jagt über die Wiese.
C Der Mann joggt durch den Park.
D Der Polizist jagt dem Dieb hinterher.
E Die Maus huscht/flüchtet/entkommt/flitzt durch die Küche.
F Der Reisende hetzt/eilt/hastet zum Zug.

## Lösung 3.2

A2, B1, C3
Mit mehr als 1700 Arten stellen die Nagetiere die artenreichste Ordnung der Säugetiere dar. Dicht gefolgt von den rund 1100 Arten der Fledertiere. Die Beutelratten bringen es „nur“ auf rund 60 Arten.

## Lösung 3.3

C. Bei einer Zahl gibt es nur eine Möglichkeit. Wenn zwei Zahlen zur Verfügung stehen, gibt es $2 \cdot 1$ Möglichkeiten, sie zu kombinieren (z.B. 34 und 43). Nimmt man nun eine dritte Zahl hinzu, kann jede der drei Zahlen einmal an erster Stelle stehen, für die zweite und dritte Stelle gibt es wiederum je zwei Möglichkeiten. Insgesamt existieren also $3 \cdot 2 \cdot 1$ Möglichkeiten. Entsprechend gilt für vier Zahlen: Es existieren $4 \cdot 3 \cdot 2 \cdot 1 = 24$ Möglichkeiten, sie anzuordnen. Man schreibt dieses $4 \cdot 3 \cdot 2 \cdot 1$ in der Mathematik auch als 4! (Sprich vier Fakultät).

## Lösung 3.4

Die drei fehlenden Buchstaben lauten „str“: Strom, Strophe, Strudel, struppig, Strand.

## Lösung 3.5

B. Pferd und Esel können zwar miteinander gekreuzt werden (Maultier bzw. Maulesel), der Bastard ist jedoch fast immer unfruchtbar. Durch die Vermischung des Erbguts von Pferd und Esel entsteht ein ungerader Chromosomensatz, der eine Geschlechtszellenbildung unmöglich macht. Eine Art ist jedoch so definiert, dass die zugehörigen Individuen in ihren wesentlichen Merkmalen übereinstimmen und sich untereinander fortpflanzen. Somit gehören Pferd und Esel zwei unterschiedlichen Arten an.

## Lösung 3.6

A: $14{,}544 = 1{,}454 \cdot 10^{1}$
B: $0{,}00005370 = 5{,}37 \cdot 10^{-5}$
C: $0{,}40037900 = 4{,}00379 \cdot 10^{-1}$
D: $14.000.000.000 = 1{,}4 \cdot 10^{10}$

## Lösung 3.7

Die beiden Hauptsätze lauten: Gustav Aschenbach hatte einen Spaziergang unternommen. Der Schriftsteller hatte dem Fortschwingen des Triebwerkes in seinem Innern nicht Einhalt zu tun vermocht und den Schlummer nicht gefunden.

## Lösung 3.8

Zur Messung der Hirnströme wird ein EEG (Elektro-Enzephalogramm) durchgeführt. Das EKG (Elektrokardiogramm = Herzstromkurve) hingegen misst die elektrische Aktivität, die vom Herzen ausgeht.

## Lösung 3.9

x1 bis x3 seien die Eingangsvariablen, y die Ausgangsvariable, die nur bei gerader Parität den Wert 1 liefert. Die Wahrheitstafel sieht dann so aus:

| x1 | x2 | x3 | y |
|---|---|---|---|
| 0 | 0 | 0 | 1 |
| 0 | 0 | 1 | 0 |
| 0 | 1 | 0 | 0 |
| 0 | 1 | 1 | 1 |
| 1 | 0 | 0 | 0 |
| 1 | 0 | 1 | 1 |
| 1 | 1 | 0 | 1 |
| 1 | 1 | 1 | 0 |

### Lösung 3.10
B, A, C, D.

### Lösung 3.11
Pentan, Hexan, Heptan, Oktan.

### Lösung 3.12
Die neue Ausbildungsvergütung sei x. Es gilt: $x = 537 \cdot 0{,}034 = 555{,}26$ (dieser Betrag ist aufgerundet).

### Lösung 3.13
Die Summe aller Segmente eines Kreisdiagramms ergibt 100 %. Kreisdiagramme geben die prozentuale Verteilung von Antworten auf eine einzige Frage oder von Segmenten einer Gesamtzusammensetzung wieder.

### Lösung 3.14
A. Das Kochsalz, NaCl, ist eine Ionenbindung, da sich hier ein Metall, das Natrium, mit einem Nichtmetall, dem Chlorid, verbindet.

### Lösung 3.15
Folgende Grafik verdeutlicht, dass diese Aufgabe mit dem Satz des Pythagoras gelöst werden kann:

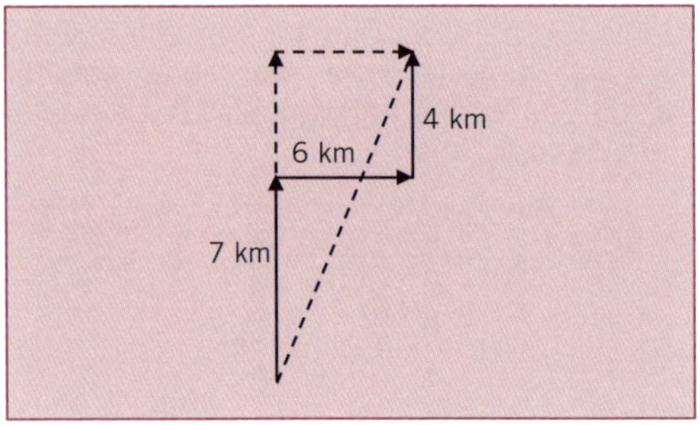


Die durchgezogenen Linien stellen dabei die tatsächliche Wegstrecke dar, die Gestrichelten das Dreieck, das man berechnen kann und das aus den gleichen Strecken besteht.

Für die kürzeste Strecke ergibt sich dann:

$$x = \sqrt{(7+4)^2 + 36} = \sqrt{157} = 12{,}53$$

Die Strecke beträgt 12,53 Kilometer.

### Lösung 3.16
Viele Faktoren können das Lesen stören. Meistens sind es äußere Einflüsse, manches kommt aber auch aus unserem Inneren. Äußere Störfaktoren sind z. B. spiegelnde Flächen im Gesichtsfeld, kontrastreiche Flächen im Raum oder Lärm. Sie lenken ab. Bewegungen im Hintergrund lösen reflektorische Augen- und Kopfbewegungen aus. Unzureichendes Licht lässt die Augen ermüden. Zu einem inneren Störfaktor kann z. B. Hintergrundmusik werden, weil der Rhythmus eines Musikstücks Sprachrhythmus und Satzmelodie überlagert.

### Lösung 3.17
E. Der Grafit ist ein Schichtmineral und damit kein Makromolekül.

### Lösung 3.18
Das Volumen einer Pyramide berechnet sich aus

$$V = \frac{G \cdot h}{3}$$

Die Höhe erhalten wir folglich aus:

$$h = \frac{3 \cdot V}{G} = \frac{3 \cdot 1219{,}4}{100} = 36{,}58$$

Die neue Kerze misst also stolze 36,58 cm.

### Lösung 3.19
Problematisch ist der letzte Teil der Schlagzeile: Sie suggeriert, das Polizeifahrzeug sei sowohl in die Leitplanke als auch in umgestürzte Bäume und überflutete Keller gerast. Davon ist nicht auszugehen.

### Lösung 3.20
B. Die Lichtgeschwindigkeit ist paradoxerweise eine Konstante. Sie beträgt im Vakuum ca. 300.000 km/s.

## Lösung 3.21

Diese Aufgabe lässt sich am elegantesten lösen, wenn man den Würfel aufschneidet. Man erhält dann folgende Skizze:

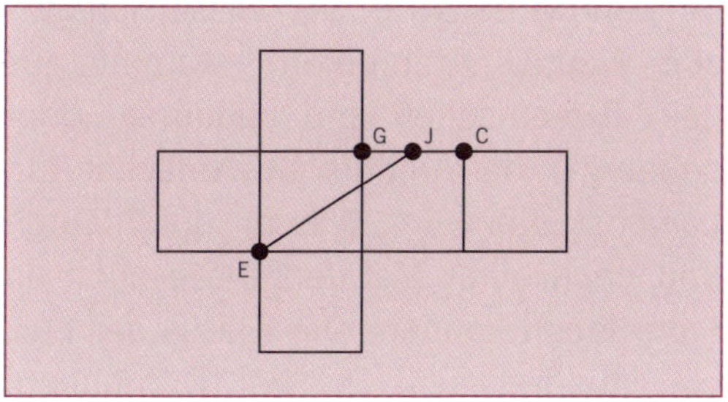


Nun lässt sich der Weg recht schnell mithilfe des Satzes des Pythagoras ermitteln. Wir erhalten folgende Gleichung:

$$x = \sqrt{4{,}5^2 + 3^2} = 5{,}41$$

Der kürzeste Weg für Klara, die faule Spinne, beträgt also 5,41 m (dafür wird sie aber nach der Anstrengung auch mit einer leckeren Fliege belohnt).

## Lösung 3.22

Aus dem Italienischen stammen vorwiegend Begriffe der Musik und des Geldwesens (Violine, Konto, Saldo, Bilanz, Konzert), aus dem Französischen Begriffe der Mode, der Technik und des Militärs (Krawatte, Kostüm, Kompanie, Leutnant); Begriffen aus dem Slawischen (Steppe, Säbel) und Englischen (Pullover, Start, Sport) sehen wir das Fremdartige meist nicht mehr an.

## Lösung 3.23

A. Die Zeit wird in Sekunden (s) gemessen.

## Lösung 3.24

Wir berechnen zunächst die Wahrscheinlichkeiten für ein Scheitern jedes einzelnen Falles. Das bedeutet für den Hubschrauber 70 % (oder 0,7), für den Motorschlitten 90 % (oder 0,9) und für den Hundeschlitten 30 % (oder 0,3). Die Wahrscheinlichkeit eines totalen Misserfolgs errechnet sich nun aus dem Produkt dieser drei Wahrscheinlichkeiten. Sie beträgt 18,9 % (oder 0,189).

## Lösung 3.25

A 3 (Wissenschaftssprache)
B 2 (Sprachspiel)
C 1 (Slang)
D 2 (Wortkreation)
E 3 (Fachwort-Kreation)
F 2 (Sprachspiel)

## Lösung 3.26

Null. Die Erdanziehung am Erdmittelpunkt ist gleich null. Es herrscht dort also Schwerelosigkeit.

## Lösung 3.27

$$P = (0{,}95)^{10} = 0{,}6$$

Die Wahrscheinlichkeit, dass Hans 10-mal hintereinander trifft, liegt bei 60 %.

## Lösung 3.28

A, B und C In allen drei Fällen befindet sich der Mensch im freien Fall. Der Körper wird zwar von der Erdanziehungskraft angezogen, setzt aber dieser Kraft keinen Widerstand entgegen.

## Lösung 3.29

A: $\frac{3}{5} \cdot \frac{2}{4} \cdot \frac{3}{7} = \frac{9}{70}$

Die Wahrscheinlichkeit für ausschließlich leichte Fragen beträgt $\frac{9}{70}$.

B: $\frac{2}{5} \cdot \frac{2}{4} \cdot \frac{4}{7} = \frac{4}{35}$

Die Wahrscheinlichkeit für ausschließlich schwere Fragen beträgt $\frac{4}{35}$.

# Test 4
## Übungen

### Übung 4.1 — 2 Min.

Im scheinbaren Buchstabenwirrwar der folgenden Tabelle verbirgt sich eine Redewendung, die dazu aufruft, Aufgaben beizeiten zu erledigen.
Um welche Redewendung handelt es sich? Sie können waagrecht und senkrecht lesen: von links nach rechts, von rechts nach links, von oben nach unten und von unten nach oben.

| | | | | | | | |
|---|---|---|---|---|---|---|---|
| A | B | E | N | D | I | M | E |
| S | I | O | G | T | A | U | D |
| T | Z | L | C | M | T | N | N |
| Ö | T | D | G | O | L | D | U |
| N | E | I | Z | R | W | O | T |
| B | E | H | O | G | E | N | S |
| I | R | A | O | E | L | E | C |
| L | S | T | U | N | D | T | H |
| D | E | R | F | Z | R | T | H |

### Übung 4.2 — 2 Min.

Die Lurche oder Amphibien sind süßwasser- oder landbewohnende Landwirbeltiere. Der wissenschaftliche Name „Amphibien“ stammt aus dem Griechischen und bedeutet „doppellebig“, da Amphibien zunächst ein Larvenstadium im Wasser durchlaufen und nach einer Metamorphose auch an Land leben können. Die Klasse der Lurche gliedert sich in drei Ordnungen: Schwanzlurche, Froschlurche und Schleichenlurche. Die Schwanzlurche besitzen als typisches Merkmal – wie schon der Name sagt – einen Schwanz, einen langen Körper und vier kurze Beine. Die Froschlurche hingegen haben keinen Schwanz, einen gedrungenen Körperbau und ihre Vorderbeine sind kürzer als die Hinterbeine. Ordnen Sie die Vertreter der Lurche der entsprechenden Ordnung der Schwanzlurche (1) bzw. Froschlurche (2) zu:

**A** Frösche
**B** Kröten
**C** Molche
**D** Unken
**E** Salamander

Entwicklungsstufen von Amphibien

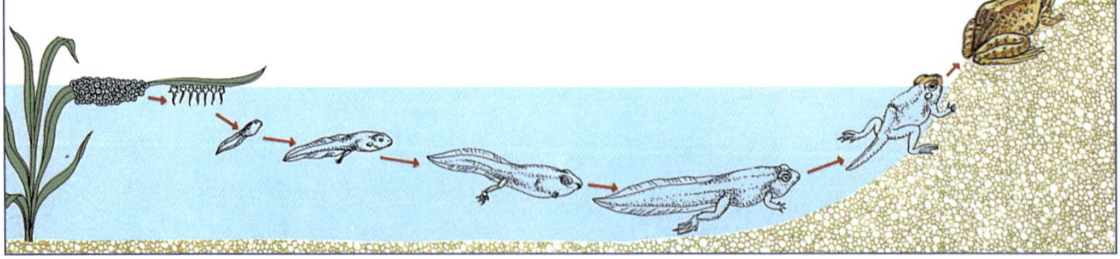

## Übung 4.3 — 2 Min.

Susanne muss dringend ihr Zimmer aufräumen. Das ist eine Aufgabe, die sie nicht sonderlich gern erledigt. Deshalb fallen ihr immer wieder neue Dinge ein, mit denen sie sich von der eigentlichen Arbeit (insbesondere das Putzen ist ihr zuwider) ablenken kann. Im Moment beschäftigt sie sich mit dem Bücherregal. Dort stehen acht Bücher (Susanne liest nicht allzu gern). Susanne kommt ins Grübeln. Wie viele Möglichkeiten es wohl geben mag, diese Bücher umzuordnen? (Tipp: Lesen Sie sich die Aufgabenstellung ganz genau durch.)

______________________________

## Übung 4.4 — 1,5 Min.

Bilden Sie aus den Buchstabengruppen Synonyme für das Wort „Mut".

A Cuagroe

______________________________

B Khenihüt

______________________________

C Sechnid

______________________________

D Btzeierehht

______________________________

## Übung 4.5 — 2 Min.

Die Vererbung der Blutgruppen A, B, AB und 0 erfolgt nach den mendelschen Gesetzen. Die vier Blutgruppen (Phänotyp) entsprechen sechs Genotypen (Allelpaare): AA, A0, BB, B0, AB, und 00 (vgl. Tabelle). Das Allel 0 ist gegenüber den Allelen A und B rezessiv, während A und B gleich stark (kodominant) vererbt werden.

| Blutgruppe (Phänotyp) | Allelpaare (Genotyp) |
|---|---|
| A | AA reinerbig<br>A0 mischerbig |
| B | BB reinerbig<br>B0 mischerbig |
| AB | AB mischerbig |
| 0 | 00 reinerbig |

Wenn der Vater von Jens nun die reinerbige Blutgruppe A hat und Jens' Mutter die reinerbige Blutgruppe B, welche Blutgruppe hat dann Jens? Vervollständigen Sie den Erbgang.

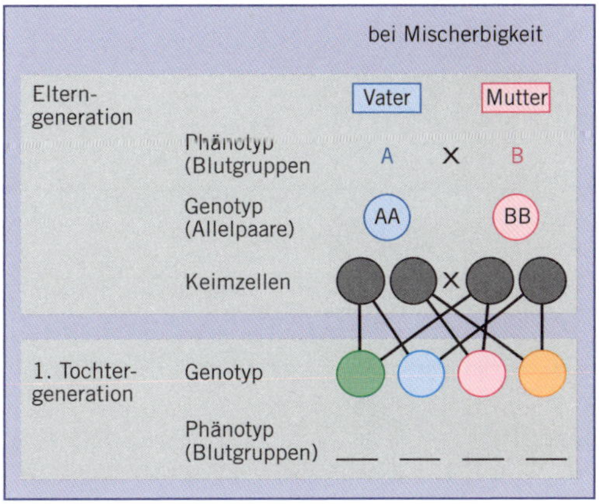


## Übung 4.6 — 2,5 Min.

„Der Weltraum, unendliche Weiten…." Mit diesen Worten

beginnt der Vorspann der Science-Fiction-Serie *Raumschiff Enterprise*. Und in der Tat sind die Entfernungen im All schier unermesslich. Daher hat man besondere Entfernungseinheiten festgelegt, um die großen Distanzen erfassen zu können. Eine dieser Entfernungseinheiten ist das Parsec (abgekürzt für Parallaxensekunde). 1 Parsec entspricht dabei ungefähr $3{,}086 \cdot 10^{13}$ km. Das Licht legt 300.000 km/s zurück. Wie lange braucht nun ein Lichtstrahl, bis er eine Strecke von einem Parsec zurückgelegt hat?

______________________________

## Übung 4.7 — 1,5 Min.

Tauschen Sie bei dieser Übung pro Schritt nur einen Buchstaben aus, damit Sie vom Wort „kaufen“ zum Wort „Lauben“ gelangen.

kaufen

______________________________

______________________________

______________________________

Lauben

## Übung 4.8 — 2 Min.

Nervenzellen (Neuronen) dienen zur Aufnahme, Verarbeitung und Weiterleitung von Reizen. Jede der etwa

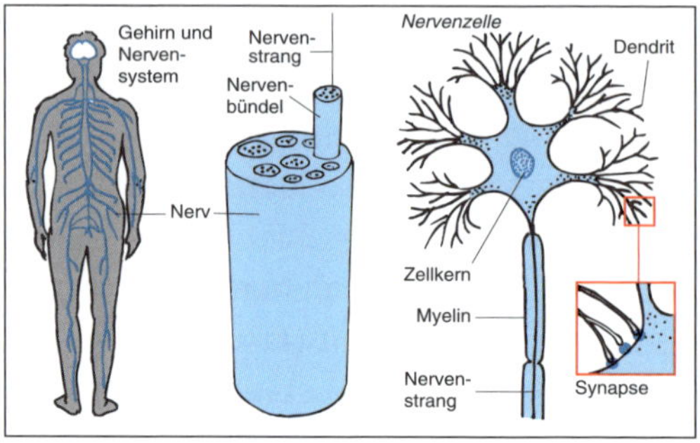

Nervensystem

100 Milliarden Nervenzellen ist mit bis zu 10.000 anderen Zellen verbunden. Sie tauschen untereinander elektrische Impulse und chemische Botenstoffe aus. Das Gehirn ist somit ein gigantisches Kabelnetz, auch neuronales Netz genannt. Der Grundbauplan eines Neurons besteht aus Axon (A), Zellkörper (B), Synapse (C) und Dendriten (D). Ordnen Sie die Funktionen Informationsaufnahme, -verarbeitung, -weiterleitung, und -übertragung den genannten Bauteilen zu.

______________________________

______________________________

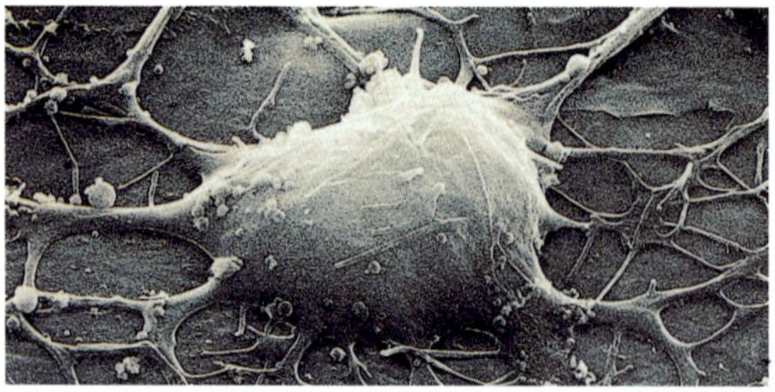
Großaufnahme einer Nervenzelle

## Übung 4.9 — 3 Min.

Um die Breite eines Flusses zu messen werden von einem Turm, dessen Spitze h = 34 m über der Wasseroberfläche liegt, der Neigungswinkel zum vorderen Ufer ($\alpha = 51{,}2°$) und zum hinteren Ufer ($\beta = 28{,}4°$) gemessen. Wie breit ist der Fluss?

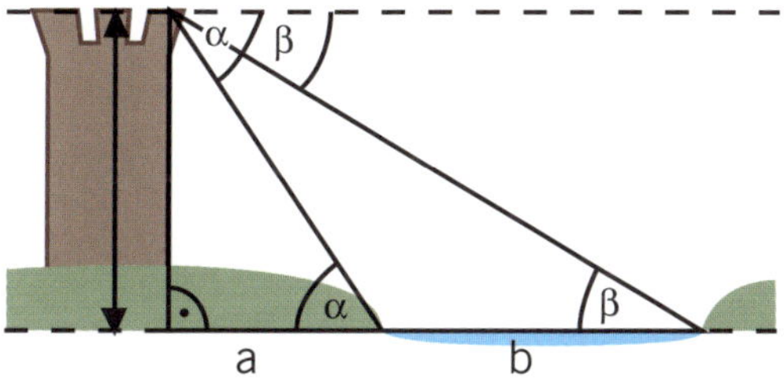


## Übung 4.10 — 2 Min.

Die folgenden Sätze weisen den gleichen Fehler auf. Stilkundler nennen einen solchen Fehler „Pleonasmus" (Überfluss).

**A** Es ist dem Sender erfolgreich gelungen, neue Hörerschichten zu gewinnen.

**B** Die Reise aufs Land entspringt aus seinem Bedürfnis nach Erholung.

**C** Damit müssen wir uns ernsthaft auseinander setzen!

**D** Es kann möglich sein, dass er zur Feier kommt.

Können Sie anhand der Beispiele erklären, was ein Pleonasmus ist?

## Übung 4.11 — 2 Min.

Es gibt zwei Möglichkeiten des Nachweises von Substanzen: Den quantitativen und den qualitativen Nachweis. Beim quantitativen Nachweis wird lediglich bewiesen, dass eine bestimmte Substanz in z. B. einem Gemisch vorhanden ist. Bei dem oft aufwändigeren qualitativen Nachweis geht es darum, zu bestimmen, wie viel von einer bestimmten Substanz in einem Gemisch vorhanden ist. Bei welcher Versuchsbeschreibung handelt es sich um eine qualitative Versuchsanordnung?

**A** Nachweis von Sulfat-Ionen in wässriger Lösung durch Fällung mit Barium-Ionen.

**B** Ermittlung der molaren Masse von Harnstoff durch Bestimmung der Schmelzpunkterniedrigung.

**C** Bestimmung des Gehalts an Oxonium-Ionen, $H_3O^+$, in einer Gewässerprobe durch Messung des ph-Wertes.

## Übung 4.12 — 2,5 Min.

Bei einer Verkehrskontrolle wird ein Kraftfahrer einer Blutuntersuchung unterzogen. Die Untersuchung ergibt, dass der Kraftfahrer 1,7 ‰ Alkohol im Blut hat. Wie viele $cm^3$ sind das bei einem angenommenen Blutvolumen von 7 Litern?

### Übung 4.13 — 2 Min.

Was ist die Eigenschaft eines Kurvendiagramms und zu welchem Zweck verwendet man es?

___

___

___

### Übung 4.14 — 1,5 Min.

Die Oktett-Regel besagt, dass die Besetzung der Außenschale eines Atoms mit acht Elektronen (auch Edelgaskonfiguration genannt) besonders stabil ist. D. h. die Elemente suchen sich Reaktionspartner, mit denen sie dieses Ziel erreichen können. Die Gruppennummer der Hauptelemente im Periodensystem der Elemente (PSE) gibt an, wie viele Elektronen die letzte Schale besetzen. Nur sie sind an Reaktionen beteiligt.
Nehmen wir das Salz Magnesiumoxid (MgO), eine Ionenbindung zwischen einem Metall (Mg) und einem Nichtmetall (O). Das Magnesium-Atom gibt seine zwei Elektronen der Außenhülle an das Sauerstoff-Atom ab und wird zum zweifach positiv geladenen Ion $Mg^{2+}$. Die darunter liegende Schale ist somit abgeschlossen. Das Sauerstoff-Atom hingegen baut die zwei Elektronen des Magnesiums in seine letzte Schale ein, erreicht dadurch ebenfalls ein Oktett und wird zum zweifach negativ geladenen $O^{2-}$. Zusammen bilden die Magnesium- und Sauerstoff-Ionen ein Ionengitter. Ähnlich verhält es sich mit Natriumchlorid (NaCl), wobei sich Natrium in der 1. und Chlorid in der 6. Hauptgruppe befindet. Welche Ladung nimmt das Na-Ion, welche das Cl-Ion im NaCl-Ionengitter an?

**A** $Na^{2+}$, $Cl^{2-}$
**B** $Na^{2-}$, $Cl^{2+}$
**C** $Na^{1+}$, $Cl^{1-}$
**D** $Na^{1-}$, $Cl^{1+}$

### Übung 4.15 — 1,5 Min.

Die Hypotenuse eines gleichschenkligen rechtwinkligen Dreiecks ist 10 cm lang. Kann man daraus bereits die Länge eines Schenkels bestimmen? Wenn ja, wie lang ist er?

___

___

### Übung 4.16 — 1 Min.

Die deutsche Straßenverkehrsordnung (StVO) regelt u. a. den Einsatz von Richtzeichen, Vorschriftszeichen und Gefahrenzeichen. Gefahrenzeichen mahnen, sich auf die angekündigte Gefahr einzurichten. Das abgebildete Gefahrenzeichen kündigt eine Steigung der Straße an. Die Steigung ist in Prozent angegeben und

bezieht sich auf den steilsten Teil der Strecke.
Eine Steigung von 12 % würde im Vergleich mit einer Straße, die 100 m waagrecht verläuft, eine Höhenänderung von 12 Metern bedeuten.

Eine Straße mit einer Steigung von 100 % findet man im Alltagsleben wohl kaum. Aber überlegen Sie doch mal, in welchem Winkel die Straße wohl ansteigen würde?

---

## Übung 4.17 — 1 Min.

Knapp ein Fünftel des Hausmülls besteht aus Plastik. Kunststoffe lassen sich nur schwer recyceln, das liegt vor allem an ihrer Unverträglichkeit untereinander. Vor der Wiederverwertung müssen sie mit großem Aufwand nach Sorten getrennt werden. Auch die Qualität von recycelten Kunststoffen ist nicht sehr hoch. Dennoch – auf Grund seiner Eigenschaften ist er in vielen Bereichen, wie im Bau, als Verpackungsmaterial, im Haushalt, in Elektrogeräten, in Farben und Lacken sowie der Fahrzeugindustrie weit verbreitet. Worin besteht das Müllproblem des Kunststoffs?

**A** Kunststoff ist giftig und kann das Grundwasser kontaminieren.
**B** Kunststoff nimmt auf den Deponien relativ viel Platz ein, was mit hohen Kosten verbunden ist und verrottet z. T. recht langsam.

## Übung 4.18 — 1 Min.

Wenn man einen Körper entlang einiger Kanten aufschneidet und dann entfaltet, erhält man ein so genanntes Netz. Hier sehen Sie einige derartige Netze:

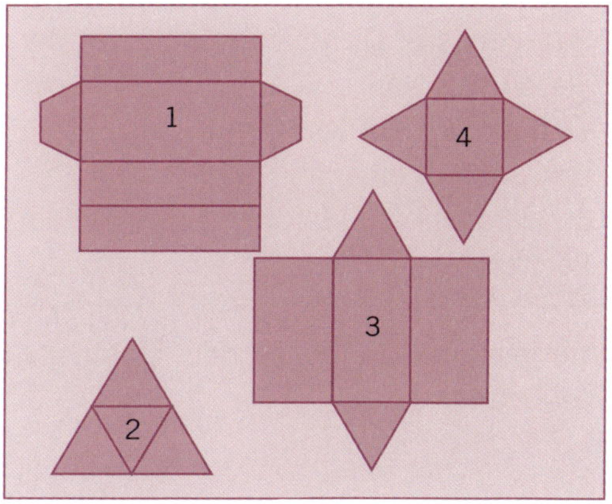


Aus welchem Netz lässt sich welcher Körper falten?

**A** Dreieckspyramide
**B** Trapezsäule
**C** Quadratpyramide
**D** Dreieckssäule

## Übung 4.19 — 2,5 Min.

In der Erzählung *Kalkstein* des österreichischen Schriftstellers Adalbert Stifter (1805–68) heißt es in den ersten Sätzen:

„Ich erzähle hier eine Geschichte, die uns einmal ein Freund erzählt hat, in der nichts Ungewöhnliches vorkömmt, und die ich doch nicht habe vergessen können. Unter zehn Zuhörern werden neun den Mann, der in der Geschichte vorkömmt, tadeln, der zehnte wird oft an ihn denken. Die Gelegenheit zu der Geschichte kam von einem Streite, der sich in der Gesellschaft von uns Freunden darüber entspann, wie die Geistesgaben an einem Menschen verteilt sein können."

Adalbert Stifter

Wie gestaltet der Autor den Einstieg in die Erzählung?

______________________________

______________________________

______________________________

______________________________

### Übung 4.20 — 1 Min.

Die Lichtgeschwindigkeit ist bekanntlich eine Konstante und beträgt im Vakuum ca. 300.000 km/s. Wie verändert sich die Lichtgeschwindigkeit, wenn sie durch Materie wie z. B. Wasser hindurch tritt?

Die Lichtgeschwindigkeit

**A** bleibt gleich.
**B** verringert sich.
**C** erhöht sich.

### Übung 4.21 — 2 Min.

In der Wunder-Bar gibt es wunderschöne, hohe Sektkelche. Der Eichstrich befindet sich bei diesen Kelchen in einer Höhe von 15 cm. Der Barkeeper füllt sie jedoch nur bis 1 cm unter diese Marke.
Wie viel Prozent des prickelnden Getränks spart er dadurch?

______________________________

______________________________

### Übung 4.22 — 1 Min.

Was sind wohl die größten Probleme im Umgang mit Fremdwörtern?

**A** Wir verstehen nicht ihre Bedeutung.
**B** Wir empfinden Fremdwörter als sprachliche Waffe und Mauer.
**C** Wir wissen nicht, wie man sie ausspricht.
**D** Wir kennen nicht immer die genaue Schreibweise.

### Übung 4.23 — 1,5 Min.

Die elektrische Ladung Q wird in der Einheit Coulomb (C) angege-

ben. Die Einheit C setzt sich wie folgt zusammen:
C = A · s. Welcher Zusammenhang besteht zwischen der elektrischen Ladung und dem elektrischen Strom?

**A** Q = I / t
**B** Q = I · t
**C** Q = P / t
**C** Q = P · t

### Übung 4.24 — 4 Min.

Bei 10.000 Vorsorgeuntersuchungen von Neugeborenen ergaben sich folgende Befunde: 140 Kinder hatten einen Hüftschaden, 80 Kinder einen Nabelbruch und 600 Kinder sonstige gesundheitliche Probleme. Wie groß wäre demnach die Wahrscheinlichkeit, dass ein Baby

**A** einen Hüftschaden hat?
**B** einen Hüftschaden oder einen Nabelbruch hat?
**C** nicht völlig gesund ist?

Dabei soll vorausgesetzt werden, dass kein Kind zwei oder mehr dieser Leiden hat.

### Übung 4.25 — 2 Min.

Welches der folgenden Wortpaare ist nicht Bestandteil einer deutschen Redewendung?

**A** Auge, Welt
**B** Nase, Spitze
**C** Schuppen, Augen
**D** Finger, Wunde

### Übung 4.26 — 1,5 Min.

Das 1. keplersche Gesetz besagt, dass die Umlaufbahn eines Planeten eine Ellipse ist, in deren Brennpunkt die Sonne steht. Das 2. keplersche Gesetz besagt, dass die Fläche zwischen Sonne, Anfangspunkt und Endpunkt einer vom Planeten zurückgelegten Teilstrecke in einem gleich langen Zeitabschnitt immer gleich groß ist. Was folgt aus dieser Tatsache für die Geschwindigkeit mit der sich der Planet um die Erde bewegt?

**A** Seine Geschwindigkeit ist konstant.
**B** Der Planet bewegt sich langsamer auf seiner Bahn, wenn er der Sonne nah ist und schneller, wenn er der Sonne fern ist.
**C** Der Planet bewegt sich schneller auf seiner Bahn, wenn er der Sonne nah ist und langsamer, wenn er der Sonne fern ist.

### Übung 4.27 — 2,5 Min.

Wie groß ist die Wahrscheinlichkeit, dass von sechs beliebig ausgewählten Leuten jeder genau in einem der Monate Januar bis Juni Geburtstag hat (also: Genau einer hat hat im Januar Geburtstag, genau einer hat im Februar usw.). Tipp: Sie können diese Aufgabe schön mit einem Würfel simulieren.

### Lösung 4.1
Die gesuchte Redewendung lautet: Morgenstund hat Gold im Mund.

| | | | | | | | |
|---|---|---|---|---|---|---|---|
| A | B | E | N | D | I | M | E |
| S | I | O | G | T | A | U | D |
| T | Z | L | C | M | T | N | N |
| Ö | T | D | G | O | L | D | U |
| N | E | I | Z | R | W | O | T |
| B | E | H | O | G | E | N | S |
| I | R | A | O | E | L | E | C |
| L | S | T | U | N | D | T | H |
| D | E | R | F | Z | R | T | H |

### Lösung 4.2
A2, B2, C1, D2, E1

### Lösung 4.3
Es gibt insgesamt 8! (also 8·7·6·5·4·3·2·1) Möglichkeiten, die Bücher unterschiedlich anzuordnen. Das sind 40.320 Möglichkeiten. Da eine dieser Möglichkeiten ja bereits im Regal existiert, gibt es also noch 40.319 Möglichkeiten, die Bücher im Regal umzuordnen.

### Lösung 4.4
A. Courage; B. Kühnheit; C. Schneid; D. Beherztheit

### Lösung 4.5
Jens hat die mischerbige Blutgruppe AB, da sich aus den reinerbigen Genotypen AA und BB immer die Mischform AB ergibt (vgl. Schema).

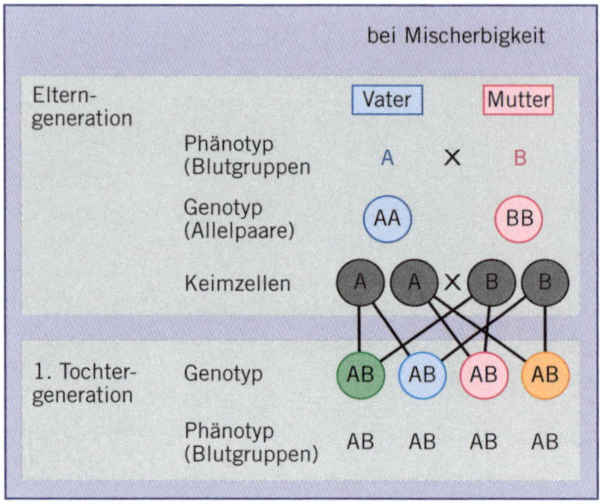


### Lösung 4.6
Hier ist es zunächst ratsam, die Lichtgeschwindigkeit in Exponentialschreibweise umzuformen: 300.000 km/s = $3 \cdot 10^5$ km/s. Nun fällt die Rechnung leichter. Die benötigte Zeit sei t. Dann gilt:

$$t = \frac{3{,}086 \cdot 10^{13}}{3 \cdot 10^5} = 1{,}03 \cdot 10^{13-5} = 1{,}03 \cdot 10^8 .$$

Das Licht benötigt also $1{,}03 \cdot 10^8$ Sekunden, um ein Parsec zurückzulegen. Ein Tag hat nun $8{,}64 \cdot 10^4$ Sekunden, das bedeutet, das Licht braucht ca. 1192 Tage, also ca. 3,26 Jahre um diese Entfernung zurückzulegen.

### Lösung 4.7
Eine mögliche Reihenfolge lautet: kaufen, raufen, raunen, Launen, Lauben.

### Lösung 4.8
Die Dendriten (D) nehmen die Information aus ihrer Umgebung auf. Damit möglichst viele Informationen registriert werden können, sind die Dendriten wie die Krone eines Baumes stark verästelt. Der Zellkörper (B) wertet die Informationen aus und gibt ggf. Aktionspotenziale an das Axon (A) weiter. Kommt an der Synapse (C) ein solches

Aktionspotenzial an, schüttet sie einen chemischen Botenstoff aus. Dieser dient dann wieder als Reiz für andere Nerven-, Muskel-, oder Drüsenzellen.

## Lösung 4.9

$$\frac{h}{a+b} = \tan\beta$$

$$a+b = \frac{h}{\tan\beta} = 62{,}88\,m$$

$$a = \frac{h}{\tan\alpha} = 27{,}34\,m$$

$$b = 62{,}88\,m - 27{,}34\,m = 35{,}54\,m$$

Der Fluss ist 35,54 m breit.

## Lösung 4.10

Bei einem Pleonasmus wird meist ein Substantiv durch ein Adjektiv ergänzt, das nichts Neues sagt (z. B. auch der furchtsame Angsthase, schwarzer Rappe, alter Greis) und daher überflüssig ist. Aber auch andere Wörter oder Wortgruppen können überflüssig sein (z. B. „bereits nur“, „ebenso auch“ oder wie in „Das habe ich mit meinen eigenen Ohren gehört“, besser: „Das habe ich selbst gehört“). In der Dichtung werden solche Anfügungen mit bedeutungsähnlichen oder sinnverwandten Wörtern, die keine zusätzliche Aussage bringen, jedoch oft verwendet, um den Gefühlswert zu erhöhen oder den Ausdruck zu verstärken (z. B. „auf immer und ewig“, „voll und ganz“, „einzig und allein“). Diese Stilfigur wird Tautologie (Dasselbe-Sagen) genannt. Gegenteil der Tautologie ist das Oxymoron, die Kombination sich widersprechender Aussagen (z. B. geschäftiger Müßiggang, tosende Stille oder alter Knabe).

## Lösung 4.11

A. Der Nachweis von Sulfat-Ionen in wässriger Lösung bestimmt nicht die Menge, sondern lediglich das Vorhandensein der Sulfat-Ionen. Deshalb handelt es sich hierbei um einen qualitativen Nachweis.

## Lösung 4.12

100 % entsprechen 1000 ‰ und 1 Liter entspricht 1000 $cm^3$.

$$\frac{7000}{1000} \cdot 1{,}7 \triangleq 1{,}7‰$$

Der Autofahrer hat also 11,9 $cm^3$ Alkohol im Blut.

## Lösung 4.13

In einem Kurvendiagramm sind mathematische Werte in einem Koordinatensystem dargestellt. Kurvendiagramme helfen, eine Entwicklung über einen längeren Zeitraum hinweg darzustellen.

## Lösung 4.14

C. Das Natrium-Atom gibt sein Elektron der Außenhülle an das Chlor-Atom ab und wird zum einfach positiv geladenen Ion $Na^+$. Die darunter liegende Schale ist jetzt abgeschlossen. Das Chlor-Atom hingegen baut das Elektron des Natriums in seine letzte Schale ein, erreicht dadurch ebenfalls ein Oktett und wird zum einfach negativ geladenen $Cl^-$-Ion. Zusammen bilden die Natrium- und Chlor-Ionen ein Ionengitter, das Natriumchloridgitter.

## Lösung 4.15

Man kann aus diesen Angaben die Länge bestimmen, und zwar mit dem Satz des Pythagoras. Da die beiden Schenkel gleich lang sind, ergibt sich folgende Gleichung:

$$10^2 = x^2 + x^2$$

$$100 = 2x^2$$

$$\sqrt{50} = x = 7{,}07$$

Ein Schenkel des Dreiecks ist 7,07 cm lang.

### Lösung 4.16

Sind Streckenlänge (100 m) und Höhe (100 m) gleich, ergibt sich ein gleichschenkliges Dreieck mit einem rechten Winkel. Der Steigungswinkel hat dann eine Größe von 45 °.

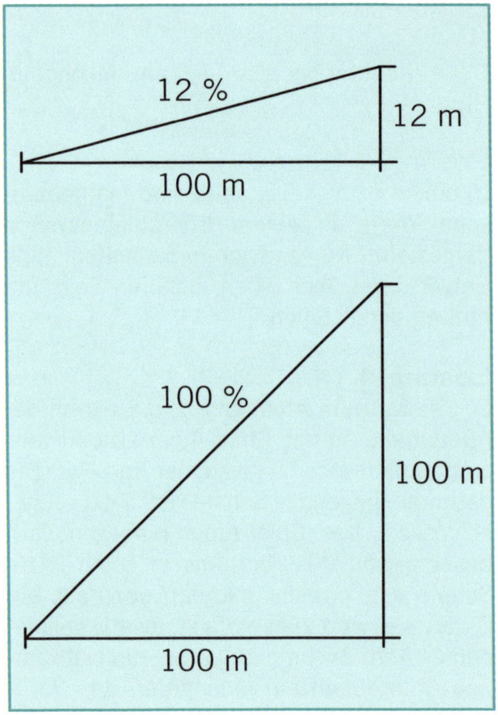


### Lösung 4.17

B. Im Hausmüll enthaltene Kunststoffe sind weitgehend grundwasserneutral und können auf Mülldeponien entsorgt werden. Auf Grund seiner geringen Dichte (Masse pro Volumen) nimmt Plastikmüll viel Platz auf den Deponien ein, was einen hohen Kostenfaktor darstellt. Außerdem verrottet er z. T. recht langsam und verbleibt lange Zeit auf den Deponien.

### Lösung 4.18

A Netz 2
B Netz 1
C Netz 4
D Netz 3

### Lösung 4.19

Die ersten Sätze der Erzählung haben hier quasi die Funktion eines Vorwortes. Der Autor führt den Leser zu einer Geschichte hin, begründet die Themenwahl und erläutert, warum er gerade diese erzählt. Die Erzählung *Kalkstein* erschien gemeinsam mit anderen Erzählungen Stifters in der Sammlung *Bunte Steine*.

### Lösung 4.20

B. Die Geschwindigkeit des Lichts hängt von dem Material ab, in dem es sich bewegt. Am höchsten ist die Lichtgeschwindigkeit im Vakuum (300.000 km/s). Tritt Licht durch z. B. Wasser, so verringert sich seine Geschwindigkeit auf rund 225.000 km/s.

### Lösung 4.21

Das Volumen des Sekts bis zum Eichstrich sei $V_1$, das Volumen des eingeschenkten Sekts $V_2$. Dann gilt für die beiden Volumina:

$$V = \frac{\pi \cdot r^2 \cdot h}{3}$$

Dabei sind r' und h' Radius bzw. Höhe des Sekts unter dem Eichstrich.

Nun gilt nach dem Strahlensatz:

$$\frac{r'}{14} = \frac{r}{15}$$

$$r' = \frac{14}{15} \cdot r$$

Daraus folgt für $V_2$:

$$V_2 = \pi \cdot \left(\frac{14}{15} \cdot r\right)^2 \cdot \frac{14}{3} \approx 12{,}77 \cdot r^2$$

Folglich füllt der sparsame Barkeeper das Glas nur zu 81 % und spart dabei 19 % der begehrten Flüssigkeit.

## Lösung 4.22

A, B, C, D. Fremdwörterbücher und *Duden* helfen bei der Klärung eines Begriffes. Die Aussprache ist allerdings nur bei gesprochenen Texten von Bedeutung. Gibt es Probleme mit der korrekten Schreibweise, sollte man – wenn möglich – das fremdsprachliche Wort durch ein deutsches ersetzen.

## Lösung 4.23

B. Q (C) = I (A) · t (s). Die elektrische Ladung Q (Einheit: Coulomb) setzt sich zusammen aus dem elektrischen Strom I (Einheit: Ampere) mal der Zeit t (Einheit: Sekunde).

## Lösung 4.24

A. Die Wahrscheinlichkeit beträgt

$$\frac{140}{10.000} = \frac{7}{500}$$

B. Die Wahrscheinlichkeit beträgt

$$\frac{140}{10.000} + \frac{80}{10.000} = \frac{11}{500}$$

C. Die Wahrscheinlichkeit beträgt

$$\frac{140}{10.000} + \frac{80}{10.000} + \frac{600}{10.000} = \frac{41}{500}$$

## Lösung 4.25

B. Manchmal ist es gut, die Dinge unvoreingenommen zu betrachten, um zu lernen – mit offenen Augen durch die Welt. Dann kann es sein, dass jemandem etwas wie Schuppen von den Augen fällt, wenn ihm plötzlich etwas klar wird. Vielleicht legt er dann den Finger auf die Wunde und weist deutlich auf ein Übel hin.

## Lösung 4.26

Johannes Kepler

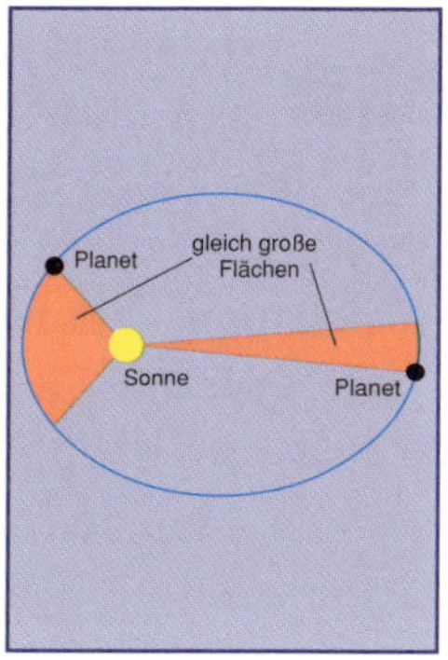


2. keplersches Gesetz

C. Das 2. keplersche Gesetz bezeichnet die Konstanz der Flächengeschwindigkeit. Aus ihr resultiert, dass der Planet sich auf seiner Bahn schneller bewegt, wenn er der Sonne nah ist. Er muss hier einen längeren Weg auf der Ellipse zurücklegen als auf einem entfernten Teilstück, um die konstante Fläche zwischen den drei Punkten Sonne, Anfangspunkt und Endpunkt einer Planetenbewegung zu erreichen.

## Lösung 4.27

Da das Jahr 12 Monate hat, muss man einen 12-seitigen Würfel benutzen. Die Lösungen sind alle Permutationen der Augenzahlen 1 bis 12. Dabei stellt die 1 den Januar, die 2 den Februar usw. dar. Jede so ermittelte Wurfserie hat die Wahrscheinlichkeit $\left(\frac{1}{12}\right)^6$.

Für die Gesamtwahrscheinlichkeit ergibt sich nun:

$$P = \frac{6!}{12^6} = \frac{1 \cdot 2 \cdot 3 \cdot 4 \cdot 5 \cdot 6}{12 \cdot 12 \cdot 12 \cdot 12 \cdot 12 \cdot 12}$$

$$= 2{,}41 \cdot 10^{-4} = 0{,}24$$

### Übung 5.1 — 1 Min.

In jeder der folgenden Wortgruppen finden Sie ein Bewegungsverb, das nicht dazugehört. Unterstreichen Sie es!

A abhauen – entwischen – flüchten – sich sputen – ausbrechen
B hinken – stolpern – torkeln – schleichen – taumeln
C flanieren – trödeln – hasten – schlendern – bummeln
D schlurfen – staksen – watscheln – schreiten – tappen

### Übung 5.2 — 0,5 Min.

Welches ist die artenreichste Gruppe der Tiere?

A Vögel
B Insekten
C Säugetiere
D Dinosaurier

### Übung 5.3 — 1,5 Min.

Familie Müller fährt mit einigen Freunden in den Ferien nach Elspe zu den dortigen Karl-May-Festspielen. Insgesamt nehmen 4 Frauen, 3 Männer und 5 Kinder an dem Ausflug teil. In der Freilichtbühne angekommen, wollen sie so in einer Reihe Platz nehmen, dass jeweils die Frauen, Männer und Kinder zusammensitzen. Wie viele verschiedene Möglichkeiten sich hinzusetzen gibt es?

A ca. 100
B ca. 1000
C ca. 10.000
D ca. 100.000

### Übung 5.4 — 1,5 Min.

Erstaunlich! Seit einiger Zeit wird immer mal wieder von einer Studie berichtet, die sich mit dem Lesen von Buchstabensalat beschäftigt. Versuchen Sie zunächst, den Text zu entziffern!

> „Gmäeß eneir Sutide an eneir elgnihcesn Uvinisterät ist es nchit witihcg, in wlecehr Rneflogheie die Bstachuebn in eneim Wrot sethen. Das enizg Wcihitge dbaei ist, dsas der estre und lzete Bcuhtsbae am rcihgiten Paltz snid. Der Rset knan ttoaelr Bölsdinn sien, tedztorm knan man ihn onhe Pemoblre lseen. Das ghet dseahlb, weil wir nciht jeedn Bstachuebn enzelin leesn, snderon das Wrot als Geznas."

Glauben Sie, dass die Aussage des Textes wahrscheinlich zutrifft?

A Ja
B Nein

### Übung 5.5 — 1 Min.

Mutationen können sich begünstigend oder nachteilig auf die Entwicklung von Lebewesen auswirken. Zufällige Mutationen können, im günstigsten Fall, einem Organismus ein Leben in einer „Nische" ermöglichen. Auch bei veränderten Lebensbedingungen kann eine Mutation sich durchsetzen. Der Erfolg der Evolution beruht in großen Teilen auf zufälligen Mutationen. Durch welche Strahlung können Veränderungen des genetischen Materials ausgelöst werden?

**A** Röntgenstrahlen
**B** UV-Strahlen
**C** Ultraschall-Strahlen

### Übung 5.6 — 2 Min.

Die Masse von Molekülen liegt zwischen $10^{-24}$ und $10^{-20}$ Gramm, für die folgende Aufgabe nehmen wir einen Mittelwert von $10^{-22}$ Gramm an. Wie viele Moleküle benötigt man durchschnittlich, um ein Kilogramm zu erhalten?

### Übung 5.7 — 1 Min.

Über jeder Nachricht, jedem Artikel thront die Überschrift. Warum verwenden Journalisten wohl so viel Sorgfalt darauf, eine stimmige Überschrift auszuwählen?

### Übung 5.8 — 0,5 Min.

Die Intelligenz unterscheidet uns Menschen von den Tieren. Doch was macht den IQ eines Menschen aus?

**A** Die Größe des Gehirns
**B** Die Zahl und Art der Neuronen sowie deren Verknüpfung
**C** Die Masse des Gehirns

### Übung 5.9 — 2 Min.

Für welche Winkel zwischen 0° und 360° gilt:

**A** $\cos\alpha = 0$
**B** $\sin\alpha = 1$
**C** $\cos\alpha = 1$
**D** $\cos\alpha = \frac{1}{2}$

Es ist bisweilen mehr als eine Antwort möglich.

### Übung 5.10 — 2 Min.

Hier können Sie sich noch einmal mit der Zeugnissprache befassen. Ordnen Sie dieses Mal die Aussagen zum Verhalten gegenüber Vorgesetzten und Kollegen anhand der Buchstabenkennung in die Leistungsskala ein.

**A** Er war stets um ein gutes Verhältnis zu Kollegen und Vorgesetzten bemüht.
**B** Wegen seines freundlichen Wesens und seines kollegialen Verhaltens

schätzten ihn Vorgesetzte und Mitarbeiter gleichermaßen.

C Sein persönliches Verhalten war insgesamt einwandfrei.

D Er wurde wegen seines freundlichen Wesens und seiner kollegialen Haltung bei Vorgesetzten und Mitarbeitern sehr geschätzt.

E Vorgesetzte und Mitarbeiter schätzten sein kollegiales Verhalten.

F Er bemühte sich um ein gutes Verhältnis zu Kollegen und Vorgesetzten.

☐ ☐ ☐ ☐ ☐ ☐

ungenügend — sehr gut

## Übung 5.11 — 2 Min.

Taucht man einen Eisennagel in Kupferlösung ($CuSO_4$), so überzieht sich der Nagel mit einer rot-braunen Schicht; Kupfer scheidet sich am Nagel ab. Bei der Reaktion handelt es sich um eine Redox-Reaktion. Hierbei läuft gleichzeitig eine Oxidation und eine Reduktion ab. Wie lautet die Redox-Reaktion, die sich aus den Teil-Reaktionen zusammensetzt?

$Fe \rightarrow Fe^{2+} + 2\,e^-$ Oxidation

$Cu^{2+} + 2\,e^- \rightarrow Cu$ Reduktion

________________ Redox-Reaktion

## Übung 5.12 — 3 Min.

Peter hat ein quadratisches Stück Papier mit einer Fläche von 81 $cm^2$. Er schneidet daraus ein Trapez aus. Eine Grundseite (a) und die Höhe (h) sind so lang, wie die Quadratseiten. Die andere Grundseite (c) ist halb so groß. Wie viel Prozent beträgt der Papierabfall?

________________________________

## Übung 5.13 — 1,5 Min.

Was ist die Eigenschaft eines Säulendiagramms und zu welchem Zweck verwendet man es?

________________________________

________________________________

## Übung 5.14 — 2,5 Min.

Eine Atombindung gehen Nichtmetalle miteinander ein. Bei der Atombindung teilen sich die Bindungspartner des Moleküls die gemeinsam gebildeten Elektronenpaare. Wasserstoff z. B. besitzt ein Elektron auf der Außenschale. Verbinden sich zwei Wasserstoff-Atome zu einem Molekül ($H_2$), so teilen sich beide Atome diese zwei Elektronen. Dargestellt wird diese Einfachbindung mit Hilfe der Valenzstrichformel, dabei steht ein Punkt für ein Elektron, ein Strich für eine Elektronenpaar.

$\bullet H + H \bullet \rightarrow H - H$

Möglich sind hier auch Doppel- oder sogar Dreifachbindungen. Ein Beispiel für eine Doppelbindung ist das Sauerstoff-Molekül $O_2$. Sauerstoff besitzt sechs Elektronen auf der Außenschale. Es benötigt also zwei weitere, um ein Oktett (8-Elektronen-Regel) zu bilden. Mit einer Doppelbindung zwischen den zwei Sauerstoffatomen ist dies möglich:

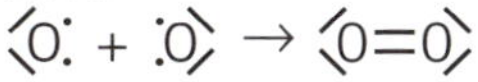

Stickstoff besitzt fünf Außenelektronen und benötigt drei Elektronen für ein Oktett auf der äußeren Schale. Dies erreicht das Stickstoff-Molekül durch die Bildung von drei gemeinsamen Elektronenpaaren. Wie sieht die Valenzstrichformel für $N_2$ aus?

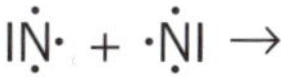

### Übung 5.15 — 2 Min.

Das Walmdach eines Hauses besteht aus zwei Dreiecken und zwei Trapezen. Das Haus ist 16 m lang und 8 m breit, der Giebel des Hauses misst noch 14 m. Die Trapeze und Dreiecke sind jeweils 4,40 m hoch. Dieses Dach soll nun neu gedeckt werden. Auf einen $m^2$ passen 12 Ziegel. Wie viele Dachziegel werden insgesamt benötigt?

______________________________

### Übung 5.16 — 2 Min.

Können Sie erkennen, mit welchen sprachlichen Mitteln die folgenden Werbeslogans arbeiten?

**A** Überraschend. Überzeugend. Anders. (Daihatsu)

**B** Alles wird gut! (Minolta)

**C** Leidenschaft ist unser Antrieb. (Fiat)

______________________________

______________________________

### Übung 5.17 — 1,5 Min.

Ein kleines Experiment: Nehmen Sie ein Gummiband und prüfen sie seine Temperatur. Das geht am besten, indem man sich das Gummi an die Lippen hält. Anschließend wird das Gummiband sehr schnell auseinander gezogen und zum Temperaturvergleich wieder an die Lippen gehalten. Die Beobachtung: Das Gummiband ist deutlich wärmer geworden. Lässt man das Band wieder auf Zimmertemperatur abkühlen und gibt seinem Drang nach, sich zusammenzuziehen, so kann man wieder mit den Lippen eine Abkühlung wahrnehmen. Wie ist dieses Verhalten zu erklären?

______________________________

### Übung 5.18 — 2 Min.

Die drei Kanten eines Quaders stehen im Verhältnis 1:2:3. Wie lang sind diese, wenn das Volumen des Quaders 1 $m^3$ beträgt?

______________________________

### Übung 5.19 2 Min.

Der Verfasser eines Textes stellt über den Text eine Beziehung zum Leser her, er belehrt, informiert, kommentiert oder kritisiert. In stark vereinfachter Form folgt die Kommunikation diesem Schema:

Sender → Text → Empfänger

Vervollständigen Sie die Tabelle analog.

| Sender | Text | Empfänger |
|---|---|---|
| | Werbetexte | |
| | Urteil | |
| | Propaganda | |
| | Gesetze | |
| Protokollant | | |
| | Kommentar | |

### Übung 5.20 0,5 Min.

Gemäß den newtonschen Prinzipien der Mechanik kann man einen Körper mit entsprechendem Energieaufwand auf immer höhere Geschwindigkeiten beschleunigen. Könnte man dementsprechend eine Rakete auf Über-Lichtgeschwindigkeit beschleunigen, vorausgesetzt man führt genügend Energie zu?

Isaac Newton

**A** Ja, das ist möglich.

**B** Nein, denn schneller als das Licht kann sich keine normale Materie fortbewegen.

### Übung 5.21 3 Min.

Eine quadratische Pyramide mit einer Kantenlänge von 5 cm und einer Höhe von 10 cm wird durch einen Schnitt parallel zur Grundfläche in zwei Körper geteilt. Der Abstand von der Schnittfläche zur Grundfläche ist dabei $0{,}5 \cdot h$. Berechnen Sie das Volumen beider Körper.

### Übung 5.22 1,5 Min.

Es ist nicht so, dass nur fremdsprachliche Wörter und Ausdrücke in den deutschen Sprachgebrauch aufgenommen werden. Was meinen Sie, welche der folgenden deutschsprachigen Begriffe sind wohl in den internationalen Sprachgebrauch übergegangen?

| | |
|---|---|
| Becher | Fenster |
| Kindergarten | Kitsch |
| Gemütlichkeit | Mensch |
| Münze | Kaffeeklatsch |
| Kiste | Schnaps |
| Tisch | Würstchen |
| Zeitgeist | |

### Übung 5.23 1,5 Min.

Die Einheit des Druckes ist nach dem franz. Mathematiker und Physiker Blaise Pascal (1623–62) benannt worden. Der Druck gibt an, mit welcher Kraft ein Körper senkrecht auf eine Fläche von 1 m² wirkt. In Flüssigkeiten und Gasen herrscht ein Druck von 1 Pa = 1 N/m² wenn auf eine Fläche von 1 m² senkrecht eine Kraft von 1 Newton wirkt. Ein Kilopascal (1 kPa) entsprechen 1000 Pascal. Oft wird die Fläche nicht in Quadratmetern, sondern in Quadratzentimetern angegeben. Einem N/cm² entsprechen

Blaise Pascal

**A** 1 kPa  **B** 10 kPa
**C** 100 kPa

### Übung 5.24 — 1,5 Min.

In einer Firma wurden zwei neue Stellen ausgeschrieben. Nach mehreren Ausscheidungsverfahren blieben noch vier Bewerber für die beiden Stellen übrig. Die Auswahlkommission ist sich nicht einig, wer die Stellen bekommen soll, man einigt sich also, zu losen. Der Personalchef hat für sich intern allerdings eine Rangliste aufgestellt, mit der er sich nicht durchsetzen konnte. Wie hoch ist die Wahrscheinlichkeit, dass die beiden Bewerber gezogen werden, die der Personalchef als die Besten ansieht?

---

### Übung 5.25 — 1,5 Min.

Hier können Sie einmal kombinieren. Wie lautet der Satz inklusive aller Vokale?

„W__r s__ch z__m W__rm m__cht, k__nn n__chh__r n__cht kl__g__n, w__nn __r m__t F__ß__n g__tr__t__n w__rd.“

### Übung 5.26 — 1,5 Min.

Die 1. kosmische Geschwindigkeit ist die minimale Kreisbahngeschwindigkeit. Sie beschreibt die Geschwindigkeit, die ein Satellit erreichen muss, damit er einen Zentralkörper, wie die Erde, gerade umkreist. Sie ist die Wurzel aus der Gravitationskonstante mal der Masse des Zentralkörpers geteilt durch den Radius des Zentralkörpers. Für die Erde beträgt die minimale Kreisbahngeschwindigkeit 7,9 km/s. Soll nun ein Satellit den Mond umkreisen, wie groß ist dann die minimale Geschwindigkeit?

**A** kleiner als die der Erde
**B** gleich der der Erde
**C** größer als die der Erde

### Übung 5.27 — 1,5 Min.

Wie groß ist die Wahrscheinlichkeit, dass in einer Familie mit drei Kindern alle drei Mädchen sind?
Tipp: Es ist hier ratsam, sich eine geeignete Simulationsmöglichkeit zu suchen. Dann fällt die Lösung der Aufgabe nicht mehr schwer.

---

### Lösung 5.1

A Das Verb „sich sputen“ bezeichnet eine Bewegung, die darauf ausgerichtet ist, ein Ziel zu erreichen.
B Nur „schleichen“ bezeichnet eine Tätigkeit, die in der Regel dem eigenen Willen unterliegt.
C „hasten“ bezeichnet im Gegensatz zu den anderen eine als schnell oder hektisch empfundene Tätigkeit.
D Bis auf das Verb „schreiten“ empfinden wir die Art und Weise der Fortbewegung dem allgemeinen Sprachverständnis entsprechend als negativ.

### Lösung 5.2

B. Die Insekten gehören zu den Gliederfüßern (Arthropoda) und bilden die artenreichste Gruppe der Tiere überhaupt.

### Lösung 5.3

D. Die Frauen haben 4! Möglichkeiten, sich untereinander umzusetzen, die Männer 3! und die Kinder 5!. Nun können auch noch die drei Gruppen untereinander ihre Plätze tauschen, d. h., es gibt noch einmal 3! Möglichkeiten, wie sich die Gruppen umsetzen können. Insgesamt hat man es also mit $4! \cdot 3! \cdot 5! \cdot 3! = 103.680$ Möglichkeiten zu tun.

### Lösung 5.4

Der geordnete Text lautet: „Gemäß einer Studie an einer englischen Universität ist es nicht wichtig, in welcher Reihenfolge die Buchstaben in einem Wort stehen. Das einzig wichtige dabei ist, dass der erste und letzte Buchstabe am richtigen Platz sind. Der Rest kann totaler Blödsinn sein, trotzdem kann man ihn ohne Probleme lesen. Das geht deshalb, weil wir nicht jeden Buchstaben einzeln lesen, sondern das Wort als Ganzes.“

Möglicherweise haben Sie den Übungstext größtenteils problemlos lesen können. Meist ist das aber nur bei einfachen Texten der Fall. Wahrscheinlich handelt es sich bei der Aussage um einen so genannten modernen Mythos, der sich vor allem über das Internet verbreitet. Man hat die Nachricht bislang nicht bis zu ihrem Ursprung zurückverfolgen können, die angebliche Studie der englischen Universität hat es nachgewiesenermaßen nie gegeben.
Versuchen sie es zur Überprüfung doch einmal mit dem folgenden Text. Er sollte Ihnen bekannt sein: „Wer arnede knent, ist kulg; wer scih slsebt knnet, ist elteruchet. Wer ardene ürnidbeewt, hat Karft; wer scih sslbet üwiedrebnt, ist satrk. Wer wieß, dsas er gnueg hat, ist rcieh. Wer nhict afigbut, ziget Wntlsälserkie. Wer snieen Ort nhict vrerleit, wird nciht ugrnetehen. Wer srbitt, onhe scih ssblet afueebugzn, bieblt eiwg Tiel des Lbnees.“ Smtimt's?

### Lösung 5.5

A und B. Röntgenstrahlen wirken ionisierend (aus Atomen oder Molekülen werden Elektronen entfernt) auf lebende Körper. Die zurückbleibenden Ionen sind meist sehr reaktiv und können im umgebenden lebenden Gewebe, insbesondere auf DNA, verändernd wirken. Somit können Röntgenstrahlen auch Mutationen auslösen. Beim Menschen sind Röntgenstrahlen in hoher Dosis krebserregend. UV-Strahlen können ebenfalls Mutationen in die DNA einfügen, so kann z. B. Hautkrebs bei erhöhter UV-Belastung entstehen.

### Lösung 5.6

Die Anzahl der Moleküle sei x. Dann ergibt sich folgende Gleichung:

$$x \cdot 10^{-22} = 10^3$$

$$x = \frac{10^3}{10^{-22}} = 10^{3-(-22)} = 10^{25}$$

Man benötigt also $10^{25}$ Moleküle, um ein Kilogramm Masse zu erhalten.

## Lösung 5.7

Unabhängig davon, welche Stilform ein Journalist wählt, um ein Thema darzustellen: Ohne eine gute Überschrift ist der beste Artikel weniger wert. Die meisten Leser schauen zuerst auf die Überschriften und entscheiden dann, ob sie den folgenden Text überhaupt lesen wollen. Klingt die Überschrift uninteressant, wird der Artikel oft nicht beachtet.

Überschriften bestehen meist aus mehreren Elementen: Der wichtigste Teil ist die Hauptzeile oder Schlagzeile. Sie soll bei den Lesern „einschlagen". Der Leser soll einen ersten Eindruck von dem bekommen, was ihn im Text erwartet. Die Schlagzeile soll aber niemanden „erschlagen" und nicht mehr versprechen, als der Folgetext einlösen kann. Manchmal enthält eine Überschrift noch eine Unterzeile in einer kleineren Schrift. Sie soll den Inhalt der Schlagzeile nicht in abgewandelter Form wiedergeben, sondern ihn ergänzen oder erläutern.

## Lösung 5.8

B. Die Größe oder Masse eines Gehirns sagen nichts über die Intelligenz eines Menschen aus. So kann ein geistig behinderter Mensch ein größeres Gehirn haben als ein Genie. Die Intelligenz ist allein abhängig von der Zahl und Art der Neuronen sowie deren Verknüpfung.

## Lösung 5.9

A 90°, 270°
B 90°
C 180°
D 60°, 300°

## Lösung 5.10

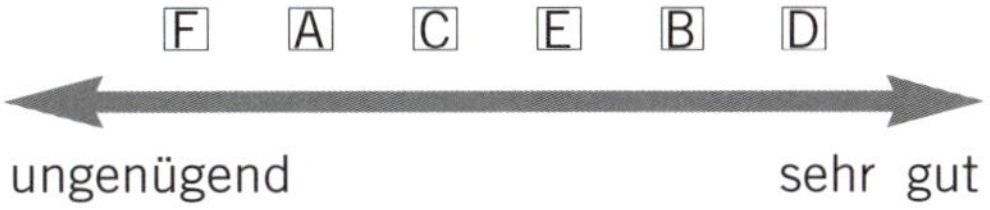


## Lösung 5.11

$Fe + Cu^{2+} \rightarrow Fe^{2+} + Cu$

## Lösung 5.12

Die Fläche des Quadrats beträgt 81 $cm^2$, eine Seite ist also 9 cm lang. Die Grundseite des Trapezes ist also auch 9 cm lang, die andere Grundseite misst 4,5 cm. Die Fläche des Trapezes beträgt

$$A = \frac{a \cdot c}{2} \cdot h = \frac{9 \cdot 4{,}5}{2} \cdot 9 = 60{,}75\,cm^2.$$

20,25 $cm^2$ werden also abgeschnitten, das sind 25 %.

## Lösung 5.13

Jede Säule eines Säulendiagramms steht quasi für ein eigenes Problem oder eine eigene Antwort. Säulendiagramme eignen sich zur Darstellung von Befragungsergebnissen, wenn die Anzahl der Antworten mehr als 100 % ergibt. Das ist dann der Fall, wenn auf eine Frage mehrere Antworten möglich sind oder mehrere kleine Gruppen betrachtet werden.

## Lösung 5.14

Die Valenzstrichformel für das Stickstoff-Molekül $N_2$ lautet: |Ṅ· + ·Ṅ| → |N≡N|. Das Stickstoff-Molekül bildet eine Dreifachbindung zwischen den Stickstoff-Atomen aus. So erreicht jedes der beiden Atome sein Oktett.

## Lösung 5.15

Zunächst einmal wollen wir die Fläche eines Dreiecks berechnen:

$$A = \frac{g \cdot h}{2} = \frac{8 \cdot 4{,}4}{2} = 17{,}6\,m^2$$

Danach muss die Fläche eines der Trapeze berechnet werden:

$$A = \frac{(a+c) \cdot h}{2} = \frac{(16+14) \cdot 4{,}4}{2} = 66\,m^2$$

Die Gesamtfläche beträgt also 167,2 $m^2$. Für diese Fläche benötigt man 2007 Ziegel (aufgerundet).

## Lösung 5.16

A Der Slogan enthält eine dreigliedrige Aussage über das Produkt, er verwendet nicht nur zweimal denselben Anlaut (so genannte Alliteration, aus lat. ad, „zu“ und littera, „Buchstabe“), sondern zweimal dieselbe Silbe. Die Wortfolge suggeriert eine Steigerung (so genannte Klimax, griech.).

B Der Slogan verwendet einen einfachen Satz, der vermutlich auf die Situation des Kunden nach dem Kauf des Produktes bezogen ist. Möglicherweise ist es auch ein Hinweis auf die Strategie des Unternehmens, eine Lösung für „alle Fälle“ parat zu haben.

C Der Slogan verwendet einen einfachen Satz, der eine Aussage über das Unternehmen macht. Das Wort „Antrieb“ ist in diesem Zusammenhang mehrdeutig.

## Lösung 5.17

Beim Ausdehnen des Gummibandes wird Arbeit verrichtet, um die zusammen geknäulten Gummi-Moleküle in die Länge zu ziehen. Hierbei wird auch Wärme freigesetzt. Zum Zusammenziehen wird ebenfalls Energie benötigt. Diese wird der Umgebung entzogen, weshalb sich das Gummiband abkühlt.

## Lösung 5.18

Das Volumen eines Quaders errechnet sich aus:

$$V = a \cdot b \cdot c$$

In unserem Fall heißt das:

$$1 = a \cdot 2a \cdot 3a$$

$$1 = 6a^3$$

$$a = \sqrt[3]{\frac{1}{6}} = 0{,}55$$

Eine Seite hat also die Länge 0,55 m, eine Seite die Länge 1,1 m und eine Seite die Länge 1,65 m.

## Lösung 5.19

Ihre komplett ausgefüllte Tabelle sollte in etwa folgendermaßen aussehen (vielleicht haben Sie andere Begriffe gewählt):

| Sender | Text | Empfänger |
|---|---|---|
| Wirtschaft, Hersteller | Werbetexte | Verbraucher |
| Richter | Urteil | Bürger |
| Politiker | Propaganda | Bürger |
| Gesetzgeber | Gesetze | Bürger |
| Protokollant | Protokoll | Vereinsmitglieder Kollegen |
| Journalist | Kommentar | Zeitungsleser, Fernseh-zuschauer |

## Lösung 5.20

B. Die Geschwindigkeit mit der sich das Licht ausdehnt stellt die Grenzgeschwindigkeit normaler Materie dar.

### Lösung 5.21

Das Volumen der ganzen Pyramide berechnet sich aus:

$$V = \frac{G \cdot h}{3} = \frac{5^2 \cdot 10}{3} = 83\frac{1}{3}\text{cm}^3$$

Die Länge der Grundseite der kleineren Pyramide können wir nun mithilfe der Strahlensätze bestimmen:

$$\frac{\frac{1}{2}h}{h} = \frac{a'}{a} \rightarrow a' = \frac{1}{2}a$$

Nun lässt sich das Volumen der Teilkörper errechnen:

$$V_2 = 83\frac{1}{3} - \left(\frac{1}{2} \cdot 5\right)^2 \cdot \frac{1}{2} \cdot 10 \cdot \frac{1}{3} = 72{,}917\,\text{cm}^3$$

Der eine Teilkörper hat also ein Volumen von 72,917 $\text{cm}^3$, der andere eines von 10,42 $\text{cm}^3$.

### Lösung 5.22

Die folgenden Ausdrücke werden international gebraucht und meist verstanden: Kindergarten, Kitsch, Gemütlichkeit, Mensch, Kaffeeklatsch, Schnaps, Würstchen, Zeitgeist. Alle anderen Wörter entstammen dem Lateinischen und sind als Lehnwörter in die deutsche Sprache aufgenommen worden.

### Lösung 5.23

B. 1 Pa = $\text{N/m}^2$ = N / 10.000 $\text{cm}^2$
10.000 Pa = $\text{N/cm}^2$
(1 kPa = 1000 Pa)
10 kPa = $\text{N/cm}^2$

### Lösung 5.24

Zunächst verteilen wir an die vier Bewerber die Ziffern 1, 2, 3 und 4. Außerdem legen wir fest, dass die beiden Favoriten des Personalchefs die Ziffern 1 und 2 erhalten. Nun können wir uns ansehen, welche Kombinationen überhaupt möglich sind:
(1/2), (1/3), (1/4), (2/3), (2/4), (3/4)
Es gibt also 6 Kombinationen, nur eine von ihnen stellt das Wunschergebnis des Personalchefs dar. Die Wahrscheinlichkeit beträgt also $\frac{1}{6}$.

### Lösung 5.25

Der Ausspruch lautet: „Wer sich zum Wurm macht, kann nachher nicht klagen, wenn er mit Füßen getreten wird." Er wird dem deutschen Philosophen Immanuel Kant (1724–1804) zugeschrieben.

### Lösung 5.26

A. Die minimale Kreisbahngeschwindigkeit des Mondes muss kleiner als die der Erde sein, da der Mond eine geringere Masse besitzt.

### Lösung 5.27

Für jedes Kind gibt es genau zwei Fälle, Junge oder Mädchen. Auch bei einem Münzwurf unterscheiden wir zwei Fälle – insofern sind der Münzwurf und das Bekommen von Kindern (rein mathematisch betrachtet) nicht sonderlich verschieden voneinander. Bei einem dreifachen Münzwurf unterscheiden wir acht Fälle (W=Wappen, Z=Zahl): WWW, WWZ, WZW, WZZ, ZWW, ZWZ, ZZW, ZZZ.
Die Wahrscheinlichkeit, dass drei gleiche Würfe gelingen, liegt also bei $\frac{1}{6}$.

Die Wahrscheinlichkeit, dass die drei Kinder einer Familie alle drei Mädchen sind, liegt also bei 12,5 %.

# Test 6
## Übungen

### Übung 6.1 — 1 Min.

In jeder der folgenden Wortgruppen finden Sie ein Verb, das nicht dazugehört. Unterstreichen Sie es!

**A** lauschen – flüstern – tuscheln – raunen – wispern
**B** erklären – erläutern – erfragen – darlegen – ausführen
**C** sich aufschwingen – zurückfallen – hochschnellen – abheben – steigen
**D** sitzen – hocken – Platz nehmen – kauern – hängen

### Übung 6.2 — 1 Min.

Der Begriff der Metamorphose (Umgestaltung, Verwandlung) ist aus mehreren Bereichen der Naturwissenschaften bekannt. Im Tierreich ist es die körperliche Umwandlung, z. B. bei Fröschen von der über Kiemen atmenden Kaulquappe hin zum lungenatmenden Jungfrosch. In der Welt der Pflanzen versteht man darunter die Anpassung einer Pflanze an die jeweiligen Umweltbedingungen und unterscheidet dabei zwischen Wurzel-, Blatt- und Sprossmetamorphosen. Auch in der anorganischen, unbelebten Natur, der Geologie, ist die Metamorphose bekannt. Welches Material wird bei diesem Prozess durch Druck- und Temperatureinfluss umgewandelt?

**A** Gesteine
**B** Holz
**C** Fossilien

### Übung 6.3 — 2 Min.

Während die meisten Deutschen noch im Urlaub am Strand liegen, werden bei der Firma Schmidt und Sohn schon fleißig die Kostüme für die nächste Karnevalssaison produziert. Der Stoff für die Kostüme setzt sich aus drei verschiedenen Grundstoffen zusammen. Die erste Sorte kostet 25 €/m, die Zweite kostet 18 €/m und die Dritte 32 €/m. Es werden 28 m von der ersten Sorte, 35 m von der Zweiten und 37 m von der Dritten verarbeitet. Wie teuer ist dann ein Meter des Kostümstoffes?

### Übung 6.4 — 1,5 Min.

Hier können Sie kombinieren. Versuchen Sie, die fehlenden Vokale in den Text einzusetzen.

N_cht, w___l d___ D_ng_ schw___r_g

s_nd, w_g_n w_r s___ n_cht,

s_nd_rn w___l w_r s___ n_cht

w_g_n, s_nd s___ schw___r_g.

### Übung 6.5 1 Min.

Bei Genommutationen liegt eine nicht-erbliche Abweichung von der Gesamtzahl der Chromosomen vor. Es gibt zwei Arten: 1. Polyploidie, bei der alle Chromosomen nicht doppelt, sondern mehrfach, also mindestens dreifach, vorliegen. 2. Aneuploidie, bei der einzelne Chromosomen zusätzlich existieren bzw. fehlen. Ein Beispiel hierfür ist das „Turner Syndrom“. Es kommt nur bei Frauen vor; sie verfügen über nur ein statt der üblichen zwei X-Chromosomen. Die häufigste Erbkrankheit beim Menschen ist das „Down-Syndrom“. Es ist ebenfalls eine Aneuploidie. Warum wird diese Erbkrankheit auch Trisomie 21 genannt?

**A** Das dritte Chromosom existiert 21-mal.
**B** Das Chromosom Nummer 21 existiert nur einmal.
**C** Das Chromosom Nummer 21 existiert dreimal.

### Übung 6.6 1 Min.

Maximilian füllt in ein Verdunstungsgefäß über der Heizung $1\frac{1}{4}$ Liter Wasser. Als er nach zwei Tagen wieder nachschaut, ist $\frac{1}{5}$ der Flüssigkeit verdunstet. Wie viel Wasser befindet sich noch im Behälter?

______________________________

______________________________

______________________________

### Übung 6.7 1,5 Min.

Welche der beiden Überschriften finden Sie nicht gut gelungen?

**A** Ver.di gegen Rotstiftpolitik!
Gewerkschaft lehnt Rotstiftpolitik der Regierung entschieden ab
**B** Wird Essen zum Luxus?
Kantinenpreise steigen um 50 Prozent

Begründen Sie Ihre Antwort:

______________________________

______________________________

### Übung 6.8 1 Min.

Viele technische Errungenschaften sind gar nicht so neu, denn die ihnen zu Grunde liegenden Prinzipien sind oft der Natur entnommen. Der belgische Ingenieur George de Mestral unternahm mit seinem Hund oft lange Spaziergänge. Dabei verfingen sich immer wieder die Früchte einer Pflanze im Fell des Hundes. Unter dem Mikroskop betrachtet, erkannte de Mestral winzige elastische Häkchen, die auch bei gewaltsamem Entfernen aus

Haaren oder Kleidern nicht abbrechen. Welches Patent meldete de Mestral 1951 an?

### Übung 6.9 — 1 Min.

Gegeben ist der folgende Funktionsgraf:

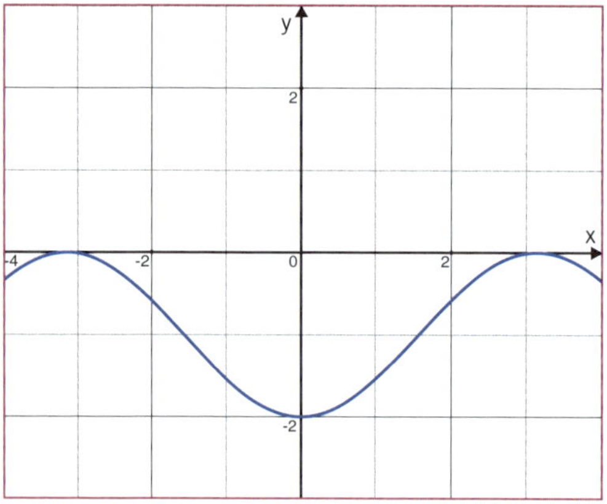


Durch welche der folgenden Funktionsgleichungen wird er beschrieben?

**A** $y = -1 + \sin x$
**B** $y = -1 - \sin x$
**C** $y = -2 - \sin x$
**D** $y = -1 + \cos x$
**E** $y = -1 - \cos x$
**F** $y = -2 + \sin x$

### Übung 6.10 — 1,5 Min.

In diesem Text fehlen die Vokale. Können Sie den Lückentext entschlüsseln?

„___ch d___ Br_tt_r, d___ m_n v_r d_m K_pf h_t, k_nn_n d___ W_lt b_d__t_n.“

### Übung 6.11 — 2 Min.

Uns bekannte Stoffe sind nicht immer Reinstoffe. Zumeist handelt es sich um Mischungen. Bei ihrer Charakterisierung wird zwischen homogenen und heterogenen Mischungen unterschieden. Homogene Mischungen sind klare Lösungen, Legierungen und Gasgemische. Heterogene Mischungen unterteilen sich in Emulsionen (flüssig – flüssig), Suspensionen (fest – flüssig), Rauch (fest – gasförmig), Nebel (flüssig – gasförmig) und Gemenge (fest – fest). Emulsionen und Suspensionen sind im Unterschied zu Lösungen immer trübe und undurchsichtig.
Ordnen Sie zu: homogene Mischung (1), heterogene Mischung (2):

**A** Milch
**B** naturtrüber Orangensaft
**C** Salzlösung
**D** Granit
**E** Bronze

### Übung 6.12 — 2 Min.

Welche Zahlen müssen bei den folgenden gegebenen Zahlenreihen anstelle der Platzhalter stehen?

**A** 2 4 6 8 10 __
**B** 1 4 9 16 25 __
**C** 1 8 27 64 125 __
**D** 3 8 15 24 35 __
**E** 2 4 7 11 16 __

### Übung 6.13 — 1,5 Min.

Welche Form bietet sich jeweils für die Darstellung folgender Datensätze an? Sie haben die Wahl zwischen Kreis-, Säulen- und Kurvendiagramm.

**A** jährliches Durchschnittseinkommen der Beschäftigten in der Bundesrepublik Deutschland seit 1990.
**B** jährliches Durchschnittseinkommen der Beschäftigten in Ost- und Westdeutschland seit 1990.
**C** durchschnittliche jährliche Ausgaben der Deutschen nach Warengruppen für das Jahr 1990.
**D** durchschnittliche jährliche Ausgaben der Deutschen nach Warengruppen seit 1990.

### Übung 6.14 — 1,5 Min.

Die besonderen Eigenschaften von Metallen erklären sich durch ihren inneren Aufbau. Die Metall-Atome bilden dichteste Kugelpackungen (3-dimensionale Gitter). Ihre Elektronen verteilen sich gleichmäßig in den Zwischenräumen. Man spricht deshalb auch von „Elektronengas". Die Bindungskräfte wirken deshalb in alle Raumrichtungen gleich. Da es keine bevorzugte Bindung zu einem bestimmten Nachbarn gibt, lassen sich einzelne Bereiche oder Schichten durch Druck gegeneinander verschieben. Hieraus resultiert die Eigenschaft der Verformbarkeit von Metallen. Die Metall-Ionen gleiten aneinander vorbei und das Elektronengas sorgt dafür, dass die Bindungen im verformten Zustand sofort wieder hergestellt werden. Bei hohen Temperaturen, wenn die Atomrümpfe eine hohe Eigenbewegung aufweisen, ist es besonders leicht, Verformungen zu erreichen. Eine weitere Eigenschaft der Metalle ist die gute elektrische Leitfähigkeit.
Auch sie lässt sich mit dem Modell vom „Elektronengas" erklären: Beim Anlegen einer äußeren Spannung gehen die Elektronen von einer ungerichteten in eine gerichtete Bewegung über. Sie wandern zum

**A** negativen Pol
**B** positiven Pol
Es entsteht ein Stromfluss.

### Übung 6.15 — 2,5 Min.

Der Umfang eines Rechtecks beträgt 36 cm. Die Fläche wird um 9,23 $cm^2$ größer, wenn man die eine Seite um 4,5 cm verlängert und gleichzeitig die andere Seite um 3,5 cm verkürzt. Welche Seitenlängen hatte das Ausgangsrechteck?

### Übung 6.16 — 1 Min.

Für das Verständnis eines erzählenden literarischen Textes ist es oft hilfreich, die Darstellung bestimmter zeitlicher Aspekte zu betrachten. Sie können motivischen Charakter haben und durch ihre Wiederholung bestimmte Assoziationen auslösen. Mögliche Motive sind zum Beispiel die Jahreszeiten.

**A** _____________ steht für: Unbeschwertheit, Höhepunkt des Jahres, gute Zeit

**B** _____________ steht für: Vergänglichkeit, Überschreiten des persönlichen Zenits

**C** _____________ steht für: Aufbruchstimmung, Neuanfang, Kindheit und Jugend

**D** _____________ steht für: Einsamkeit, Unwirtlichkeit, Kälte, Lebensende

### Übung 6.17 — 1 Min.

Textilien werden in Natur- und Chemiefasern unterteilt. Naturfasern entstammen entweder der Pflanzen- oder der Tierwelt.
Chemiefasern sind entweder synthetische oder Cellulosefasern. Welche der folgenden ist eine Naturfaser (1), welche eine Chemiefaser (2)?

**A** Baumwolle
**B** Polyester
**C** Seide
**D** Hanf
**E** Viskose
**F** Polyamid

### Übung 6.18 — 2,5 Min.

Die Bahn hat vor, ein marodes Teilstück ihres Schienennetzes zu erneuern. Dazu muss ein Bahndamm aufgeschüttet werden. Der Damm ist 250 m lang und 8 m hoch. An der Grundfläche soll er 39 m und an der Krone 27 m breit sein. Wie viel $m^3$ Erde benötigen die Arbeiter für die Aufschüttung?

_______________________________________

_______________________________________

### Übung 6.19 — 1,5 Min.

Überprüfen Sie die folgenden Sätze. Was stimmt an diesen Sätzen nicht?

**A** Ex-Bundespräsident Herzog flog während seiner Amtszeit zu einem Staatsbesuch nach Afrika.

_______________________________________

**B** Der ehemalige Altbundeskanzler Kohl eröffnete die Ausstellung.

_______________________________________

**C** Bundeskanzler Schröder hatte sich damals von seiner Ex-Frau scheiden lassen.

______

### Übung 6.20 — 1 Min.

Da die Lichtgeschwindigkeit eine konstante Größe ist, muss die Zeit die relative Komponente sein. Das bedeutet, dass Uhren nicht überall gleich schnell ticken. In der allgemeinen Relativitätstheorie nach Albert Einstein hängt der Gang einer Uhr nicht nur von ihrer relativen Geschwindigkeit ab, sondern auch von ihrem Ort im Gravitationsfeld. Wenn eine Person im Tal steht und es 12 Uhr ist, welche Uhrzeit zeigt dann eine Uhr auf einem Berggipfel?

**A** kurz vor 12 Uhr
**B** genau 12 Uhr
**C** kurz nach 12 Uhr

### Übung 6.21 — 2 Min.

Einem Quadrat ist je ein Kreis einbeschrieben und ein Kreis umbeschrieben. Wie verhalten sich die Flächeninhalte der beiden Kreise zueinander?

______

______

### Übung 6.22 — 1,5 Min.

Satzzeichen sind nicht bedeutungslos. Sie erleichtern das Verständnis eines Satzes und können den Sinn einer Aussage bestimmen oder verändern. Hier dürfen Sie mit Satzzeichen experimentieren. Verändern Sie den Sinn des Satzes, ohne jedoch die Reihenfolge der Wörter zu ändern.
„Er will sie nicht."

______

______

______

### Übung 6.23 — 1 Min.

Im englischen Sprachraum hält sich beharrlich das international nicht anerkannte Längenmaß Zoll. Seine Einheit ist das inch, oft durch " gekennzeichnet. Verwendung findet diese Einheit z. B. bei Monitor-Größen. Ein 15"-Monitor besitzt eine Bildschirmdiagonale von 381 mm, denn 1" = 25,4 mm. Welche Bildschirmdiagonale misst ein 17"-Monitor?

______

______

______

### Übung 6.24 ⏱ 2,5 Min.

Stellen Sie sich ein Skatspiel mit 32 Karten vor. Mit welcher Wahrscheinlichkeit ziehen Sie aus diesem Kartenstapel

**A** ein As?
**B** einen Buben oder eine Dame?
**C** ein Bild?

---

### Übung 6.25 ⏱ 1,5 Min.

Nach einer Erhebung des Statistischen Bundesamtes lesen die Deutschen durchschnittlich eine Dreiviertelstunde pro Tag. 22 Minuten verwenden Sie auf die Lektüre von Zeitungen, 8 auf die von Büchern. Kinder, Jugendliche und Erwachsene bis zu einem Alter von 24 Jahren lesen etwa eine halbe Stunde pro Tag, Erwachsene ab 40 Jahren täglich fast eine Stunde, die über 65-Jährigen bringen es auf 75 Minuten am Tag.
Welche der folgenden Aussagen stimmen?

**A** Jüngere lesen am wenigsten
**B** Alle Deutschen lesen eher Zeitungen als Bücher.
**C** Die Deutschen verbringen durchschnittliche die Hälfte ihrer Lesezeit mit dem Lesen von Zeitungen.
**D** Erwachsene ab 40 Jahren lesen grundsätzlich länger als der Durchschnitt.

### Übung 6.26 ⏱ 0,5 Min.

Beim geozentrischen Weltbild steht die Erde im Mittelpunkt des Planetensystems. Heute wissen wir, dass die Sonne den Mittelpunkt des Planetensystems bildet. Wie nennt man dieses Weltbild?

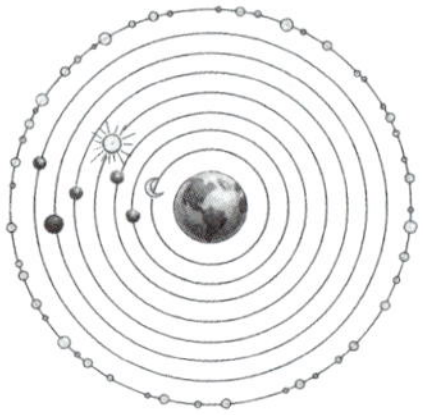
Geozentrisches Weltbild

**A** Heliozentrisches Weltbild
**B** Kosmozentrisches Weltbild
**C** Galaktozentrisches Weltbild

### Übung 6.27 ⏱ 1,5 Min.

Claudia hat Geburtstag. Für ihre Feier hat sie einige Spiele vorbereitet. Unter anderem hat sie 16 Berliner selber gebacken. Zwei von ihnen hat Claudia allerdings nicht mit leckerer Marmelade, sondern mit scharfem Senf gefüllt. Die Gäste sollen nun so lange reihum jeweils zwei Berliner vom Kuchenteller nehmen, bis nur noch zwei übrig bleiben. Wie groß ist die Wahrscheinlichkeit, dass ausgerechnet das die beiden Exemplare mit der Senffüllung sind?

---

---

## Lösung 6.1

A „lauschen“, denn die anderen Verben beziehen sich auf aktives Sprechen.

B „erfragen“, denn die anderen Verben bezeichnen Tätigkeiten, bei denen der Redner Informationen an den Zuhörer gibt.

C „zurückfallen“, denn bei den anderen Tätigkeiten verläuft die Bewegung vorwärts bzw. in die Höhe.

D „Platz nehmen“, denn alle anderen Verben beschreiben vergleichsweise passive Tätigkeiten und gehören zur Gruppe der so genannten Zustandsverben.

## Lösung 6.2

A. Bei der Gesteinsmetamorphose werden Mineralien durch Druck- und Temperatureinflüsse neu- oder umgebildet. Das entstehende Gestein nennt sich dann „Metamorphes Gestein“. Holz verkieselt und Fossilien entstehen durch unterschiedliche Prozesse.

## Lösung 6.3

28 m von der ersten Sorte werden verarbeitet. Sie kosten insgesamt 25 €/m · 28 m = 700 €. Die zweite Sorte kostet insgesamt 630 €, die Dritte 1184 €. Insgesamt belaufen sich die Kosten für den Stoff also auf 2514 €. Allerdings gelten diese Kosten für 28 m + 35 m + 37 m = 100 m Stoff. 1 m Stoff kostet also 2514 ÷ 100 m = 25,14 €/m.

## Lösung 6.4

Der Text lautet: „Nicht, weil die Dinge schwierig sind, wagen wir sie nicht, sondern weil wir sie nicht wagen, sind sie schwierig.“ Der Sinnspruch wird dem römischen Philosophen, Politiker und Dichter Lucius Annaeus Seneca d. J. (um 4 v. Chr. bis 65 n. Chr.) zugeschrieben.

## Lösung 6.5

C. Bei der Chromosomenstörung Trisomie 21 (Down-Syndrom) existiert das Chromosom Nummer 21 dreimal.

## Lösung 6.6

$\frac{1}{5}$ von $\frac{5}{4}$ Litern Wasser sind verdunstet, also $\frac{1}{5} \cdot \frac{5}{4} = \frac{5}{20} = \frac{1}{4}$. Es ist also $\frac{1}{4}$ Liter Wasser verdunstet, im Gefäß befindet sich also noch 1 Liter.

## Lösung 6.7

Überschrift B ist eindeutig besser gelungen. Grundsätzlich gilt, dass Begriffe niemals mehrfach in einer Überschrift vorkommen sollen. In Beispiel A wiederholt der Verfasser nicht nur einen wichtigen Begriff („Rotstiftpolitik“), Schlagzeile und Unterzeile geben sogar eine fast identische Information.

## Lösung 6.8

Den Klettverschluss. Die Früchte der Pflanze, die sich im Hundefell verfingen, waren die Kletten.

## Lösung 6.9

E. Es handelt sich um eine Kosinusfunktion, die zunächst an der x-Achse gespiegelt und dann um 1 nach unten verschoben wurde. Die Gleichung lautet also:

$y = -1 - \cos x$

## Lösung 6.10

Der deutsche Kabarettist, Schauspieler und Schriftsteller Werner Finck (1902–78) soll einmal zu folgender Erkenntnis gelangt sein: „Auch die Bretter, die man vor dem Kopf hat, können die Welt bedeuten.“

## Lösung 6.11

A2, B2, C1, D2, E1

Milch ist trübe und undurchsichtig. Sie ent-

hält kleine Fetttröpfchen, setzt sich also aus zwei flüssigen Stoffen zusammen und ist damit zu den Emulsion (heterogene Mischung) zu zählen.
Naturtrüber Orangensaft enthält festes Fruchtfleisch; ist also eine Suspension (heterogene Mischung).
Salzlösung ist klar und durchsichtig. Es handelt sich also um eine Lösung (homogene Mischung).
Granit besteht aus mehreren Mineralien, ist deshalb ein Gemenge und zählt zu den heterogenen Mischungen.
Bronze ist eine Legierung und damit eine homogene Mischung.

## Lösung 6.12

A 2 4 6 8 10 12 $(a_n = 2n)$

B 1 4 9 16 25 36 $(a_n = n^2)$

C 1 8 27 64 125 216 $(a_n = n^3)$

D 3 8 15 24 35 48 $(a_n = 2n + n^2)$

E 2 4 7 11 16 22 $\left(a_n = 1 + \frac{n}{2} \cdot (n+1)\right)$

## Lösung 6.13

A Ein Kurvendiagramm mit einer Kurve gibt die Entwicklung seit 1990 am besten wieder, denkbar ist aber auch ein Säulendiagramm mit einer Säule pro Jahr.
B Ein Kurvendiagramm mit zwei Kurven gibt die unterschiedliche Entwicklung in Ost- und Westdeutschland am besten wieder, denkbar ist auch ein Säulendiagramm mit jeweils zwei Säulen pro Jahr.
C Ein Kreisdiagramm gibt die Verteilung der Segmente an den Gesamtausgaben am besten wieder. So wie auf eine Antwort nur eine Frage möglich ist, konnte eine D-Mark auch nur einmal ausgegeben werden. Denkbar ist aber auch ein Säulendiagramm.
D Ein Säulendiagramm gibt die Verteilung am besten wieder, mehrere Säulen pro Jahr entsprechen den verschiedenen Warengruppen. Denkbar ist aber auch ein Kurvendiagramm.

## Lösung 6.14

B. Beim Anlegen einer Spannung an ein Metall wandern die frei beweglichen negativ geladenen Elektronen zum Plus-Pol und bewirken so einen Stromfluss. Bei höheren Temperaturen stören die Schwingungen der Atomrümpfe die freie Bewegung der Elektronen. Deshalb nimmt der elektrische Widerstand des Metalls mit steigender Temperatur zu und die Leitfähigkeit ab.

## Lösung 6.15

Es lassen sich zunächst zwei Gleichungen aufstellen:

$$2a + 2b = 36$$

$$a \cdot b + 9{,}25 = (a + 4{,}5)(b - 3{,}5)$$

Die erste Gleichung lässt sich zu a = 18 – b umformen und dann in die zweite Gleichung einsetzen. Man erhält:

$$(18 - b) \cdot b + 9{,}25 = (18 - b + 4{,}5)(b - 3{,}5)$$

$$b = 11 \Rightarrow a = 7$$

Die Seitenlängen waren 11 cm und 7 cm.

## Lösung 6.16

A. Sommer; B. Herbst; C. Frühling; D. Winter. Zeitmotive sind jedoch, wie andere Motive auch, nicht eindeutig, sondern müssen im Kontext des jeweiligen Werkes verstanden werden.

## Lösung 6.17

A1, B2, C1, D1, E2, F2

## Lösung 6.18

Man kann den Bahndamm als eine liegende Trapezsäule auffassen. Ihr Volumen berechnet sich aus dem Produkt des Volumens der Grundfläche (des Trapezes also) und ihrer Länge. Wir erhalten also folgende Rechnung:

$$V = \frac{27+39}{2} \cdot 8 \cdot 250 = 66.000$$

Es müssen 66.000 $m^3$ Erde für den Bahndamm aufgeschüttet werden.

## Lösung 6.19

A. Während seiner Amtszeit war der Bundespräsident noch im Amt, also seinerzeit noch längst kein Ex-Bundespräsident, auch wenn er sein Amt inzwischen aufgegeben hat (besser: der damalige Bundespräsident).
B. nach dem Ende seiner Amtszeit ist der ehemalige Kanzler („der damalige Kanzler", wenn es seine Amtszeit betrifft) auch Altbundeskanzler, aber nie beides gleichzeitig, zumindest nicht in einem Satz.
C. Der Bundeskanzler hat sich vermutlich nicht zweimal von ein und derselben Frau scheiden lassen (besser: von seiner Frau).

## Lösung 6.20

C. Der Gang einer Uhr hängt nicht nur von ihrer relativen Geschwindigkeit ab, sonder auch von ihrem Ort im Gravitationsfeld. Eine Uhr auf einem Berg geht schneller als im Tal. Dieses Phänomen ist vergleichbar mit einer Schlange aus Eisläufern, die sich an die Hand nehmen und eine Spirale laufen. Der Eisläufer in der Mitte dreht sich langsam um sich selbst, während der letzte der Reihe relativ schnell laufen muss, um den Anschluss nicht zu verlieren.

## Lösung 6.21

Wir nehmen an, dass das Quadrat die Seitenlänge a hat. Dann berechnet sich der Flächeninhalt des einbeschriebenen Kreises so:

$$A = \pi \cdot r^2 = \pi \cdot \left(\frac{a}{2}\right)^2 = \frac{\pi \cdot a^2}{4}$$

Der Durchmesser des umbeschriebenen Kreises ist die Diagonale des Quadrats.

Daher ergibt sich für seine Fläche:

$$A = \pi \cdot \left(\frac{d}{2}\right)^2 = \pi \cdot \left(\frac{a}{2} \cdot \sqrt{2}\right)^2 = \frac{\pi \cdot a^2}{2}$$

Die Fläche des umbeschriebenen Kreises ist also doppelt so groß wie die Fläche des einbeschriebenen Kreises.

## Lösung 6.22

Mögliche Variationen sind:
a) „Er: Will sie nicht?"
b) „Er will, sie nicht."
c) „Er will sie, nicht?"

## Lösung 6.23

432 mm
1" = 25,4 mm
17" = 431,8 gerundet auf 432 mm

## Lösung 6.24

A. $A = \pi \cdot \left(\frac{d}{2}\right)^2 = \pi \cdot \left(\frac{a}{2} \cdot \sqrt{2}\right)^2 = \frac{\pi \cdot a^2}{2}$

B. $P(B \vee D) = \frac{4}{32} + \frac{4}{32} = \frac{1}{4}$

C. $P(\text{Bild}) = \frac{12}{32} = \frac{3}{8}$

## Lösung 6.25

A, C, D.

## Lösung 6.26

A. Helio = griech. Sonne. Bei dem heliozentrischen Weltbild steht die Sonne im Mittelpunkt des Planetensystems.

## Lösung 6.27

C. $P = \frac{2}{16} \cdot \frac{1}{15} = \frac{1}{120} = 0{,}0083$

Die Wahrscheinlichkeit, dass die beiden präparierten Berliner übrig bleiben, ist geringer als 1 %. Na dann – guten Appetit!

## Übung 7.1 — 1,5 Min.

Nach einer Statistik des Börsenvereins des deutschen Buchhandels e. V. stieg die Zahl der Erstauflagen im Jahr 2003 um 2,7 % auf 61.538 Titel. Nach einem Einbruch der gesamten Titelproduktion im Jahr 2002 setzt sich damit ein Aufschwung der Jahre zuvor fort. Betrachten Sie dazu das folgende Diagramm.

**Titelproduktion 1999–2003**

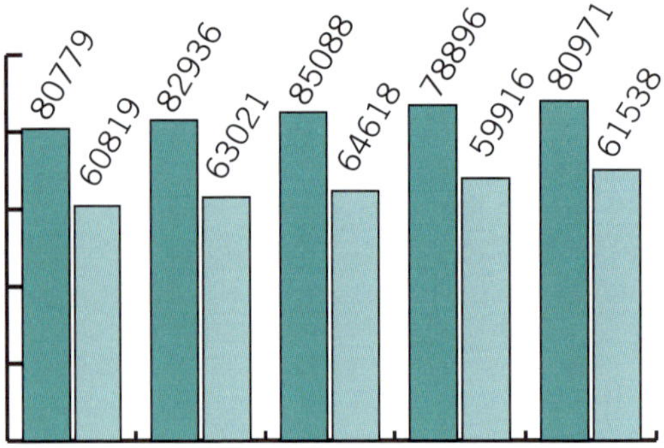


Was ist an dieser Darstellung problematisch?

______________________________

______________________________

## Übung 7.2 — 1,5 Min.

Laut Definition ist eine Beere eine aus einem einzigen Fruchtknoten hervorgegangene Schließfrucht. Eine solche Schließfrucht fällt in geschlossenem Zustand von der Pflanze ab und öffnet sich auch während der Reifung nicht. Neben den Beeren zählen zu den Schließfrüchten Stein-, Nuss- und Zitrusfrüchte. Eine Besonderheit der Schließfrüchte ist, dass zur Reife die Fruchtwand saftig oder mindestens fleischig ist. Beeren sind oft rundlich und kräftig gefärbt. Meist enthalten Beeren mehr als einen Samen; sie sind also vielsamig. Zu den Beeren zählen auch viele Gemüse, wie z. B. Kürbis und Gurke. Welche dieser Schließfrüchte ist demnach keine Beere?

**A** Stachelbeere
**B** Kirsche
**C** Tomate
**D** Banane

Überlegen Sie genau, denn Botaniker und Obsthändler sind hier nicht einer Meinung!

## Übung 7.3 — 2 Min.

Herr Schilling erhält eine Telefonrechnung in der Höhe von 54,60 €. Die Grundgebühr beträgt hierbei 24,60 €. Er hat 250 Gebühreneinheiten verbraucht. Im nächsten Monat hat Herr Schilling 350 Gebühreneinheiten verbraucht. Wie hoch ist seine Rechnung nun?

______________________________

## Übung 7.4 — 0,5 Min.

Unsere Alltagssprache ist u. a. angefüllt mit umgangssprachlichen Ausdrücken, Fachbegriffen, Lehnwörtern aus anderen Sprachen. Was meinen Sie, wie groß mag der aktive Wortschatz eines durchschnittlichen deutschen Sprechers ungefähr sein?

A 5000
B 9000
C 14.000
D 20.000

## Übung 7.5 — 1 Min.

Der Genotyp (Erbbild) bezeichnet die Gesamtheit der Erbanlagen eines Organismus. Der Phänotyp (Erscheinungsbild) hingegen ist die Gesamtheit der ererbten Merkmale plus der Umwelteinflüsse. Jedes Gen vereint zwei Allele, d. h. zwei Ausführungen. So kann in einem Genotyp ein Allel für blaue Augen und ein Allel für braune Augen enthalten sein. In diesem Fall hat das Individuum braune Augen, da das Allel für blaue Augen rezessiv und das Allel für braue Augen dominant ist. Nur wenn beide Eltern ein rezessives Allel für blaue Augen vererben, hat das Kind blaue Augen. Doch was würde passieren, wenn sich das Sonnenlicht so verändert, dass braunäugige Menschen im Nachteil sind?

A Durch die natürliche Selektion werden die Allele für braune Augen aus dem Genpool verdrängt.

B Das Allel für blaue Augen wird durch eine Mutation dominant.

## Übung 7.6 — 1 Min.

Franziska fährt zwölf Minuten mit dem Rad zur Schule. Christine braucht nur die halbe Zeit und Alexandra zwei Drittel der Zeit von Christine. Wie lange braucht Alexandra für ihren Schulweg? Rechnen Sie schnell im Kopf!

A 1 Minute
B 4 Minuten
C 6 Minuten
D 9 Minuten

## Übung 7.7 — 1,5 Min.

In einer Zeitung finden Sie viele verschiedene Textelemente. Versuchen Sie, den einzelnen Elementen ihre Eigenschaften zuordnen.

| Textelement | Eigenschaft |
|---|---|
| A Bericht | 1 lebendig und persönlich |
| B Bildunterschriften | 2 thront über allem |
| C Feature | 3 Information aus erster Hand |
| D Glosse | 4 klein, aber nicht ohne |
| E Interview | 5 witzig und polemisch |
| F Kommentar | 6 hintergründig und bildhaft |
| G Nachricht | 7 größer und ein wenig reifer |
| H Reportage | 8 unmissverständlich aber fair |
| I Überschrift | 9 kurz, trocken, emotionslos |

### Übung 7.8 — 1 Min.

Bananen werden grün geerntet und reifen dann an einem schattigen Ort aus. Beim Bananenexport werden die grünen Bananen nach der Ernte innerhalb von einem Tag verpackt und auf Kühlschiffe verladen. Bei einer Temperatur zwischen 12 und 13,2 Grad werden die Bananen verschifft und nach der Entladung in Bananenreifereien gebracht. Hier erfolgt die vier- bis achttägige Reifung in den Reifekammern bei Temperaturen zwischen 14,4 und 17,7 Grad.

Bananenpflanze

Warum dürfen die Bananen nicht an den Stauden ausreifen?

**A** Das Fruchtfleisch verhärtet und ist dann ungenießbar.
**B** Die Bananen verdorren durch die hohe Sonneneinstrahlung an den Stauden.
**C** Die Bananen schmecken sonst mehlig und nicht süß.

### Übung 7.9 — 1,5 Min.

Wandeln Sie in die angegebene Einheit um:

**A** 89,12 kg (in g)
**B** 0,342 t (in kg)
**C** 76543 g (in kg)
**D** 0,00354 t (in kg)
**E** 7,2 g (in mg)
**F** 3 t (in g)
**G** 0,0064 mg (in g)
**H** 6712 mg (in kg)

### Übung 7.10 — 1,5 Min.

Manchmal ist es erforderlich, etwas aus Höflichkeit und Takt nur anzudeuten und „durch die Blume zu sagen“. Notwendig scheint diese Art des Sprechens für Politiker zu sein. Sie vermeiden eindeutige und vollständige Informationen, um Gespräche mit Andersdenkenden nicht zu belasten. Dieser Satz könnte in einer Zeitung zu lesen sein: „Man sollte eventuell in Erwägung ziehen, ob man die Mehrwertsteuer nicht erhöhen sollte.” Mithilfe welcher konkreten sprachlichen Mittel hat sich der Sprecher gegen jede Eindeutigkeit abgesichert?

---

### Übung 7.11 — 0,5 Min.

Zur Trennung von homogenen bzw. heterogenen Mischungen existieren unterschiedlichste Trennverfahren. Sie beruhen auf den spezifischen Eigenschaften der Mischungsbestandteile wie Siede-/Schmelztemperatur, Dichte, Korngröße, Löslichkeit etc. Mit welchem Trennverfahren kann man den Zucker aus einer klaren Zuckerlösung extrahieren?

**A** Eindampfen
**B** Sieben
**C** Filtrieren

### Übung 7.12 — 1 Min.

Ein Wanderer legt zum Training am ersten Tag einer mehrtägigen Wanderung eine 6 km lange Strecke zurück. An jedem nachfolgenden Tag möchte er 3 km mehr zurücklegen. Wie viele Kilometer läuft er am siebten Tag?

______________________________

### Übung 7.13 — 1 Min.

Nachrichten und Berichte sind meist im so genannten Lead-Stil aufgebaut. Der erste Abschnitt (Lead) einer Nachricht sollte die wichtigsten Fakten enthalten und das Interesse des Lesers wecken. In weiteren Abschnitten erfährt der Leser weitere Details. Bei einem Bericht wendet man die Gliederung nach abnehmender Wichtigkeit nicht auf einzelne Sätze, sondern auf ganze Abschnitte an. Eine im Lead-Stil verfasste Nachricht besteht aus vier Teilen. Fügen Sie die Bezeichnungen in das Schema ein: Einzelheiten, Schlagzeile, Vorspann, Untertitel.

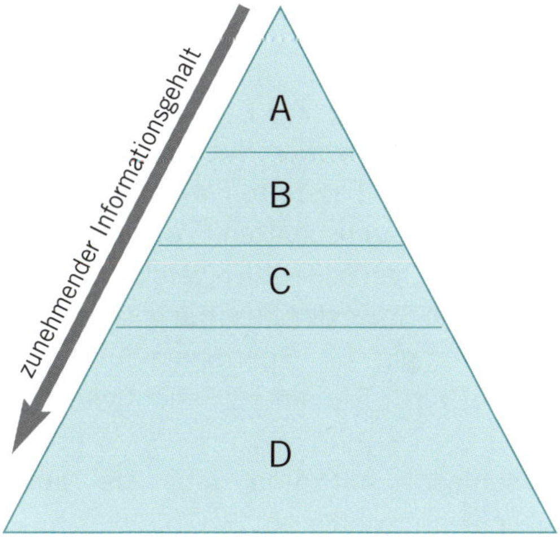


**A** ______________________________

**B** ______________________________

**C** ______________________________

**D** ______________________________

### Übung 7.14 — 1,5 Min.

Die Metalle bilden dichteste Kugelpackungen. Bei der Annahme, dass es sich bei den Atomen um starre Kugeln handelt, kann nie eine 100 %ige Raumfüllung erreicht werden. Das kubisch-flächenzentrierte Kristallsystem besitzt einen Raumfüllungsgrad von 74 %. Hierbei bilden acht Atome die Eckpunkte eines Würfels. Auf den Würfelflächen befinden sich weitere sechs Atome (s. Abb.). In dieser Form kristallisieren z. B. Gold und Silber. Eine weitere Möglichkeit stellt das kubisch-raumzentrierte oder auch kubisch-innenzentrierte Kristallsystem dar. Der Raumfüllungsgrad liegt hier bei lediglich 68 %. Zeichen Sie einen raumzentrierten bzw.

innenzentrierten Würfel, in dem z. B. Kalium, Cäsium oder auch Wolfram kristallisieren.

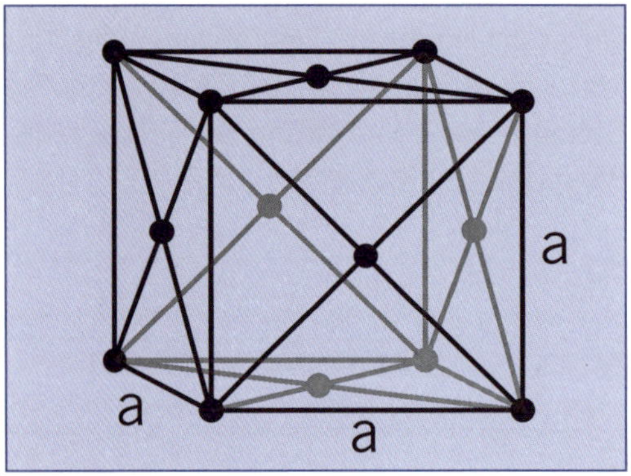


kubisch-flächenzentriert

### Übung 7.15 — 2 Min.

Die Landschaftsgärtner haben in einem Park ein rechteckiges Beet mit einer Länge von 30 m und einer Breite von 20 m angelegt. Nun wollen sie die Blumen dort in einem Viereck so einpflanzen, dass die Eckpunkte des Blumenvierecks auf den Seitenmitten des Beetes liegen. Berechnen Sie Umfang und Fläche des Blumenvierecks.

______________________________

### Übung 7.16 — 2 Min.

Wenn wir Sach- oder Gebrauchstexte zur Hand nehmen, wollen wir unser Wissen erweitern, uns informieren oder uns unterhalten. Vom Leseinteresse hängt es ab, wie wir einen Text lesen. Finden Sie Beispiele.

**A** Wir können Texte überfliegen, z. B.

______________________________

______________________________

**B** Wir können einzelne Stellen in einem Text genauer lesen, um ihm bestimmte Informationen zu entnehmen, z. B. von

______________________________

______________________________

**C** Wir können den ganzen Text intensiv durcharbeiten, z. B.

______________________________

______________________________

### Übung 7.17 — 1 Min.

Bei Textilien werden verschiedene Faserarten kombiniert, um spezielle Eigenschaften zu erreichen. Welche Eigenschaften zeichnet eine Baumwoll-Polyester-Mischung aus, wie sie vorrangig für Sportbekleidung verwendet wird? Sie nimmt Feuchtigkeit

**A** schlecht auf und gibt sie auch schlecht wieder ab.

**B** gut auf und gibt sie schlecht wieder ab.

**C** gut auf und gibt sie auch wieder gut ab.

### Übung 7.18 — 2,5 Min.

In ein abgelegenes Tal soll endlich eine Stromversorgung gelegt werden. Hierzu benötigt man eine 500 m lange Starkstromleitung. Eine solche Leitung besteht aus einem Kupferkabel und einer Gummiummantelung zur Isolierung. Das gesamte Kabel hat einen Durchmesser von 40 mm, der Kupferkern misst 30 mm. Wie schwer ist das Starkstromkabel, wenn Kupfer eine Dichte von 8,9 g/cm$^3$ besitzt und Gummi eine Dichte von 1,2 g/cm$^3$?

---

### Übung 7.19 — 1 Min.

In Werbetexten wird oft suggeriert, die Leistung eines Anbieters sei effizient. Aber ist sie dann auch effektiv? Kennen Sie den Unterschied zwischen beiden Wörtern? Versuchen Sie sich an den folgenden Sätzen:

**A** Teamarbeit ist die __________ Form der Zusammenarbeit.

**B** Eine Diät zu machen ist zwar __________ um abzunehmen, für jemanden, der aber auf Dauer ein Normalgewicht halten möchte, ist sie nicht __________.

**C** Die Verwendung der neuen Software ist eine __________ Methode, um schnell Vokabeln zu lernen.

### Übung 7.20 — 0,5 Min.

Die Kernspintomografie ist ein bildgebendes Verfahren, das Schnittaufnahmen von Körpern erstellt. Welche Personen dürfen nicht „in die Röhre"?

**A** Personen mit Herzschrittmacher

**B** Schwangere

### Übung 7.21 — 1 Min.

Stellen Sie sich ein beliebiges Dreieck vor und skizzieren Sie (in Worten oder auch als Schaubild) seinen Schwerpunkt.

---

### Übung 7.22 — 1 Min.

Manche Texte irritieren den Leser, weil der Verfasser die Regeln der deutschen Rechtschreibung nicht sorgfältig angewendet hat. Ein Problem ist z. B. die richtige Verwendung von „ß" und „ss", denn das Esszett existiert auch noch nach der Rechtschreibreform. Versuchen Sie, die richtigen Buchstaben in folgende Wörter einzusetzen.

Grü___e

mü___en

gie___en

mi___lingen

Flei___

wei___

Flu___

..., da___ ...

### Übung 7.23 — 1 Min.

Jochen fährt mit seiner Harley die Route 66 entlang. Er braust mit einer Geschwindigkeit von 160 km/h an einem Schild mit der Geschwindigkeitsbegrenzung 100 mph vorbei. 1 mph entspricht exakt 1,609344 km/h. Welche Aussage ist korrekt?

**A** Jochen liegt unter der Geschwindigkeitsbegrenzung und kann noch ein wenig Gas geben.
**B** Jochen fährt exakt 100 mph.
**C** Jochen ist zu schnell.

### Übung 7.24 — 2,5 Min.

Sie kommen auf eine Party, bei der bereits 35 Menschen anwesend sind. Man unterhält sich gerade über ungewöhnliche Zufälle. Sie möchten glänzen und behaupten, dass mindestens einer der 35 am selben Tag Geburtstag hat wie Sie. Welches Risiko gehen Sie bei dieser Aussage ein?

______________________________

### Übung 7.25 — 1,5 Min.

Lesen Sie die folgenden Werbeslogans und entscheiden Sie, welche nach dem gleichen Prinzip arbeiten. Welches ist es jeweils?

**A** Vittel weckt Vitalität
**B** Mid-Light-Crisis
**C** Alfa 156 – die Konsequenz aus Kraft und Kontrolle
**D** Prêt-à-fumer
**E** Etwas Leichtes raucht der Mensch

### Übung 7.26 — 1 Min.

Wie heißt die Licht-Schattengrenze des Mondes, also die Grenzlinie zwischen beleuchteter und unbeleuchteter Mondoberfläche?

**A** Ekliptik
**B** Terminator
**C** Nadir

### Übung 7.27 — 1,5 Min.

Katharina hat beim Mensch-ärgere-Dich-nicht-spielen drei Sechsen hintereinander gewürfelt. Wie groß ist die Wahrscheinlichkeit, dass sie noch zwei Sechsen würfelt?

______________________________

## Lösung 7.1

Die Säulen des Diagramms geben mit ihrer Höhe nicht die tatsächlichen Größenverhältnisse wider. Das Diagramm vermittelt den Eindruck, die Zahl der Erstauflagen sei seit 1999 kontinuierlich gestiegen – was nicht zutrifft. Das korrekte Diagramm stellt sich folgendermaßen dar:

**Titelproduktion 1999–2003**

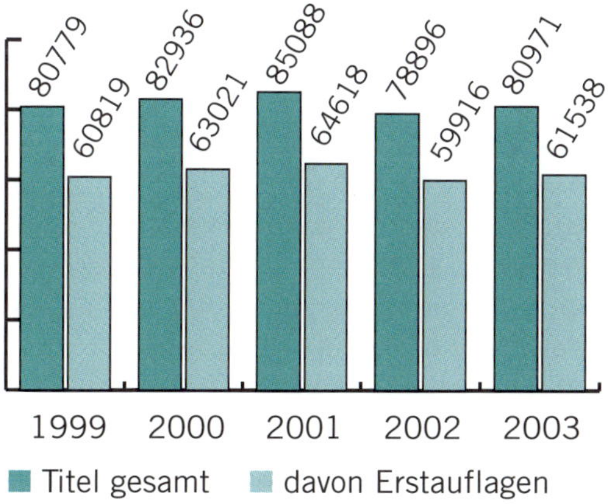


## Lösung 7.2

B. Die Kirsche ist keine Beere; sie zählt zu den Steinfrüchten. Stachelbeere, Tomate und Banane hingegen sind nach botanischer Definition Beeren. Wegen ihrer harten äußeren Fruchtschale werden Tomaten und Bananen auch als Panzerbeeren bezeichnet. Bei der Banane sind die schwarzen Pünktchen im gelben Fruchtfleisch die Reste der Samenanlagen.

## Lösung 7.3

Die Gebühren für die 250 Gebühreneinheiten betragen 54,60 € – 24,60 € = 30,00 €. Eine Gebühreneinheit kostet also 30,00 € ÷ 250 = 0,12 €. Für 350 Gebühreneinheiten muss Herr Schilling demnach 42,00 € bezahlen. Hinzu kommen noch die Grundgebühren in Höhe von 24,60 €, der Gesamtbetrag beträgt also 66,60 €.

## Lösung 7.4

C. Der aktive Wortschatz eines durchschnittlichen deutschen Sprechers liegt bei ca. 12.000–16.000 Wörtern (ca. 3500 davon sind Fremdwörter), der passive bei über 50.000.

## Lösung 7.5

A. Das Allel für braune Augen wird im Laufe der Evolution aus dem Genpool verdrängt.

## Lösung 7.6

B. Alexandra braucht 4 Minuten für ihren Schulweg:

$$12 \cdot \frac{1}{2} \cdot \frac{2}{3} = \frac{24}{6} = 4$$

## Lösung 7.7

| Textelement | Eigenschaft |
|---|---|
| A Bericht | 7 größer und ein wenig reifer |
| B Bildunterschriften | 4 klein, aber nicht ohne |
| C Feature | 6 hintergründig und bildhaft |
| D Glosse | 5 witzig und polemisch |
| E Interview | 3 Information aus erster Hand |
| F Kommentar | 8 unmissverständlich aber fair |
| G Nachricht | 9 kurz, trocken, emotionslos |
| H Reportage | 1 lebendig und persönlich |
| I Überschrift | 2 thront über allem |

## Lösung 7.8

C. Ließe man die Bananen zum Reifen an der Pflanze hängen, so würden sie nicht süß, sondern mehlig schmecken. Der Reifungsprozess ist ein biochemischer Vorgang, bei dem Stärke in Zucker umgewandelt wird. Der Reifungsfortschritt kann an der Farbe der Banane abgelesen werden: Je gelber die Schale, umso größer ist ihr Zuckergehalt. Vollreife Bananen sind an den typischen schwarzen Flecken zu erkennen.

## Lösung 7.9

A 89.120 g
B 342 kg
C 76,543 kg
D 3,54 kg
E 7200 mg
F 3.000.000 g
G 0,0000064 g
H 0,006712 kg

## Lösung 7.10

Der Satz weist sechs verschiedene Merkmale auf:

1. Das unbestimmte Pronomen „man" gibt keine Information darüber, wer etwas in Erwägung ziehen sollte.
2. Das Verb „sollen" steht im Konjunktiv und drückt aus, dass kein Zwang, sondern nur die Möglichkeit besteht, etwas in Erwägung zu ziehen.
3. Der Ausdruck „eventuell" schwächt die Bestimmtheit einer Forderung ab.
4. Der Ausdruck „in Erwägung ziehen" bezieht sich auf eine Überlegung, nicht auf die tatsächliche Erhöhung der Mehrwertsteuer.
5. Das unbestimmte Pronomen „man" lässt nicht erkennen, wer die Mehrwertsteuer erhöhen sollte.
6. Wieder steht das Verb „sollen" im Konjunktiv und vermeidet durch diese Unbestimmtheit die Gewissheit einer Erhöhung der Mehrwertsteuer.

## Lösung 7.11

A. Eine klare Lösung wie z. B. Zuckerwasser kann man durch sieben oder filtrieren nicht in seine Bestandteile auftrennen. In dem man die Lösung eindampft jedoch schon. Das Wasser verdampft und zurück bleibt der Zucker.

## Lösung 7.12

Man kann die an den einzelnen Tagen zurückgelegten Kilometer als Glieder einer arithmetischen Folge beginnend mit $a_1 = 6$ und d = 3 auffassen. Das n-te Glied einer solchen Folge berechnet sich dann nach folgender Formel: $a_n = a_1 + (n-1) \cdot d$
Für unseren Fall heißt das, dass der Wanderer am 7. Tag 24 km zurücklegt.

## Lösung 7.13

A Schlagzeile
B Untertitel
C Vorspann
D Einzelheiten

## Lösung 7.14

Beim kubisch-raumzentrierten Kristallsystem bilden 8 Atome die Eckpunkte eines Wür-

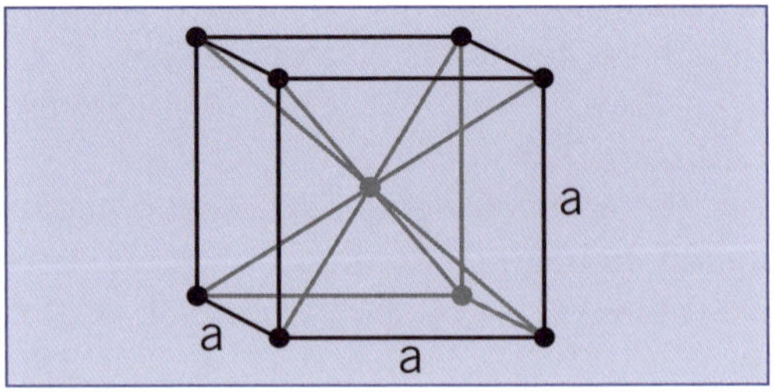


kubisch-raumzentriert

fels. Im Schnittpunkt der Würfeldiagonalen befindet sich ein weiteres Atom (s. Abb.).

### Lösung 7.15

In den vier Ecken des Beetes befinden sich rechtwinklige Dreiecke, deren Hypotenusen die Seiten des Blumenvierecks bilden. Ihre Länge x berechnet sich aus:

$$x^2 = 10^2 + 15^2$$
$$x = \sqrt{325} = 18{,}03$$

Vier dieser Seiten ergeben den Umfang, der also 72,12 m beträgt.
Die Form des Blumenvierecks ist eine Raute. Sie lässt sich in zwei Dreiecke mit einer Höhe von 10 m und einer Grundseite von 30 m aufteilen. Die Fläche jedes Dreiecks beträgt dann:

$$A = \frac{30 \cdot 10}{2} = 150\,\text{m}^2$$

Die Gesamtfläche des Blumenvierecks beträgt also 300 $m^2$.

### Lösung 7.16

A. Zeitungsartikel, Werbetexte, Wetterbericht, Veranstaltungsprogramm
B. Medikamentenbeschreibungen, Betriebsanleitungen, Gesetzestexte, Artikel in Lexika
C. Kaufverträge, Arbeitsverträge, Sachtexte zu einem interessanten Thema, Inhaltsangaben
Sicher haben Sie noch viele weitere Beispiele gefunden.

### Lösung 7.17

C. Baumwolle nimmt Feuchtigkeit gut auf und gibt sie schlecht wieder ab. Polyester nimmt Feuchtigkeit schlecht auf, gibt sie aber schnell wieder ab. Eine Mischung aus beidem ist ideal, denn Feuchtigkeit wird gut aufgenommen, aber auch gut wieder abgegeben. Verwendung finden solche Baumwoll-Polyester-Mischungen wegen dieser Eigenschaft vor allem bei Sportbekleidungen.

### Lösung 7.18

Zunächst berechnen wir das Volumen des Kupfers $V_K$. Wir vereinheitlichen hierzu die Längenmaße in mm.

$$V_K = 500 \cdot 10^3 \cdot 15^2 \cdot \pi = 353.429.173{,}5\,\text{mm}^3$$

Das Volumen des Gummis berechnet sich wie folgt:

$$V_G = 500 \cdot 10^3 \cdot \pi \cdot \left(20^2 - 15^2\right) = 274.889.357{,}2\,\text{mm}^3$$

Die Masse berechnet sich nun aus dem Produkt der jeweiligen Volumina und den jeweiligen Werten für die Dichte. Es ergibt sich für das Kupfer eine Masse von 3145,518 kg und für das Gummi ein Gewicht von 329,867 kg. Das Gesamtgewicht des Kabels beträgt also gerundet 3475 kg.

### Lösung 7.19

A effektivste
B effektiv, effizient
C effiziente

„Effektiv" bezieht sich auf das Ergebnis (Hatte es einen Effekt? War es wirkungsvoll?), „effizient" bezieht sich auf die Art und Weise einer Tätigkeit oder Sache (Hat es sich gelohnt? War es wirtschaftlich?).

### Lösung 7.20

A. Die Kernspintomografie, oder genauer Magnetresonanztomografie (MRT), nutzt magnetische Felder und nicht Röntgenstrahlen. Elektrische Geräte, wie z. B. Herzschrittmacher können durch das starke Magnetfeld beschädigt werden.

## Lösung 7.21

Die Seitenhalbierenden (das sind die Geraden durch die Seitenmitten und die gegenüber liegenden Eckpunkte) schneiden sich im Schwerpunkt des Dreiecks.

## Lösung 7.22

Die richtige Schreibweise ist:
Grüße
müssen
gießen
misslingen
Fleiß
weiß
Fluss
…, dass …

Das Esszett steht nach langen Vokalen und Doppelvokalen, das Doppel-S steht nach kurzen (betonten) Vokalen. Das Esszett wird nie getrennt (also: Grü-ße), steht das Doppel-S als Ersatz für das Esszett, wird zwischen den beiden S getrennt (also: GRÜS-SE).

## Lösung 7.23

A. 1 mph = 1,609344 km/h
100 mph = 161 km/h

## Lösung 7.24

Hier ist es einfacher, das Gegenereignis, also die Wahrscheinlichkeit, dass alle an einem anderen Tag als Sie Geburtstag haben, zu berechnen. Die Wahrscheinlichkeit dazu ist:

$$\left(\frac{364}{365}\right)^{35} = 0{,}908 = 90{,}8\%$$

Die Wahrscheinlichkeit, dass Sie mit Ihrer gewagten Aussage Recht behalten, liegt also nur bei 9,2 %.

## Lösung 7.25

A und C (Alliteration); B, D und E (Wortspiele)

## Lösung 7.26

B. Die Licht-Schattengrenze des Mondes heißt Terminator. Unter Ekliptik (Erdbahnebene) versteht man die scheinbare Bahn der Sonne an der Himmelskugel und Nadir ist der Gegenpunkt des Zenits.

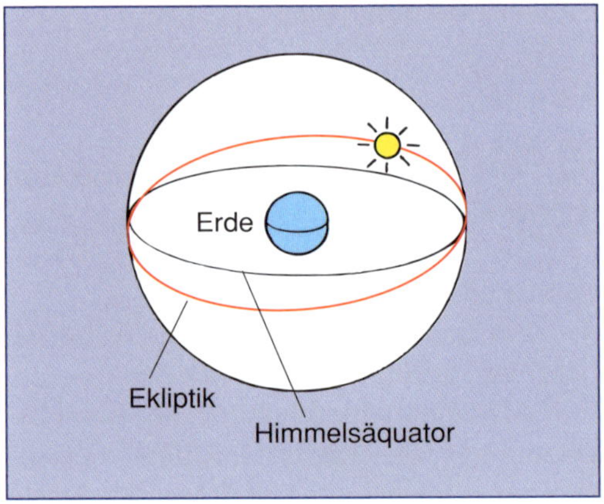


Ekliptik

## Lösung 7.27

Die Wahrscheinlichkeit, zwei Sechsen hintereinander zu würfeln, beträgt $\frac{1}{6} \cdot \frac{1}{6} = \frac{1}{36}$, unabhängig vom Ergebnis früherer Würfe.

### Übung 8.1 — 2 Min.

Sehen Sie sich das Diagramm aus Übung 7.1 an und entscheiden Sie, welche der folgenden Aussagen Sie daraus ableiten können.

**A** Etwa drei Viertel aller in Deutschland produzierten Bücher sind Erstauflagen.
**B** Mit einer Steigerung der Erstauflagen ist eine Steigerung der Belletristik-Neuerscheinungen verbunden.
**C** Die Zahl der Erstauflagen sinkt und fällt analog zur Zahl der Gesamttitel.
**D** Etwa drei Viertel der gesamten Titelproduktion eines Jahres entfallen auf die Titelproduktion von Erstauflagen.

### Übung 8.2 — 0,5 Min.

Die Pilze bilden ein eigenes Reich. Von den Pflanzen unterscheiden sich die Pilze durch ihre heterotrophe Lebensweise, die ohne das Pigment Chlorophyll auskommt, und durch das Vorkommen von Chitin in der Zellwand. Von den Tieren unterscheiden sie sich u. a. durch das Vorhandensein einer Zellwand. Neben den essbaren Vertretern wie Trüffel, Pfifferling und Champignon sind viele Pilze giftig. Welcher ist ein solch giftiger Vertreter?

**A** Steinpilz
**B** Morchel
**C** Fliegenpilz

### Übung 8.3 — 2,5 Min.

In einer Fabrik müssen 6000 Glühbirnen in einer Stunde hergestellt werden, damit das Unternehmen profitabel arbeiten kann. Hierzu können zwei verschiedene Typen von Maschinen eingesetzt werden. Die Maschinen des Typs A schaffen in einer Stunde 500 Glühbirnen. Davon arbeiten 8 Maschinen. Die Maschinen des Typs B sind älter und können nur 400 Glühbirnen in der Stunde produzieren. Wie viele dieser Maschinen müssen eingesetzt werden, um die gewünschte Anzahl von Glühbirnen pro Stunde herstellen zu können?

______________________________

### Übung 8.4 — 1,5 Min.

Im alltäglichen Sprachgebrauch verwendet man Ausdrücke wie „Es hat sich dramatisch zugespitzt“ oder „Es ist ein Drama“, wenn etwas schlimm zu enden droht oder eine Situation ausweglos erscheint. Was meinen Sie, muss ein Drama auch im literaturwissenschaftlichen Sinne grundsätzlich böse enden? Begründen Sie Ihre Antwort.

**A** Ja
**B** Nein
Begründung:

______________________________

______________________________

## Übung 8.5 — 2 Min.

Zuckermais besitzt Körner unterschiedlicher Farben. Grund hierfür sind so genannte „springende Gene“. D. h. Teile von Chromosomen, hier der Teil, der für die Farbe zuständig ist, können sich innerhalb des Genoms (auch Erbgut, Gesamtheit der Nukleinsäuren) bewegen und so von einem Chromosom zu einem anderen „springen“. Über „springende Gene“ verfügen auch einige Bakterienarten. In diesem Fall „springen“ die Gene jedoch nicht wirklich, sondern es werden Kopien von Chromosomenteilen angefertigt, die in anderen Chromosomen eingebaut werden. Diese Fähigkeit beschleunigt u. U. die Evolution von Arten. Welche Gefahr besteht für eine Nutzpflanze, die genetisch so verändert wurde, dass sie resistent gegen Herbizide ist?

Maiskolben

______________________________________

______________________________________

______________________________________

______________________________________

## Übung 8.6 — 3 Min.

In der Elektrotechnik ist es bisweilen nötig, den Gesamtwiderstand bestimmter Schaltungen zu bestimmen, um eine Voraussage darüber treffen zu können, wie sich die besagte Schaltung verhalten wird. Es gibt grundsätzlich zwei Möglichkeiten, Widerstände miteinander zu verbinden:

1) Die Reihenschaltung

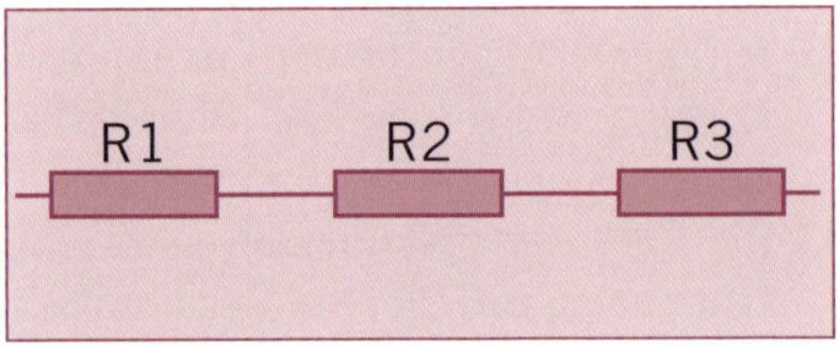


Der Gesamtwiderstand ($R_{ges}$) berechnet sich in diesem Fall als:

$R_{ges} = R1 + R2 + R3$

2) Die Parallelschaltung

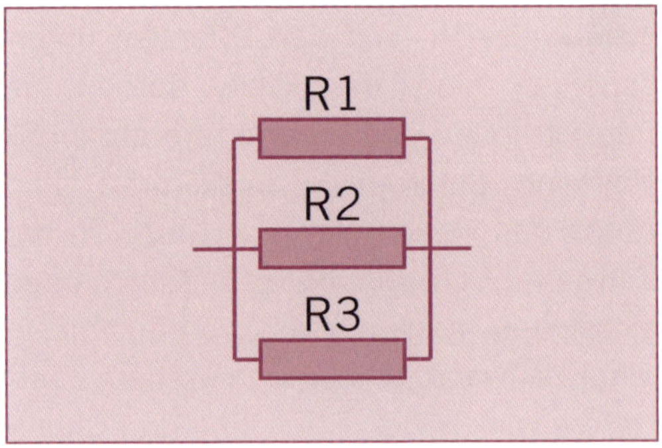


In diesem Fall berechnet man den Gesamtwiderstand ($R_{ges}$) als:

$$R_{ges} = \frac{1}{\frac{1}{R1} + \frac{1}{R2} + \frac{1}{R3}}$$

Berechnen Sie nun den Gesamtwiderstand folgender Schaltung (für R1–R4 = 100 Ohm):

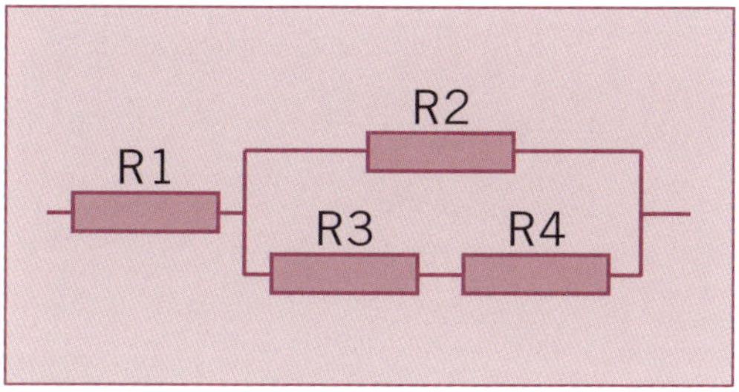


______________________________

______________________________

______________________________

## Übung 8.7 — 2 Min.

Ordnen Sie die Namen der folgenden Autoren nach ihren Lebensdaten. Beginnen Sie mit dem Autor, der am frühesten lebte.

A Heinrich Heine
B Stefan Heym
C Friedrich Schiller
D Heinrich Böll
E Gerhart Hauptmann

______________________________

## Übung 8.8 — 1 Min.

Obstbauern lagern Äpfel in gasdichten Lagerhäusern ein. Die Atmosphäre wird mit Stickstoff angereichert. Durch den fehlenden Sauerstoff wird der gesamte Stoffwechsel der Äpfel reduziert. Ausschlaggebend ist jedoch, dass das von den Äpfeln zum Reifen selbst produzierte Äthylen fern gehalten wird. Dieses Gas „heizt“ den Reifungsprozess an.
Sollen die Äpfel dann verkauft werden, pumpt der Bauer die Stickstoff-Atmosphäre ab und die Äpfel reifen weiter. Was geschieht, wenn zu lange zu wenig Sauerstoff die Äpfel umgeben hat?

A Die Äpfel sind schrumpelig.
B Die Äpfel sind außen schön reif, und innen faul.
C Die Äpfel platzen auf.

## Übung 8.9 — 2 Min.

Wandeln Sie in die angegebene Einheit um:

A 133 a (in ha)
B 15 $m^2$ (in a)

**C** 0,01 $km^2$ (in a)
**D** 0,04 $m^2$ (in $dm^2$)
**E** 0,15 ha (in $m^2$)
**F** 10,4 l (in $cm^3$)

### Übung 8.10 — 2 Min.

Manchmal äußern sich Politiker sehr diplomatisch, um laufende Verhandlungen nicht durch öffentliche Äußerungen zu gefährden. Nach dem Treffen zweier Außenpolitiker könnte der Kommentar des Einen gegenüber der Presse lauten: „Wir hatten gute Diskussionen. Wir hielten einen guten Rundblick auf die Beziehungen zwischen beiden Ländern. In mehreren bilateralen Fragen erzielten wir einen Fortschritt.“ Welche Fragen bleiben Ihrer Meinung nach unbeantwortet?

### Übung 8.11 — 2 Min.

Teilchen, Moleküle und ihre Reaktionen untereinander stellt der Chemiker in Reaktionsformeln dar: Entweder als Summenformel oder zur Darstellung der Molekülstrukturen als Strukturformel. Die Abbildung in Übung 8.14 unten zeigt die Strukturformel von Essigsäure. Die dazugehörige Summenformel, die alle vorkommenden Atome aufaddiert lautet $CH_3COOH$. Bestimmen Sie aus der Strukturformel die Summenformel von Glukose.

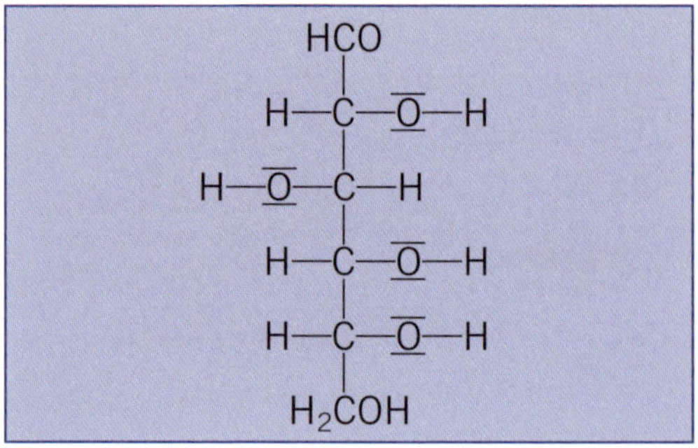

Glukose

### Übung 8.12 — 2 Min.

Herr Meier erzählt um 7 Uhr zwei Arbeitskollegen eine Neuigkeit. Beide Kollegen erzählen die Neuigkeit innerhalb der nächsten Stunde an zwei Kollegen weiter, diese verbreiten die Neuigkeit in der nächsten Stunde wieder an zwei Kollegen weiter, die vom Gerücht noch nichts gehört haben usw. Finden Sie eine Formel, mit der Sie die Anzahl der Leute, die das Gerücht nach t Stunden erfahren haben, berechnen können (Herr Meier wird nicht mitgezählt). Dabei soll gelten, dass jede Person genau zwei weitere Personen informiert und dann selber das Gerücht nicht mehr weiter verbreitet.

### Übung 8.13 — 2 Min.

Was versteht man eigentlich unter Belletristik?

### Übung 8.14 — 2,5 Min.

Die Wasserstoffbrückenbindung ist eine chemische Bindung, die zu den schwachen Bindungskräften (Dipol-Dipol-Kräften) zählt. Von einer Wasserstoffbrücke spricht man, wenn zwei Moleküle oder zwei weit voneinander entfernte Abschnitte eines Makromoleküls über Wasserstoff-Atome in Wechselwirkung treten. Dies funktioniert allerdings nur zwischen Wasserstoff und einem sehr elektronegativen Element wie Fluor, Sauerstoff oder Stickstoff. Das Wasserstoff-Atom vernetzt also die einzelnen gewinkelten Wassermoleküle miteinander (s. Abb.). Ergänzen Sie ein zweites Essigsäuremolekül und verknüpfen Sie die beiden Moleküle mit zwei Wasserstoffbrücken, die über eine gepunktete Linie dargestellt werden sollen.

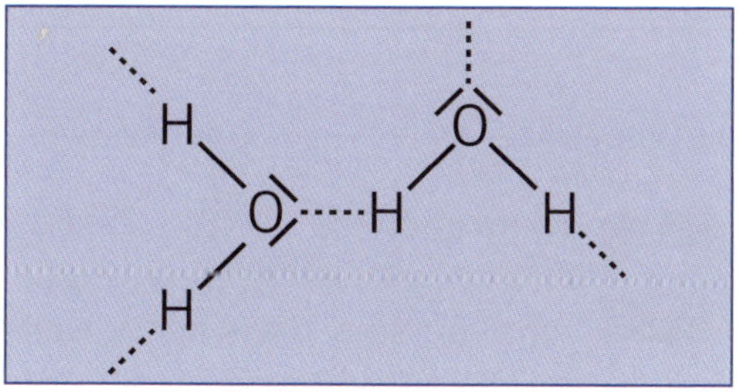

Wasserstoff im Brückenmolekül

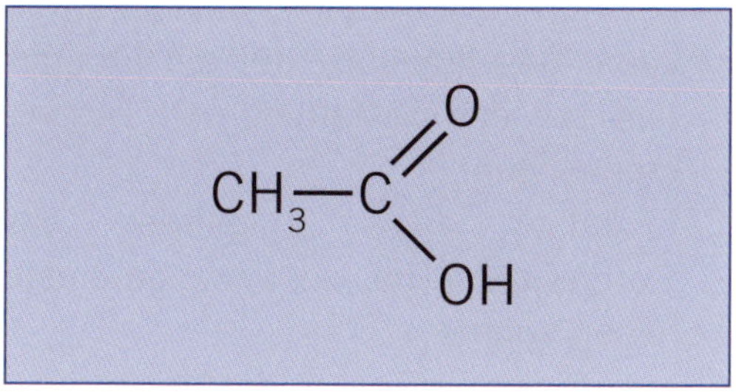

Essigsäure-Molekül

### Übung 8.15 — 2 Min.

Die Anzahl der Diagonalen in einem Viereck ist 2. In einem Fünfeck kommt man bereits auf 5 Diagonalen und ein Sechseck besitzt 9. Wie viele Diagonalen besitzt ein Neuneck?

A 9
B 18
C 27
D 36

# Test 8
## Übungen

Können Sie eine allgemeine Formel zur Berechnung der Diagonalen in einem n-Eck aufstellen?

### Übung 8.16 — 0,5 Min.

Was versteht man unter einer Bibliografie?

A Bezeichnung für eine Sammlung von Büchern und in heutiger Zeit auch CDs, Filme, Videos und DVDs
B literarische oder wissenschaftliche Darstellung der Lebensgeschichte einer Person
C Literaturverzeichnis, in dem man Bücher und andere Veröffentlichungen systematisch erfasst

### Übung 8.17 — 1 Min.

Wie funktioniert ein Pulver-Feuerlöscher? Einfach gesagt, wie Backpulver. Das Pulver im Feuerlöscher besteht aus Natriumhydrogenkarbonat (Soda), welches bei mäßigen Temperaturen, aber erst recht bei großer Hitze, zu Kohlendioxid ($CO_2$) zerfällt. Dieses ist schwerer als Sauerstoff und verdrängt ihn und legt sich auf den Brandherd. Warum sind in Flugzeugen Pulver-Feuerlöscher verboten?

### Übung 8.18 — 1,5 Min.

Welches Volumen hat ein Zylinder, der einem Würfel mit der Kantenlänge a einbeschrieben ist?

### Übung 8.19 — 1,5 Min.

Welche der folgenden Eigenschaften sind die einer Novelle und welche die eines Romans?

A keine Einmischung des Erzählers
B keine Beschränkung auf ein Ereignis und bei der Gestaltung von Zusammenhängen
C Erzählung eines Ereignisses, das stattgefunden hat oder stattgefunden haben könnte
D geradlinige Erzählung der Handlung
E häufig Kommentare des Erzählers

### Übung 8.20 — 1 Min.

Auf einer sich drehenden Scheibe wird eine Kugel von der Mitte nach außen beschleunigt. Die Kugel rollt nicht geradeaus, sondern wird durch die Drehung der Scheibe entgegen der Drehrichtung abgelenkt. Diese Kraft nennt sich Corioliskraft. Sie wirkt auch auf der Erde durch die Erddrehung. An den Polen wirkt sie besonders stark. Stellen Sie sich vor, Sie blicken von oben auf den Nordpol. Die Erde dreht sich entgegen dem Uhrzeigersinn. Zeichnen Sie in die Grafik die Wirkungsweise der Corioliskraft ein.

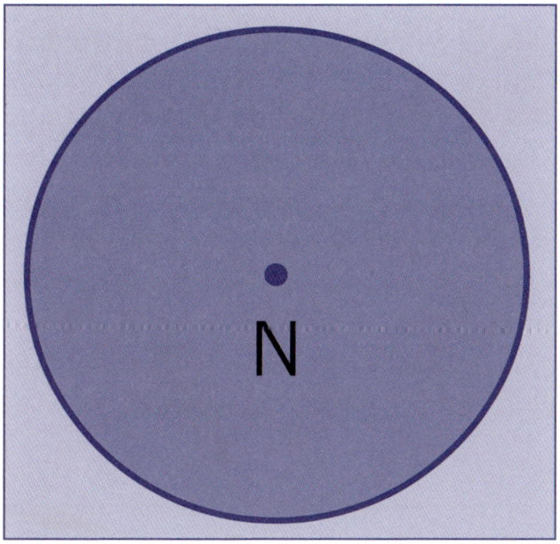


### Übung 8.21 — 2,5 Min.

Ein kegelförmiges Glas hat oben den Durchmesser 5,4 cm. Es hat eine Höhe von 15 cm. Wie viel ml fasst das Glas (1 ml = 1 $cm^3$)? Wie hoch würde dieselbe Menge Flüssigkeit in einem zylinderförmigen Gefäß mit demselben Durchmesser stehen?

### Übung 8.22 — 1 Min.

Welche Substantive gehören zu welchen Verben? Bilden Sie Wortpaare wie z. B.: näseln – Nase.

| | |
|---|---|
| **lispeln** | **Schmerz** |
| **nuscheln** | **Parlament** |
| **debattieren** | **Schauspieler** |
| **rezitieren** | **Wiederholung** |
| **stottern** | **Undeutlichkeit** |
| **schreien** | **Zungenspitze** |

### Übung 8.23 — 1 Min.

Das Lichtjahr ist eine astronomische Längeneinheit und keine Zeiteinheit, wie man vermuten könnte. Ein Lichtjahr ist die Strecke, die das Licht in einem Jahr (im Vakuum) zurücklegt. Unsere Erde ist im Mittel rund 500 Lichtsekunden von der Sonne entfernt. Wie viele Lichtminuten sind das in etwa?

**A** 8 Lichtminuten
**B** 30.000 Lichtminuten

## Übung 8.24 — 2 Min.

In einem Fantasyspiel gibt es u. a. einen 20-seitigen Würfel, dessen einzelne Seiten mit den Zahlen von 1 bis 20 versehen sind. Er wird verwendet, um bestimmte „Proben“ zu bestehen. Einer der Helden zieht nun los, um Abenteuer zu erleben. Bereits nach wenigen Minuten wird es für ihn brenzlig. Er steht einem wilden Ork gegenüber, der ihm nach dem Leben trachtet. Nur wenn unser Held eine Zahl größer oder gleich 16 würfelt, kann er das Spiel fortsetzen. Wie groß ist die Wahrscheinlichkeit, dass er den frühen Heldentod stirbt?

## Übung 8.25 — 1,5 Min.

Hinter welchem verdrehten Wort verbirgt sich nicht der Name eines deutschen Flusses?

- **A** Nkaecr
- **B** Waerr
- **C** Atmlhül
- **D** Deersdn
- **E** Fdlua

## Übung 8.26 — 1 Min.

Der Mond umkreist die Erde. Mond und Erde drehen sich zusätzlich um die eigene Achse. Von der Erde aus sehen wir aber immer nur eine Seite des Mondes. Warum?

- **A** Durch die Mondphasen von Vollmond über Halbmond bis hin zu Neumond bleibt immer die hintere Mondseite im Dunkeln.
- **B** Umlaufzeit und Rotationsdauer stimmen beim Mond überein. Deshalb ist immer nur eine Mondseite der Erde zugewandt.

## Übung 8.27 — 3 Min.

In einer Urne befinden sich eine rote und drei schwarze Kugeln. Es wird rein zufällig eine Kugel gezogen, die Farbe notiert und anschließend diese sowie eine weitere Kugel derselben Farbe wieder in die Urne gelegt. Nun zieht man wiederum rein zufällig eine Kugel. Mit welcher Wahrscheinlichkeit ist sie rot?

## Lösung 8.1

C, D. Die Grafik stellt die Anzahl der jährlich produzierten Titel dar und nicht die Summe aller in Deutschland pro Jahr produzierten Bücher. Die richtet sich nach den Auflagen der jeweiligen Titel. Tatsächlich hat sich von 2002 auf 2003 für die Untergruppe Belletristik der Anteil an Erstauflagen von rund 14 % auf rund 15 % gesteigert. Ob jedoch die Steigerung der Erstauflagen grundsätzlich auch eine Steigerung der Belletristik-Titel bedingt, geht aus dem Schaubild nicht hervor.

## Lösung 8.2

C. Der Fliegenpilz ist ein sehr giftiger Vertreter. Steinpilz und Morchel sind beliebte Speisepilze.

## Lösung 8.3

Alle Maschinen des Typs A schaffen pro Stunde zusammen $8 \cdot 500 = 4000$ Glühbirnen. Die Maschinen vom Typ B müssen also noch 2000 Glühbirnen in der Stunde herstellen. Da eine Maschine eine Leistung von 400 Glühbirnen hat, müssen also noch $2000 \div 400 = 5$ Maschinen dieses Typs eingesetzt werden.

## Lösung 8.4

B. Auch wenn die umgangssprachliche Formulierung das vermittelt: Im literaturwissenschaftlichen Sinn muss ein Drama nicht zwangsläufig tragisch enden. Das Drama steht als große literarische Gattung für alle Arten von Bühnenstücken. Was die Umgangssprache eigentlich meint, ist die Tragödie mit ihrem tragischen Ende. Zur Gattung Drama gehört jedoch auch die Komödie.

## Lösung 8.5

Die Resistenz kann von der Nutzpflanze auf nahe verwandte Unkräuter durch Fremdbestäubung übergehen und somit deren Bekämpfung erheblich erschweren.

## Lösung 8.6

Wir haben es mit einer Kombination von Reihen- und Parallelschaltung zu tun. Zunächst sind die R1 und die Schaltung aus R2 bis R4 in Reihe geschaltet. Also: $R_{ges}$ = R1 + (Schaltung aus R2 bis R4). Diese Schaltung besteht aus einer Parallelschaltung von R2 und der Reihenschaltung aus R3 und R4.

Also $\dfrac{1}{\dfrac{1}{R2}+\dfrac{1}{R3+R4}}$

Der Gesamtwiderstand der Schaltung beträgt also

$$R_{ges} = R1 + \frac{1}{\dfrac{1}{R2}+\dfrac{1}{R3+R4}}$$

Setzt man nun die Werte ein, ergibt sich (die Einheiten lassen wir der Einfachheit halber beim Rechnen weg):

$$R_{ges} = 100 + \frac{1}{\dfrac{1}{100}+\dfrac{1}{200}} = 100 + \frac{1}{\dfrac{3}{200}} = 100 + \frac{200}{3} = \frac{500}{3} = 166\frac{2}{3}$$

Die Schaltung hat also einen Gesamtwiderstand von 166,66 Ohm.

## Lösung 8.7

C, A, E, D, B. Die Lebensdaten der Autoren lauten: Friedrich Schiller (1759–1805), Heinrich Heine (1797–1856), Gerhart Hauptmann (1862–1946), Heinrich Böll (1917–85), Stefan Heym (1913–2001).

## Lösung 8.8

B. Wurde den Äpfeln zu lange zu wenig Sauerstoff zugeführt, stirbt der Apfel von innen her ab. Deshalb beginnt er innen zu faulen und sieht äußerlich schön reif aus.

## Lösung 8.9

A 133 a = 1,33ha
B 15 $m^2$ = 0, 15 a
C 0,01 $km^2$ = 100 a
D 0,04 $m^2$ = 4 $dm^2$
E 0,15 ha = 1500 $m^2$
F 10,4 l = 10400 $cm^3$

## Lösung 8.10

Das Wesentliche bleibt hier unklar: Was versteht der Sprecher unter einer guten Diskussion? Ist ein Gespräch dann gut, wenn man es ernsthaft oder wenn man es freundschaftlich führt? Wie sind die Beziehungen zwischen beiden Ländern? In welchen Fragen erzielten die Politiker einen Fortschritt und worin besteht er? Möglicherweise wurde jede Eindeutigkeit vermieden, weil Themen und Ergebnisse des Gesprächs geheim bleiben sollten.

## Lösung 8.11

Glukose: $C_6H_{12}O_6$

## Lösung 8.12

In der ersten Stunde erfahren zwei Kollegen von dem Gerücht, die erzählen es jeweils an zwei Kollegen weiter. Nach zwei Stunden kennen es also schon 4 Kollegen. Man kann so folgende Reihe bilden:

$A(t) = 1 + 2 + 4 + 8 + \ldots + 2^t$

Nun muss nur noch eine Formel gefunden werden, die das Ergebnis zusammenfasst:

$$A(t) = \sum_{i=0}^{t} 2^{t+1}$$

## Lösung 8.13

Im 18. Jahrhundert bezeichnete man mit Belletristik (aus frz. belles lettres, „schöne Literatur“) alle nichtwissenschaftlichen Texte. Heute steht „Belletristik“ als Sammelbegriff für alle Arten von schöngeistiger und Unterhaltungsliteratur.

## Lösung 8.14

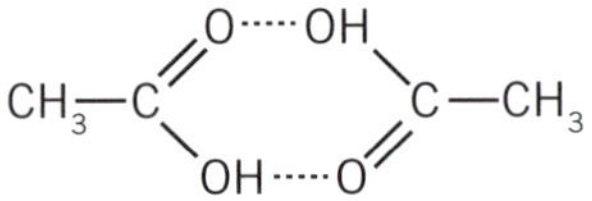


## Lösung 8.15

C. es sind 27 Diagonalen.
Die allgemeine Formel lautet:

$$a = \frac{n \cdot (n-3)}{2}$$

## Lösung 8.16

C (A: Bibliothek, B: Biografie). Dem Inhalt nach unterscheidet man allgemeine Bibliografien, Fachbibliografien und Nationalbibliografien. Sie enthalten in der Regel die folgenden Angaben: Vor- und Zuname des Verfassers, Titel des Werkes (ggf. Untertitel), Erscheinungsort und -jahr, Anzahl der Bände und die Auflage.

## Lösung 8.17

Würde in Flugzeugen mit Pulver ein Feuer gelöscht, so würde das entstehende Kohlendioxid die gesamte Atemluft der Passagiere verdrängen – Erstickungsgefahr droht. Auf Flügen werden Halon-Feuerlöscher mitgeführt. Diese enthalten jedoch FCKW (Fluorchlorkohlenwasserstoffe) und sind deshalb nur mangels einer Alternative und ausschließlich in Flugzeugen zugelassen.

## Lösung 8.18

Da der Zylinder dem Quadrat einbeschrieben ist, hat er einen Durchmesser von a und verfügt über eine Höhe von a. Somit ergibt sich für sein Volumen:

$$V = \pi \cdot r^2 \cdot h = \pi \cdot \left(\frac{a}{2}\right)^2 \cdot a = \pi \cdot \frac{a^3}{4}$$

## Lösung 8.19

Novelle: A, C, D
Roman: B, E.

## Lösung 8.20

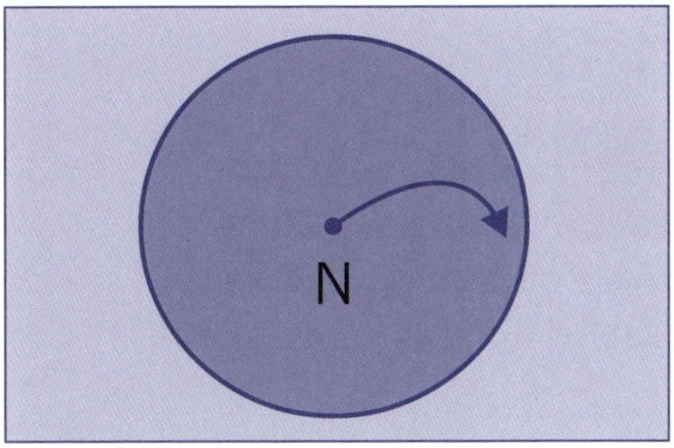


## Lösung 8.21

Zunächst berechnen wir das Volumen der Flüssigkeit:

$$V = \frac{\pi \cdot r^2 \cdot h}{3} = \frac{\pi \cdot 2{,}7^2 \cdot 15}{3} = 114{,}51\,\text{cm}^3$$

Das Glas fasst 144,51 ml Flüssigkeit.
Um die Flüssigkeitshöhe in dem Zylinder zu berechnen, bemühen wir folgende Formel und formen sie dann entsprechend um:

$$V = \pi \cdot r^2 \cdot h$$

$$h = \frac{V}{\pi \cdot r^2} = \frac{114{,}51}{\pi \cdot 2{,}7^2} \approx 5{,}00$$

In einem zylinderförmigen Gefäß stünde die Flüssigkeit 5 cm hoch.

## Lösung 8.22

Die richtige Zuordnung ist:

| | |
|---|---|
| lispeln | Zungenspitze |
| nuscheln | Undeutlichkeit |
| debattieren | Parlament |
| rezitieren | Schauspieler |
| stottern | Wiederholung |
| schreien | Schmerz |

## Lösung 8.23

A. Die Umrechnung von Lichtsekunden in Lichtminuten erfolgt analog zur Umrechnung von Sekunden in Minuten, indem man durch 60 dividiert.

## Lösung 8.24

Bei einem Wurf $< 16$ stirbt unser Held. Es gibt also 15 Würfe, nach denen das Spiel beendet ist. Die Wahrscheinlichkeit für dieses Ereignis liegt bei

$$P = \frac{15}{20} = \frac{3}{4}$$

Die Wahrscheinlichkeit, dass unser Held sein kurzes Heldenleben nach der Begegnung mit dem Ork beendet, liegt bei 75 %.

## Lösung 8.25

D (Dresden). Die Namen der Flüsse sind in der genannten Reihenfolge: Neckar, Werra, Altmühl, Fulda.

## Lösung 8.26

B. Der Mond unterliegt der so genannten gebundenen Rotation, bei der Umlaufzeit und Rotationsdauer übereinstimmen. Deshalb kann von der Erde aus immer nur eine Mondseite betrachtet werden.

## Lösung 8.27

Die Wahrscheinlichkeit, dass zuerst eine rote Kugel gezogen wird, liegt bei $\frac{1}{4}$, dann ist die Wahrscheinlichkeit, dass im zweiten Versuch eine rote Kugel gezogen wird $\frac{1}{4} \cdot \frac{2}{5} = \frac{1}{10}$. Die Wahrscheinlichkeit, dass zuerst eine schwarze Kugel gezogen wird, ist $\frac{3}{4}$, dann ist die Wahrscheinlichkeit, dass die zweite gezogene Kugel rot ist $\frac{3}{4} \cdot \frac{1}{5} = \frac{3}{20}$. Nun müssen wir beide Fälle addieren, um die Wahrscheinlichkeit zu erhalten, dass die zweite Kugel rot ist. Sie liegt dann bei $\frac{1}{4}$.

# Test 9

## Übungen

### Übung 9.1 — 1 Min.

Betrachten Sie die folgende Wortliste und entscheiden Sie, welches Wort folgen muss: Reiz, Ekel, Vergnügen, Qual, Mut ...

A Trauer
B Glück
C Wut
D Angst
E Zurückhaltung

### Übung 9.2 — 1 Min.

Die Bedecktsamer werden nach der Anzahl der Keimblätter bei ihren Keimlingen in einkeimblättrige und zweikeimblättrige Pflanzen unterteilt. Weitere Merkmale der einkeimblättrigen Pflanzen sind meist parallelnervig ungestielte Blätter, eine kurzlebige, durch sprossbürtige Wurzeln ersetzte Hauptwurzel und vorwiegend dreizählige Blütenteile. Es gibt rund 50.000 Arten, darunter z. B. Gräser, Lilien- und Orchideengewächse. Die zweikeimblättrigen Pflanzen besitzen meist netznervige, gestielte Blätter, langlebige Hauptwurzeln und weisen vorwiegend vier- oder fünfzählige Blütenteile auf. Vertreter der etwa 200.000 Arten umfassenden Pflanzen sind u. a. Rosengewächse, Kreuzblüten- oder Schmetterlingsblütengewächse. Welche Pflanze zählt zu den zweikeimblättrigen Vertretern?

A Weizen
B Hafer
C Roggen
D Kresse

### Übung 9.3 — 2,5 Min.

Von den Schülern einer Jugendgruppe fahren 23 gerne Rad, 24 spielen Tennis und 17 Schüler spielen gerne Klavier, 8 Schüler betreiben beide Sportarten und spielen aber nicht Klavier, 10 Schüler spielen ausschließlich nur Klavier und ebenfalls 10 Schüler fahren ausschließlich nur mit dem Rad. Ein einziger Schüler geht allen drei Freizeitbeschäftigungen nach.
Wie viele Schüler fahren Rad und spielen Klavier, wie viele spielen Tennis und Klavier und wie viele Schüler spielen ausschließlich Tennis?

______________________________

______________________________

### Übung 9.4 — 1,5 Min.

Welcher Buchstabe muss folgen? Bitte benutzen Sie keine Hilfsmittel.

S, O, K, G ?

______________________________

### Übung 9.5 — 1,5 Min.

Die Galapagosinseln liegen im Pazifischen Ozean und gehören zu Ecuador. Im 19. Jahrhundert entdeckte

Galapagosinseln

Charles Darwin auf seiner Weltreise die später nach ihm benannten Darwinfinken (auch Galapagosfinken). Sie sind etwa 20 cm groß und unterscheiden sich von anderen Finkenarten insbesondere durch die Form und Größe ihres Schnabels sowie ihre Lebens- und Ernährungsweise. Auch ihre Gesänge variieren stark von denen ihrer Artgenossen. Durch welchen evolutionären Prozess ist diese neue Art entstanden?

Charles Darwin

**A** Isolation
**B** Mutation

## Übung 9.6 — 2 Min.

Klammern legen die Reihenfolge fest, in welcher die auftretenden Rechenoperationen durchzuführen sind. Sie werden verwendet, um einen mathematischen Ausdruck oder Term eindeutig zu formulieren.
Multiplizieren Sie folgenden Term zunächst aus und fassen Sie ihn dann zusammen:

$$3m-\left(4x\left(-6y+3n\right)\right)+2\left(6xn\right)-15xy$$

### Übung 9.7 — 1,5 Min.

Können Sie die Bedeutung des folgenden Satzes erkennen?
Situs vilate in isse taber nit.

___

___

### Übung 9.8 — 1,5 Min.

Was glatt und glänzend ist, ist porentief rein. Stimmt das? Nein, denn paradoxerweise können sich nur raue Oberflächen selbst reinigen. Einige Pflanzenoberflächen werden von Wasser nicht benetzt und sind schmutzabweisend. Grund hierfür sind feinste Erhebungen auf den Blättern. Das Wasser perlt ab und nimmt dabei eventuell vorhandene Schmutzpartikel mit. Einziger Nachteil der so genannten „Mikrorauigkeit“ ist, dass die Oberfläche matt erscheint. Somit bleibt das immer saubere und hochglänzende Auto doch noch ein Traum.
Wie heißt der hier beschriebene Effekt?

**A** Kohlblatt-Effekt
**B** Lotus-Effekt
**C** Rosen-Effekt

### Übung 9.9 — 2 Min.

Baudezernentin Schulz plant einen neuen Spielplatz. Um ihn anlegen zu können, muss zunächst einiges an Erdreich abgetragen werden. 1 $cm^2$ Erdreich wiegt 1,5 g.
Wie viele Lkw-Fahrten sind zum Abtransport des Materials (= 1098 $m^2$) bei einer Tragfähigkeit von 4 t pro Lkw nötig?

___

___

### Übung 9.10 — 1,5 Min.

Hier kehren Sie zurück zu Übung 3.7. Lesen Sie noch einmal die ersten beiden Sätze aus der Novelle *Der Tod in Venedig* von Thomas Mann (1875–1955). Welche sicheren Aussagen können Sie über den bisherigen Tagesablauf des Schriftstellers Gustav Aschenbach an diesem Tag machen?

Thomas Mann

**A** Frühstücken, Schreibarbeit, Mittagessen, Mittagsschlaf
**B** Schreibarbeit, Mittagessen, Mittagsschlaf, Spazierengehen
**C** Schreibarbeit, Mittagessen, Spazierengehen
**D** Aufstehen, Frühstücken, Schreibarbeit, Mittagessen

### Übung 9.11 — 1,5 Min.

Zum quantitativen Nachweis von gelöstem Quecksilber benötigt man lediglich eine alte Kupfer-

Münze. Hierzu wird die zu untersuchende Substanz (Ursubstanz) mit Salzsäure verdünnt und die Münze damit übergossen. Nach einiger Zeit hat sich das Quecksilber auf der Münze abgeschieden.
Woran ist dies zu erkennen?

**A** am metallischen Glanz
**B** an der rostroten Färbung
**C** am grünlichen Schimmer

### Übung 9.12 — 2 Min.

Wenn man vier aufeinander folgende gerade Zahlen addiert, erhält man 348. Wie heißen die vier Zahlen?

___

___

### Übung 9.13 — 1,5 Min.

Welcher Buchstabe muss folgen?

K A M C O E Q G S ?

___

### Übung 9.14 — 1,5 Min.

Ein Element ist eine Substanz, die sich auf chemischem Wege nicht weiter zerlegen lässt. Ein Molekül hingegen ist ein Teilchen, in dem zwei oder mehr Atome fest miteinander verknüpft sind. Entscheiden Sie:
Welches ist ein Element (1), welches ein Molekül (2)?

**A** Wasser
**B** Sauerstoff
**C** Wasserstoff
**D** Kohlenstoffdioxid

### Übung 9.15 — 1,5 Min.

Die steilste Zahnradbahn der Welt fährt auf den Pilatus in der Schweiz. Auf einem Streckenabschnitt von 1130 m Länge überwindet die Bahn einen Höhenunterschied von 489 m.
Wie lang erscheint dieser Streckenabschnitt auf einer Karte im Maßstab 1:25.000?

___

___

___

___

### Übung 9.16 — 1,5 Min.

Heute ist es selbstverständlich, mit gedruckten Texten umzugehen. Wissen Sie, wer den Buchdruck überhaupt erfand? Und wann?

___

___

### Übung 9.17 — 1 Min.

Gabi brät sich gerade ein Schnitzel, als das Telefon klingelt. Ihre beste Freundin lässt Gabi ihr Schnitzel völlig vergessen - bis es angebrannt riecht und aus der Küche qualmt! Womit löscht Gabi das heiße Fett in der Pfanne?

**A** Gabi hält die Pfanne unter fließendes Wasser.

**B** Gabi erstickt die Flammen, indem sie der Pfanne einen Deckel aufsetzt.

### Übung 9.18 — 2 Min.

Die Walze einer Straßenbaumaschine hat einen Durchmesser von 1,10 m und ist 2,20 m breit.
Wie groß ist die Fläche, die die Walze bei einer Umdrehung überfährt?

____________________

____________________

____________________

### Übung 9.19 — 2 Min.

In Übung 4.10 haben Sie mit Pleonasmen gearbeitet. Können Sie sich noch daran erinnern, was das ist?

Streichen Sie hier die Begriffe, die man nicht zu dieser Gruppe von Stilfehlern zählt.

Gesichtsmimik
kleiner Zwerg
lautlose Stille
vollendete Tatsachen
neu renoviert
LCD-Display
kahle Glatze
persönlich anwesend

### Übung 9.20 — 1,5 Min.

Die Zentrifugalkraft ist wohl jedem bekannt. Fährt man zu schnell in eine scharfe Kurve, so wird das Gefährt aus der Kurve herausgeschleudert. Auch auf die Erde wirkt die Zentrifugalkraft durch die Erddrehung. Diese Kraft ist von der geografischen Breite abhängig.
Was wäre, wenn alleine die Zentrifugalkraft und die Gravitationskraft auf die Luft wirken würde?

**A** Die Luft würde gleichmäßig in alle Richtungen von der Erde weggeschleudert.

**B** Die Luft würde eine Wulst um den Äquator bilden. Die Pole wären „luftleer".

**C** Die Luft würde sich an den beiden Polen konzentrieren. Der Äquator wäre „luftleer".

### Übung 9.21 — 3 Min.

Einem Würfel mit der Kantenlänge a wird eine Kugel mit dem größtmöglichen Volumen einbeschrieben und eine Kugel mit dem kleinstmöglichen Volumen umbeschrieben. Berechnen Sie die Volumina beider Kugeln.

### Übung 9.22 — 1,5 Min.

Können Sie Redwendungen nennen, in denen Wortverbindungen mit „Tränen" oder „weinen" gerade das Gegenteil von Schmerz oder Traurigkeit ausdrücken? Nennen Sie mindestens zwei.

### Übung 9.23 — 1,5 Min.

Jedes Jahr zu Weihnachten wird der alte Nussknacker hervorgekramt. Gerade Walnüsse sind von Hand erheblich schwerer zu knacken. Mit einem Werkzeug wie dem Nussknacker wird die zu leistende Arbeit erleichtert - jedoch nicht gespart. Denn die zu leistende Arbeit bleibt nach der Formel Arbeit = Kraft · Weg; $W = F \cdot S$ gleich. D. h. die eingesparte Kraft geht auf Kosten des Weges.

Welche Aussage zum Hebelgesetz ist korrekt?

**A** Wählt man den Lastarm kurz gegenüber dem Kraftarm, so ist man mit dem Hebel in der Lage, große Lasten mit Hilfe einer relativ geringen Kraft zu bewegen.
**B** Wählt man den Lastarm lang gegenüber dem Kraftarm, so ist man mit dem Hebel in der Lage, große Lasten mit Hilfe einer relativ geringen Kraft zu bewegen.
**C** Sind Last- und Kraftarm gleich lang, so ist man mit dem Hebel in der Lage, große Lasten mit Hilfe einer relativ geringen Kraft zu bewegen.

### Übung 9.24 — 4 Min.

In einer Urne befinden sich 5 schwarze und vier weiße Kugeln. Es werden nacheinander zwei Kugeln ohne Zurücklegen gezogen.
Berechnen Sie die Wahrscheinlichkeiten für folgende Ereignisse:

**A** beide Kugeln sind schwarz
**B** die erste Kugel ist weiß, die zweite schwarz
**C** die erste Kugel ist schwarz, die zweite weiß
**D** beide Kugeln sind weiß

### Übung 9.25 — 2,5 Min.

Der Euphemismus (von griech. eupheimi, „schönreden") ist eine rhetorische Figur (Sinnfigur), die mithilfe von verharmlosenden oder beschönigenden Wörtern und Formulierungen einen unangenehmen politischen oder moralischen Sachverhalt zu beschönigen, unkenntlich zu machen oder zu verschleiern sucht. So steht …

A Mitbewerber für

___

B Seniorenresidenz für

___

C kreative Buchführung für

___

D Rückbau für

___

E Kollateralschaden für

___

### Übung 9.26 1 Min.

Bei einer Mond- oder Sonnenfinsternis befinden sich Erde, Mond und Sonne jeweils auf einer geraden Linie. Die Finsternis wird durch einen Schatten bewirkt. Bei der Sonnenfinsternis schiebt sich der Mond zwischen Erde und Sonne.

Sonnenfinsternis

Wie verhält es sich bei einer Mondfinsternis?

A Der Mond befindet sich im Kernschatten der Erde.

B Der Mond wirft seinen Schatten auf die Erde.

### Übung 9.27 2,5 Min.

Wer in Knechtanien zum Tode verurteilt wird (und das kann dort schnell passieren), hat noch eine letzte Chance, mit dem Leben davonzukommen. Mit verbundenen Augen darf er eine von drei Urnen auswählen, deren Inhalt er natürlich nicht kennt, und daraus eine Kugel ziehen. Zieht er eine weiße Kugel, wird sein Leben verschont. Die erste Urne enthält fünf weiße und eine schwarze Kugel, die zweite Urne vier weiße und zwei schwarze Kugeln und die dritte Urne drei weiße und drei schwarze Kugeln.
Wie groß sind die Überlebenschancen der Verurteilten?

___

___

___

___

## Lösung 9.1

C. Alle Wörter bezeichnen Gefühlsregungen. Hier handelt es sich jedoch um Gegensatzpaare, auch Antonyme (aus griech.-lat. „gegen" und „Name") genannt: Reiz und Ekel, Vergnügen und Qual, Mut und Angst. Die Bedeutung der Begriffe empfinden wir dem alltäglichen Sprachgebrauch entsprechend als entgegengesetzt. Das Gegenteil eines Antonyms bezeichnet man übrigens als Synonym.

## Lösung 9.2

D. Kresse ist ein Vertreter der zweikeimblättrigen Pflanzen, genauer der Kreuzblütengewächse. Weizen, Hafer und Roggen sind einkeimblättrige Pflanzen und zählen zu den Süßgräsern.

## Lösung 9.3

Diese Aufgabe lässt sich am besten mithilfe eines Diagramms lösen. Man kann so die Freizeitbeschäftigung der Tennisspieler, Klavierspieler und Radfahrer als Kreise darstellen und die jeweils bekannten Werte eintragen. Dann ergibt sich zunächst folgendes Diagramm (diese Art von Diagramm nennt man übrigens Venndiagramm):

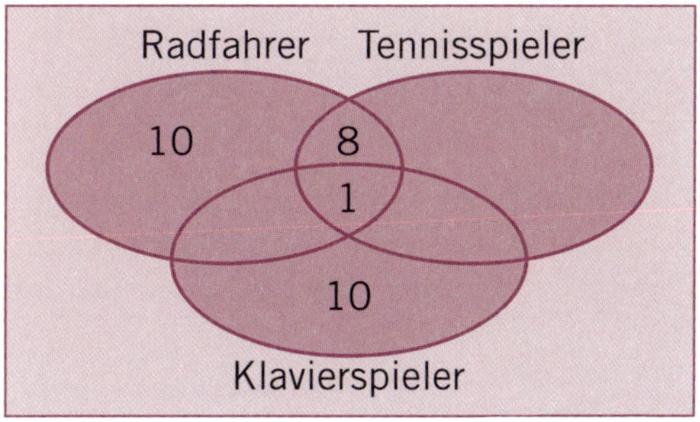


Nun lassen sich die anderen Werte leicht ermitteln. Wir wissen, dass insgesamt 23 Schüler gerne Rad fahren. 10 + 8 + 1 = 19 Radfahrer konnten wir bereits zuordnen. Es müssen also noch 4 Schüler in die Schnittmenge mit den Radfahrern. Insgesamt gibt es 17 Klavierspieler. Zugeordnet haben wir nun 10 + 4 + 1 = 15 Schüler. 2 gehören also in die Schnittmenge von Klavier- und Tennisspielern. Von insgesamt 24 Tennisspielern haben wir 11 zugeordnet, es fehlen also noch 13 Nur-Tennisspieler. Das fertige Diagramm sieht dann so aus:

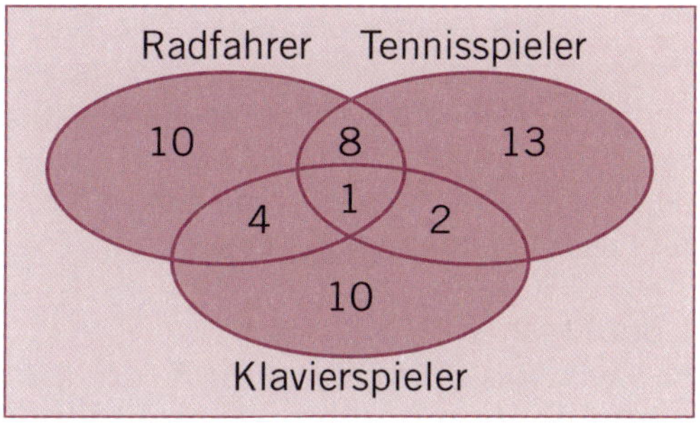


## Lösung 9.4

C. Die Buchstaben der Reihe erscheinen ab dem S in absteigender Reihenfolge, jeweils drei sind ausgelassen:

**S** r q p **O** n m l **K** j i h **G** f e d **C**

## Lösung 9.5

A und B. Der Grund für die Artenaufspaltung, die zur Spezialisierung der Galapagosfinken führte, liegt in der geografischen Isolation. Hierbei verhindern Gletscher, Gebirge, Wüsten bzw. im Falle der Galapagosinseln das offene Meer den Genaustausch. Die isolierte Teilpopulation entwickelt sich jedoch durch Mutation weiter und passt sich den jeweils herrschenden Umweltbedingungen an (natürliche Selektion), wodurch Unterarten entstehen.

# Test 9
## Lösungen

### Lösung 9.6

$$3m - \left(4x\left(-6y + 3n\right)\right) + 2\left(6xn\right) - 15xy$$
$$= 3m - \left(-24xy + 12xn\right) + 12xn - 15xy$$
$$= 3m + 24xy - 12xn + 12xn - 15xy$$
$$= 3m + 9xy$$
$$= 3\left(m + 3xy\right)$$

### Lösung 9.7

Wortzwischenräume helfen, Wörter auch optisch voneinander zu trennen. Das beeinflusst unsere Lesegewohnheiten. Die Buchstaben des Satzes erscheinen zwar in der richtigen Reihenfolge, die ursprünglichen Wortzwischenräume sind jedoch so verändert, dass der Satz lateinisch anmutet:
Sit **I** us **I** vi **I** late in **I** isse t **I** aber **I** nit.

### Lösung 9.8

B. Der Lotus-Effekt wurde nach der indischen Lotusblume benannt. Doch die Lotuspflanze ist nicht die einzige, die über diese außergewöhnliche Fähigkeit zur Selbstreinigung verfügt. So wurde der Effekt auch beim Frauenmantel und der Kapuzinerkresse nachgewiesen. Auch im Tierreich ist diese Fähigkeit anzutreffen: Bei den Insekten sind es vor allem die im Erdreich lebenden Käfer, die immer sauber sind.
Die ersten Produkte, die über Selbstreinigungskräfte verfügen, existieren bereits: Fassadenfarben, Dachziegel und Badkeramiken.

### Lösung 9.9

Zunächst einmal müssen wir die Einheiten vereinheitlichen:

$$1m^3 = 10^6\ cm^3$$
$$1{,}5\,g = 1{,}5 \cdot 10^{-6}\ t$$

Wir haben es also mit $1098 \cdot 10^6\ cm^3$ zu tun.

Jeder $cm^3$ wiegt nun 1,5 g oder $1.5 \cdot 10^{-6}\ t$.

Daraus ergibt sich durch einfache Multiplikation ein Gesamtgewicht von 1647 t. Bei einer Tragfähigkeit von 4 t müssen also 411,75 LKW-Ladungen bewegt werden. Es sind demzufolge 412 Fahrten nötig.

### Lösung 9.10

C. Gustav Aschenbach ist überreizt von der „Arbeit der Vormittagsstunden", die ihn auch „nach der Mittagsmahlzeit" nicht zur Ruhe kommen lässt. „Den entlastenden Schlummer" während eines Mittagsschlafs hatte er nicht gefunden. Stattdessen unternimmt er „einen weiteren Spaziergang".

### Lösung 9.11

A Auf der Kupfer-Münze entsteht ein metallischer Glanz. Das in der Lösung befindliche Quecksilber reagiert mit dem Kupfer und es scheidet sich elementares Quecksilber auf der Münzoberfläche ab; so entsteht ein metallischer Glanz. Die Reaktionsgleichung hierzu lautet:

$$Hg^{2+} + Cu \rightarrow Cu^{2+} + Hg\downarrow$$

### Lösung 9.12

Die vier geraden Zahlen heißen $2x$, $2(x + 1)$, $2(x + 2)$ und $2(x + 3)$. Es muss also folgende Beziehung zwischen den Zahlen herrschen:

$$2x + 2(x + 1) + 2(x + 2) + 2(x + 3) = 348$$
$$x + x + 1 + x + 2 + x + 3 = 172$$
$$4x + 6 = 174$$
$$x = 42$$

Da die gesuchte Zahl $2x$ ist, wurde die Zahl $2 \times 42 = 84$ gesucht. Die aufeinander folgenden Zahlen sind also: 84, 86, 88 und 90.

### Lösung 9.13

Der Buchstabe „I" muss folgen. Die Buchstabenkombination besteht aus zwei Buchstabenreihen, die ineinander verschränkt sind: von links nach rechts K bis S, von rechts nach links I bis A. Für beide Reihen ist in aufsteigender bzw. absteigender Reihenfolge jeweils der übernächste Buchstabe des Alphabets ausgewählt.

## Lösung 9.14

A2, B1, C1, D2

## Lösung 9.15

Wir haben ein rechtwinkliges Dreieck vorliegen, wobei uns die Längen einer Kathete und der Hypotenuse bekannt sind. Den fehlenden Wert können wir folgendermaßen berechnen:

$$x^2 = 1130^2 - 489^2$$

$$x = \sqrt{1130^2 - 489^2} = 1018{,}71$$

Im Maßstab 1:25.000 ergibt das eine Strecke von gerundet 4,07 cm.

## Lösung 9.16

Das Druckverfahren geht auf eine Erfindung von Johannes Gutenberg (eigentlich Johannes Gensfleisch zur Laden zum Gutenberg, 1400–1468) zurück. Um 1440 entwickelte er einzelne so genannte Lettern (Buchstaben), die beweglich und daher beliebig zu kombinieren waren. Die einzelnen Lettern wurden aus Metall gegossen und in großer Stückzahl hergestellt. Ganze Buchseiten konnten aus Metall zusammengesetzt, mit Farbe bestrichen und das Papier mithilfe einer Presse auf sie gedrückt werden. Weil die druckenden Teile die höchsten der Druckform sind, wird das Verfahren auch als Hochdruckverfahren bezeichnet. Die kostengünstige Vervielfältigung von Texten trug sowohl zur Herausbildung einer einheitlichen Schriftsprache als auch zur Verbreitung politischer oder religiöser Ideen bei.

## Lösung 9.17

B. Flüssigkeitsbrände wie brennendes Fett sollten niemals mit Wasser gelöscht werden. Denn die Wassertropfen verdampfen in Bruchteilen von Sekunden und dehnen sich dabei stark aus. Gleichzeitig reißen sie Brennstoffteilchen mit in die Luft, welche bei Kontakt mit dem Luftsauerstoff explodieren; es entsteht eine gefährliche Stichflamme. Brennendes Fett löscht man am besten, indem man es erstickt, z. B. durch Aufsetzen eines Deckels auf die Pfanne.

## Lösung 9.18

Die Fläche der Walze berechnet sich aus dem Produkt des Umfangs und ihrer Breite. Also:

$$A = 2 \cdot \pi \cdot r \cdot 2{,}20 = 7{,}603$$

Die Walze überfährt mit jeder Umdrehung eine Fläche von 7,603 $m^2$.

## Lösung 9.19

Alle dargestellten Begriffe sind Pleonasmen (vgl. Übung 4.10).

## Lösung 9.20

B. Würde nur die Zentrifugalkraft und die Gravitationskraft wirken, so würde sich die Lufthülle wie eine Wulst um den Äquator ziehen; die Pole wären quasi „luftleer“. Die Zentrifugalkraft der Erde ist jedoch recht klein, so klein, dass sie für Wetterbetrachtungen vernachlässigt werden kann.

## Lösung 9.21

Das Volumen eine Kugel berechnet sich aus:

$$V = \frac{4}{3} \cdot \pi \cdot r^3$$

Die beiden Kugeln unterscheiden sich in ihren Radien voneinander. Der Radius der einbeschriebenen Kugel beträgt $r_1 = \frac{a}{2}$, der Radius der umbeschriebenen Kugel ist gleich der halben Diagonale des Würfels, also $r_2 = \frac{a}{2}\sqrt{3}$. Nun können wir die Volumina beider Kugeln berechnen:

$$V_1 = \frac{4}{3} \cdot \pi \cdot \left(\frac{a}{2}\right)^3 = \frac{1}{6} \cdot \pi \cdot a^3 \approx 0{,}5236 \cdot a^3$$

$$V_2 = \frac{4}{3} \cdot \pi \cdot \left(\frac{a}{2} \cdot \sqrt{3}\right)^3 = \frac{1}{6} \cdot \pi \cdot 3 \cdot \sqrt{3} \cdot a^3$$

$$= \frac{1}{2} \cdot \pi \cdot \sqrt{3} \cdot a^3 \approx 2{,}72 \cdot a^3$$

Das Volumen der einbeschriebenen Kugel beträgt ungefähr das 0,5236-fache des Würfelvolumens und das Volumen der umbeschriebenen Kugel das 2,72-fache.

## Lösung 9.22

Mögliche Redewendungen sind: aus Freude weinen, Freudentränen weinen, Tränen lachen, Dankestränen weinen.

## Lösung 9.23

A. Wählt man den Lastarm kurz gegenüber dem Kraftarm, so ist man mit dem Hebel in der Lage, große Lasten mit Hilfe einer relativ geringen Kraft zu bewegen. Im Beispiel des Nussknackers ist der Kraftarm der lange Rückenstiel. Der Lastarm ist der untere Mundteil des Nussknackers und kurz gegenüber dem Rückenstil. Über den längeren Weg wird die Kraft zum knacken der Nuss erheblich verringert.

## Lösung 9.24

Bei der Lösung müssen wir beachten, dass sich beim ersten Ziehen 9 Kugeln in der Urne befinden, beim zweiten Ziehen aber nur noch 8, da eine ja bereits gezogen wurde. Mit dieser Information im Hinterkopf können wir nun die Wahrscheinlichkeiten ermitteln:

A $P = \frac{5}{9} \cdot \frac{4}{8} = \frac{5}{18}$ B $P = \frac{4}{9} \cdot \frac{5}{8} = \frac{5}{18}$

C $P = \frac{5}{9} \cdot \frac{4}{8} = \frac{5}{18}$ D $P = \frac{4}{9} \cdot \frac{3}{8} = \frac{3}{18}$

## Lösung 9.25

A Konkurrent
B Altenheim
C Bilanzfälschung
D Abriss
E unbeabsichtigte Tötung von Menschen und Zerstörung von Gegenständen während einer militärischen Auseinandersetzung

## Lösung 9.26

A. Eine Mondfinsternis tritt ein, wenn sich der Mond auf der Rückseite der von der Sonne beschienen Erde befindet, also im Kernschatten der Erde.

## Lösung 9.27

Zunächst berechnen wir die Wahrscheinlichkeiten für jede einzelne Urne:

$$P_1 = \frac{5}{6};\ P_2 = \frac{2}{3};\ P_3 = \frac{1}{2}$$

Die Wahrscheinlichkeit für jede Urne, vom Verurteilten gewählt zu werden, beträgt $\frac{1}{3}$.

Wir können also die Gesamtwahrscheinlichkeit nun folgendermaßen berechnen:

$$P_{ges} = \frac{1}{3} \cdot \frac{5}{6} + \frac{1}{3} \cdot \frac{2}{3} + \frac{1}{3} \cdot \frac{1}{2} = \frac{2}{3};$$

Die Verurteilten haben eine Überlebenschance von 66 %.

### Übung 10.1 ⏱ 2 Min.

Lesen Sie den folgenden Text:

> Eine Dame aus Plauen
> beschloss einst, ganz sittsam zu bauen.
> Sie erbaute im Moos
> zwei getrennte Klos
> für Spatzenmänner und -frauen.

Was lässt sich über die Struktur des Textes sagen? Wissen Sie, wie man einen solchen Text in der Literatur nennt?

___

___

### Übung 10.2 ⏱ 0,5 Min.

Bei heftigem Sturm werden Fichten oft entwurzelt. Kiefern hingegen werden abgeknickt. Woran liegt das?

**A** Fichten sind nicht so gut im Boden verankert und haben keinen guten Halt bei starkem Sturm.

**B** Der Stamm der Kiefer ist porös, weswegen er leicht abknickt.

**C** Fichten bieten dem Sturm eine bessere Angriffsfläche, da sie in die Breite wachsen.

### Übung 10.3 ⏱ 2,5 Min.

In einer Klasse werden die Fremdsprachen Englisch, Französisch und Russisch gelehrt. Jeder Schüler lernt wenigstens eine der Sprachen. Es gibt genau vier Schüler, die alle Sprachen lernen, sechs Schüler, die Russisch und Englisch lernen, fünf, die Russisch und Französisch lernen und 10, die Englisch und Französisch lernen. Außerdem lernen genau acht Schüler Russisch, 12 Französisch und 14 Englisch. Wie viele Schüler sind in der Klasse? Tipp: Diese Aufgabe lässt sich sehr schön mit einem Diagramm lösen.

___

___

### Übung 10.4 ⏱ 1,5 Min.

Bei diesen Sätzen ist etwas durcheinander geraten. Wissen Sie was?

**A** Schwamm beiseite!

**B** Ich komme einfach auf keinen grünen Nenner.

**C** Der Kollege hat die Kuh aus dem Feuer geholt.

**D** Der frühe Wurm fängt den Haken.

### Übung 10.5 — 1,5 Min.

Fossilien sind Reste oder Spuren von Lebewesen, die in vorgeschichtlicher Zeit gelebt haben. Man kann die Fossilien grob in drei Gruppen

Fossil

einteilen: Steinkerne, Körperfossilien (Abdrücke, Versteinerung, Verkieselung) und Spurenfossilien. Steinkerne entstehen, wenn ein Organismus verwest und dabei einen Hohlraum hinterlässt, der anschließend mit einem Mineral aufgefüllt wird. Bei Körperfossilien ist die ursprüngliche Form erhalten. Es handelt sich um versteinerte Hartteile eines Lebewesens (Schalen, Zähne, Skelette, Knochen). Spurenfossilien sind Lebensspuren wie z. B. Fußabdrücke. Welche der Fossilien sind Steinkerne (1), welche Körperfossilien (2)?

Ammonit

**A** Ammonit
**B** Farnholz
**C** Fischabdruck

### Übung 10.6 — 2 Min.

Welche der folgenden Aussagen sind korrekt?

**A** Punktrechnung geht immer vor Strichrechnung, Klammern spielen hier keine Rolle.
**B** Es gilt: $a \cdot (b+c) = a \cdot b + a \cdot c$
**C** Es gilt: $a - (b+c) = a - b + c$
**D** Will man einen mit Klammern verschachtelten Term auflösen, löst man zunächst die inneren Klammern auf und arbeitet sich dann nach außen vor.

### Übung 10.7 — 2 Min.

Der Mythos (griech., „Wort“, „Fabel“, „Erzählung“) ist eine Form der Erzählung, die von Göttern, Helden und Ereignissen der Frühzeit handelt. Ordnen Sie den folgenden Göttern und Sagengestalten der griechischen Mythologie das passende Thema zu.

| | |
|---|---|
| **A** Ares | **1** Feuer |
| **B** Dionysos | **2** Wasser |
| **C** Poseidon | **3** Botschaften |
| **D** Hephaistos | **4** Erde |
| **E** Demeter | **5** Wein |
| **F** Hermes | **6** Krieg |

### Übung 10.8 — 1,5 Min.

Der Mensch lernt von der Natur. Schon im Altertum haben Erfinder ihre Ideen oft der Natur entliehen. So wurde u. a. der wohl größte Traum des

Hauskatze

Menschen, der vom Fliegen, verwirklicht. Heute bezeichnet der Begriff Bionik (ein Kunstwort aus Biologie und Technik) das Lernen von der Natur für den technischen Einsatz. Ein Beispiel für solche Entwicklungen sind moderne Autoreifen, die nach dem Vorbild einer Katzenpfote reagieren. Welches Prinzip lag der Erfindung des Reifens für bessere Bremswirkung zu Grunde?

**A** Der Reifen wird beim Bremsen breiter, sowie die Katzenpfote beim Abstoppen aus dem schnellen Lauf breiter wird.

**B** Der Reifen besitzt kleine Widerhaken, die den Krallen der Katzenpfote nachempfunden sind.

## Übung 10.9 — 3 Min.

Die radioaktive Substanz Wismut zerfällt allmählich und wandelt sich dabei in Polonium um. Welche Masse ist von 10 g Wismut nach 12 Tagen noch vorhanden, wenn täglich 13 % zerfallen?

______________________________

______________________________

## Übung 10.10 — 2,5 Min.

Wenn Sie meinen, dass Sie lesen können, lesen Sie doch einmal den folgenden Text laut vor!

„Ein Kardinal übersteht eine Operation ohne Betäubung nach kurzer Betübung. Denn mit Gleichstrom fahren die O-Busse in Ostrom. Korrekte Beinhaltung beinhaltet beim Tragen der päpstlichen Standarten verschiedene Standarten. Man hat mir öffentlich beigepflichtet, das Fahnentuch ist beigefarben. Bei der Spendensammlung dient der Reinerlös der Reinkorporation des Heiligen durch Gott, den Alleinen. Durch das Buschfeuer steuerte kein Buschauffeur den Wagen wie dieser Missionar. Es ist auch keine Legende, dass er das Zugende noch erreichte, obwohl die Nachteile eines Nachteilzuges nicht zu leugnen sind. Sein Seelentröster war ein Seeleopard, ein Häscher, der kein Häschen entkommen ließ."

## Übung 10.11 — 2 Min.

Ionen sind elektrisch geladene Teilchen. Positiv geladene werden als Kationen, negativ geladene als Anionen bezeichnet. Die Teilchen können einfach geladen sein, wie z. B. $Na^+$, aber auch zwei- oder mehrwertig, wie z. B. $Mg^{2+}$. Ionen können aber auch aus mehreren Elementen zusammengesetzt sein. Ein Beispiel hierfür ist $H_3O^+$. Moleküle hingegen setzen sich aus mindestens zwei Atomen zusammen und sind nach außen hin neutral geladen. Ordnen Sie zu: Ion (1), Molekül (2)

**A** $OH^-$
**B** $C_6H_{12}O_6$
**C** $S^{2-}$
**D** $Cl_2$

## Übung 10.12 — 2 Min.

Mit einer Mehrheit von 14 Stimmen beschloss der 32-köpfige Lehrerrat des schönen Städtchens Walmtal seiner Schule den Namen „Walmtalgymnasium" zu geben. Es gab keine Stimmenthaltungen. Wie viele Mitglieder des Lehrerrates haben für diesen Namen gestimmt, wie viele waren dagegen?

______________________________

## Übung 10.13 — 2 Min.

Hier finden Sie eine Liste mit Eigenschaften kleinerer epischer Formen. Ordnen Sie die literarische Form der richtigen Beschreibung zu: Märchen, Legende, Fabel, Parabel.

**A** kurze, lehrhafte Erzählung, in der Tiere meist menschliche Charaktereigenschaften verkörpern; Möglichkeit einer verdeckten Sozialkritik:

______________________________

**B** religiöse Darstellung von Heiligen, soll lehrreich und vorbildhaft wirken, historischer Wahrheitsgehalt meist zweifelhaft:

______________________________

**C** Form der Gleichniserzählung, deren Inhalt vom Leser auf einen tatsächlich gemeinten Sachverhalt übertragen werden muss; keine direkte Verknüpfung mit zu erläuterndem Sachverhalt; verweist meist auf eine allgemeine Wahrheit:

______________________________

**D** eine der ältesten literarischen Formen mit Wurzeln in der schriftlosen Zeit; eindeutige Festlegung positiv und negativ wirkender Figuren, aus deren gegensätzlichem Handeln Konflikte erwachsen; zeigt meist Menschen in abenteuerlichen Bewährungssituationen:

______________________________

## Übung 10.14 — 1,5 Min.

Ein bekanntes Isotop des Kohlenstoffs wird zur Altersdatierung von organischen Materialien z. B. von Fossilien, Knochenresten etc. in der Archäologie eingesetzt. Die Radiokarbonmethode basiert auf der Zerfallszeit des radioaktiven Kohlenstoff-Isotops, welches eine andere Masse besitzt als das Nicht-Isotop des Kohlenstoffs. Wodurch unterscheidet sich ein Isotop von dem Nicht-Isotop? Ein Isotop besitzt eine abweichende Anzahl von

**A** Protonen im Atomkern.
**B** Neutronen im Atomkern.
**C** Elektronen in der Atomhülle.

### Übung 10.15 – 2,5 Min.

Herr Schlüter ist mit dem Auto in die Stadt gefahren. Nachdem er seine Einkäufe erledigt hat, sieht er, dass zwei weitere Autos sehr nah an seinem Gefährt geparkt haben. Der Abstand zum vorderen und zum hinteren Fahrzeug beträgt jeweils 30 cm. Der Wagen von Herrn Schlüter ist 4,80 m lang und 1,80 m breit. Kann er noch ausparken, ohne eines der anderen Fahrzeuge zu beschädigen?

______________________________

______________________________

______________________________

______________________________

### Übung 10.16 – 4 Min.

Stellen Sie sich vor, Sie sollen in einem Weiterbildungskursus einen kurzen Redebeitrag zu einem bestimmten Thema halten und haben bereits eine Menge Stichwörter notiert. Nun geht es daran, die Stichwörter in eine sinnvolle Reihenfolge zu bringen. Das Thema lautet: „Das Europäische Parlament“. Wie könnten Sie Ihren kleinen Vortrag beginnen? In welcher Reihenfolge könnten die Stichwörter erscheinen?

**Das Europäische Parlament**

Vertrag von Rom 1957

alle 5 Jahre

Gesetzgebungs- und Kontrollbefugnis.

454 Mio. Europäer aus 25 Ländern, 732 Sitze

erste allgemeine und direkte Wahl 1979

Brüssel

„Vertretung der Völker der in der Gemeinschaft zusammengeschlossenen Staaten“

alle über 18, im Land ihres Wohnsitzes

Abgeordnete für jedes Land getrennt

99 Sitze für Deutschland

letzte Wahl Juni 2004

später durch Verträge und Befugnisse Einfluss auf die europäische Politik

fast wie Parlamente der Mitgliedsländer

gesetzgebende Funktion

### Übung 10.17 – 1,5 Min.

Für die Verbrennung wird i. d. R. immer Sauerstoff benötigt. Eine

Löschmethode von Bränden ist deshalb das Entziehen von Sauerstoff bzw. das Löschen mit Kohlenstoffdioxid. Bei brennendem Holz oder in Alkohol getränkter Watte funktioniert dies bestens. Doch Magnesium brennt in einer Kohlendioxid-Atmosphäre – ohne Sauerstoff – weiter. Warum?

**A** Magnesium kann dem Kohlenstoffdioxid den gebundenen Sauerstoff entziehen

**B** Magnesium benötigt zur Verbrennung keinen Sauerstoff.

## Übung 10.18 2,5 Min.

Für eine Weihnachtsdekoration stellt man besondere Sterne her. Dazu nimmt man Würfel mit der Kantenlänge 12 cm und beklebt jede Seite der Würfel mit Pyramiden mit quadratischer Grundfläche. Die Kantenlänge der Grundfläche beträgt natürlich auch 12 cm. Die Pyramiden haben eine Körperhöhe von 9 cm. Wie viele Quadratzentimeter Goldfolie benötigt man für einen solchen Stern?

## Übung 10.19 2,5 Min.

Welche der folgenden Begriffe gibt es in der deutschen Standardsprache nicht?

- Sylvester
- gutaussehendste Kandidatin
- Kilometer pro Stunde
- Mundpropaganda
- Mund-zu-Mund-Propaganda
- Stundenkilometer
- am besten aussehende Kandidatin
- Silvester

## Übung 10.20 1,5 Min.

Ein Barometer zeigt den Luftdruck an. Doch entgegen den typischen Aufdrucken „Schön", „Veränderlich" und „Sturm" (oder auch „Regen") hat der Zahlenwert des Luftdrucks rein gar nichts mit dem Wetter zu tun! Die Bezeichnungen stammen aus der frühen Seefahrt. Ein Beispiel, bei dem die Bezeichnungen zutrafen: Aus Zentraleuropa, wo Tiefdruckgebiete regieren, segelte man nach Süden, um den Passatgürtel zu erreichen. Hier herrscht die globale Hochdruckzone, welche die ganze Erde umspannt. Das Barometer stieg.

Barometer

Wenn also nicht der Luftdruck an sich das Wetter bestimmt, was tut es dann? Die Veränderung des Luftdrucks innerhalb eines Zeitintervalls bewirkt eine Wetterveränderung. Dabei liegen wetterrelevante Druckänderungen in Bereichen unter einem Hektopascal. Welche Aussage ist demnach falsch?

**A** Ändert sich der Luftdruck langsam, ändert sich auch das Wetter langsam.
**B** Ändert sich der Luftdruck schnell, ändert sich auch das Wetter schnell.
**C** Bleibt der Luftdruck annähernd gleich, bleibt auch das Wetter gleich.

### Übung 10.21 — 4 Min.

Eine Kugel, ein Zylinder und ein Kegel (hier natürlich dessen Grundfläche) haben den gleichen Radius r. Bestimmen Sie nun die Höhe von Zylinder und Kegel so, dass das Volumen der drei Körper gleich ist.

____________________

____________________

____________________

____________________

### Übung 10.22 — 2 Min.

Welche der folgenden Eigenschaften gelten in der Regel wohl als positiv, welche als negativ: nachlässig, kühn, zänkisch, stoisch, taktvoll, geschmacklos, dreist, schick, anmaßend.

positiv:

____________________

____________________

____________________

negativ:

____________________

____________________

____________________

### Übung 10.23 — 1,5 Min.

Stellen Sie sich einen zweiseitigen Hebel vor. An einer vertikalen Stange ist ein horizontales Brett angebracht, welches nicht starr befestigt ist, sondern sich nach unten bzw. oben bewegen kann. Der Hebel befindet sich durch die angebrachten Massen im Gleichgewicht. Es handelt sich bei dieser Versuchsapparatur um einen zweiseitigen Hebel, da die Angriffspunkte der angreifenden Kräfte (Massen) sich links und rechts von dem Drehpunkt befinden. Bei welchen der folgenden Beispiele handelt es sich ebenfalls um einen zweiseitigen Hebel?

A Wippe
B Schere
C Locher

### Übung 10.24 — 4 Min.

In einer Urne befinden sich 13 rote, 12 gelbe, 20 schwarze und 5 grüne Kugeln. Wie groß ist die Wahrscheinlichkeit,

A eine gelbe Kugel zu ziehen?
B eine schwarze Kugel zu ziehen?
C eine rote oder grüne Kugel zu ziehen?
D keine schwarze Kugel zu ziehen?

### Übung 10.25 — 3 Min.

Stellen Sie fest, was hier nicht in Ordnung ist und verbessert werden sollte.

A Der Vorgesetzte traf eine Entscheidung, die mehr Schaden als Nutzen anrichtete.
B Die Bundesrepublik ist inzwischen eine multiethisch zusammengesetzte Gesellschaft geworden.
C Der Täter soll seine Komplizen angeblich mit Informationen versorgt haben.

### Übung 10.26 — 1 Min.

Wann stehen Erde, Mond und Sonne in einer Linie?

A bei Vollmond
B bei Neumond
C bei Halbmond

### Übung 10.27 — 2 Min.

Wie viele Autokennzeichen gibt es, die aus zwei Buchstaben und einer höchstens dreistelligen Zahl bestehen? (Wir nehmen an, dass alle Buchstabenkombinationen möglich wären.)

## Lösung 10.1

Der Text besteht aus einer Strophe mit fünf Versen, die dem Reimschema aabba folgen. Man bezeichnet ihn als „Limerick". Diese Art Unsinns- oder Nonsens-Gedicht folgt stets dem genannten Schema. Limericks sind seit Anfang des 18. Jahrhunderts bekannt und wurden durch das *Book of Nonsense* (1846; dt. *Edward Lears kompletter Nonsens*) von Edward Lear (1812–88) populär.

## Lösung 10.2

A. Fichten sind Flachwurzler, d. h., ihre Wurzeln reichen nicht sehr tief ins Erdreich, sondern wachsen eher in die Breite. Deswegen können die Wurzeln bei Sturm den Baum nicht im Erdreich festhalten; die Fichte wird entwurzelt. Die Kiefer hingegen ist ein Tiefwurzler, d. h. ihre Wurzeln reichen tief ins Erdreich hinein. Bei Sturm wird eher der Baumstamm abgeknickt, als dass die Kraft des Windes ausreicht, den Baum zu entwurzeln.

## Lösung 10.3

Nachdem man alle in der Aufgabenstellung genannten Werte in ein Venndiagramm übertragen hat, ergibt sich folgendes Schaubild: Nun kann man durch einfache Addition der einzelnen Zahlen die Anzahl der Schüler ermitteln. Es sind 17.

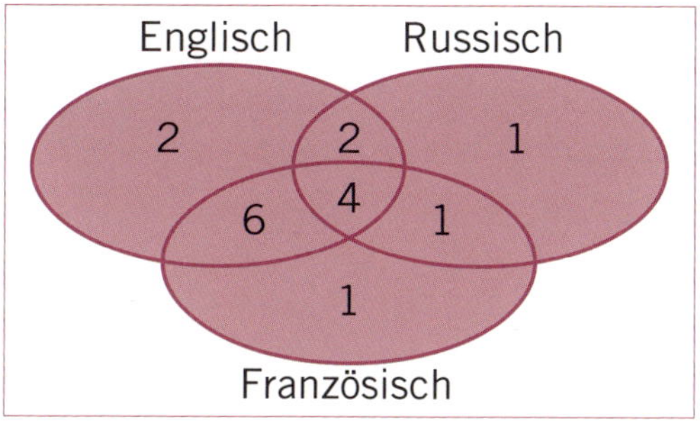


## Lösung 10.4

In allen Sätzen vermischen sich zwei Redewendungen.

A. „Scherz beiseite!" und „Schwamm drüber!"

B. „auf keinen grünen Zweig kommen" und „auf einen Nenner bringen"

C. „Die Kuh ist vom Eis!" und „etwas aus dem Feuer holen"

D. „Der frühe Vogel fängt den Wurm!" und „den Wurm am Haken haben".

## Lösung 10.5

A1, B2, C2.

Der Ammonit ist ein Steinkern, da hier die Schale durch ein Mineral ersetzt wurde. Farnholz ist verkieseltes Holz, also ein Körperfossil. Der Fischabdruck zählt auch zu den Körperfossilien, da die Körperform erhalten ist.

## Lösung 10.6

B und D sind korrekt.

$a \cdot (b + c) = a \cdot b + a \cdot c$

nennt man auch das Distributivgesetz. Es stellt eines der wichtigsten Gesetze dar, wenn es um das Rechnen mit Klammern geht.

## Lösung 10.7

A6. Ares ist der griechische Kriegsgott.

B5. Dionysos ist der Gott des Weines, der Fruchtbarkeit, der Gott der Triebkraft und des erwachenden Lebens.

C2. Poseidon ist der Gott des Meeres und der Gewässer.

D1. Hephaistos ist der Gott des Feuers und der Schmiedekunst.

E4. Demeter ist die Muttergöttin und Göttin der Erdfruchtbarkeit

F3. Hermes ist der griechische Götterbote.

### Lösung 10.8

A. Die Katzenpfote macht sich beim Bremsen breit und überträgt so mehr Kraft auf den Boden. Der Reifen wird beim Bremsen ebenfalls überproportional breit und bringt so mehr Gummi auf den Asphalt, wodurch der Bremsweg verringert wird.

### Lösung 10.9

13 % der Substanz zerfallen nach einem Tag, also bleiben noch 87 % erhalten. Nach zwei Tagen bleiben wiederum 87 % vom Rest erhalten. Das Ganze setzt sich bis zum 12. Tag fort. Dann sind noch $10\,g \cdot 0{,}87^{12} = 1{,}88\,g$ des Wismut vorhanden.

### Lösung 10.10

Es gehört zu den Lesegewohnheiten des Menschen, einen Text beim Lesen nur zu „überfliegen“. Aus der Form des Wortes schließt das Auge auf das Wort an sich. Normalerweise versuchen wir die Wörter in Silben oder gar einzeln zu erfassen. Dabei greifen wir auf Textinformationen zurück, die uns bereits zur Verfügung stehen und denken beim Lesen immer einige Schritte voraus ... und tappen bisweilen in Betonungsfallen. Übrigens schafft es ein normaler Leser, von einem Text mit normalem Schwierigkeitsgrad, etwa 200 bis 240 Wörtern pro Minute zu lesen. Ein geübter Schnellleser bringt es auf bis zu 700 oder gar über tausend Wörter pro Minute.

### Lösung 10.11

Ionen: A, C
Moleküle: B, D

### Lösung 10.12

x Lehrer waren dagegen, x + 14 Lehrer waren dafür. Insgesamt sitzen 32 Lehrer im Lehrerrat. Es gilt also:

$x + (x + 14) = 32$
$2x = 18$
$x = 9$

9 Lehrern hat der Name also nicht gefallen und 23 haben dafür gestimmt.

### Lösung 10.13

A Fabel
B Legende
C Parabel
D Märchen

### Lösung 10.14

B. Ein Isotop eines Elements unterscheidet sich durch eine abweichende Massenzahl, d. h., im Atomkern befindet sich eine vom „Normal“-Element abweichende Anzahl an Neutronen. Im Beispiel der Radiokarbonmethode werden $C^{14}$-Atome herangezogen.

### Lösung 10.15

Zunächst müssen wir die Fahrzeugdiagonale (als längste Ausdehnung) berechnen. Das lässt sich mit dem Satz des Pythagoras bewerkstelligen. Wir erhalten einen Wert von ca. 5,13 m (gerundet). Da vorne und hinten noch 30 cm Platz sind, wird Herr Schlüter es schaffen, ohne Schäden zu verursachen auszuparken (vorausgesetzt er verfügt über ein wenig Fahrerfahrung).

### Lösung 10.16

1. Einleitung zur Geschichte des Europaparlamentes: Vertrag von Rom 1957 (Gründung

der Europäischen Wirtschaftsgemeinschaft, darin festgelegt die Aufgabe des EP), „Vertretung der Völker der in der Gemeinschaft zusammengeschlossenen Staaten“, Sitz in Brüssel, heute Vertretung für 454 Mio. Europäer aus 25 Ländern.

2. Wahlverfahren: erste allgemeine und direkte Wahl fand im Jahr 1979 statt, das Europaparlament wird alle fünf Jahre gewählt, die letzte Wahl fand im Juni 2004 statt, wahlberechtigt sind alle EU-Bürger über 18 Jahre, sie wählen im Land ihres Wohnsitzes, Europaparlament hat insgesamt 732 Sitze, davon 99 Sitze für Deutschland.

3. Funktionen: zunächst Vertretung der Völker, später durch Verträge und Befugnisse Einfluss auf die europäische Politik, gesetzgebende Funktion und Kontrollbefugnis, fast wie Parlamente der Mitgliedsländer.

### Lösung 10.17

A. Magnesium lässt sich sehr leicht oxidieren. Daher kann das Magnesium dem Kohlendioxid ($CO_2$) den gebundenen Sauerstoff entziehen und für die Verbrennung nutzen. Die zugehörige Reaktionsgleichung lautet:

$2\ Mg + CO_2 \rightarrow 2\ MgO + C$

### Lösung 10.18

Der Würfel selber muss nicht beklebt werden, sondern nur die Pyramiden. Wir haben sechs Pyramiden, die ihrerseits aus je vier Dreiecken bestehen, also 24 Dreiecke. Deren Fläche berechnet sich aus:

$$A = \frac{g \cdot h}{2} \cdot 24 = 12 \cdot g \cdot h$$

g ist bekannt (12 cm), wir benötigen also noch h. Dieser Wert lässt sich mit dem Satz des Pythagoras ermitteln:

$$h^2 = 9^2 + 6^2 = 117;\ h = 10{,}82$$

Für die Gesamtfläche ergibt sich also:

$$A_{ges} = 12 \cdot 12 \cdot 10{,}82 = 1558{,}08\ cm^2$$

Man benötigt 1558,08 $cm^2$ Goldfolie, um einen Stern zu bekleben.

### Lösung 10.19

Falsche Ausdrücke sind: Sylvester (Verwechslung mit dem gleich lautenden US-amerikanischen Vornamen), Mund-zu-Mund-Propaganda (falsche Ableitung von Mund-zu-Mund-Beatmung), gutaussehendste Kandidatin (falsche Bildung des Superlativs), Stundenkilometer (falsche physikalische Maßeinheit).

### Lösung 10.20

C. Das Wetter kann sich auch bei gleich bleibendem Luftdruck leicht ändern. Es müsste also heißen: Ändert sich der Luftdruck nicht, bleibt das Wetter gleich oder es ändert sich langsam.

### Lösung 10.21

Die drei Volumina können wir nach folgenden Formeln berechnen:

$$V_{Ku} = \frac{4}{3} \cdot \pi \cdot r^3$$

$$V_Z = \pi \cdot r^2 \cdot h$$

$$V_{Ke} = \frac{\pi \cdot r^2 \cdot h}{3}$$

Die nötige Zylinderhöhe berechnen wir nun so:

$$\frac{4}{3} \cdot \pi \cdot r^3 = \pi \cdot r^2 \cdot h \Rightarrow h = \frac{4}{3} \cdot r$$

Auf die gleiche Weise können wir die nötige Kegelhöhe bestimmen:

$$\frac{4}{3} \cdot \pi \cdot r^3 = \frac{\pi \cdot r^2 \cdot h}{3} \Rightarrow h = 4 \cdot r$$

Die Höhe des Zylinders muss $\frac{4}{3}$ des Kugelradius' betragen und die Höhe des Kegels das 4-fache.

## Lösung 10.22

positiv: kühn, stoisch, taktvoll, schick
negativ: nachlässig, zänkisch, geschmacklos, dreist, anmaßend

## Lösung 10.23

A und B. Bei einer Wippe und einer Schere handelt es sich um einen zweiseitigen Hebel, da die angreifenden Kräfte links und rechts vom Drehpunkt angreifen. Bei dem Locher handelt es sich lediglich um einen einseitigen Hebel, da hier die angreifenden Kräfte auf ein und derselben Seite vom Drehpunkt wirken.

## Lösung 10.24

A Die Wahrscheinlichkeit ist $\frac{12}{50} = \frac{6}{25} = 0{,}24$

B Die Wahrscheinlichkeit ist $\frac{20}{50} = \frac{2}{5} = 0{,}4$

C Die Wahrscheinlichkeit ist $\frac{18}{50} = \frac{9}{25} = 0{,}36$

D Die Wahrscheinlichkeit ist $\frac{30}{50} = \frac{3}{5} = 0{,}6$

## Lösung 10.25

A. Das Verb „anrichten“ ist negativ besetzt und passt nicht zum Substantiv „Nutzen“, daher heißt es Schaden anrichten und Nutzen bringen.

B. Der Verfasser hat ethisch (sittlich) und ethnisch („völkisch“) verwechselt.

C. Das Wort „soll“ trägt die Bedeutung „angeblich“ schon in sich, Letzteres ist zu streichen.

## Lösung 10.26

A und B. Sowohl bei Vollmond als auch bei Neumond stehen Erde, Mond und Sonne in einer Linie.

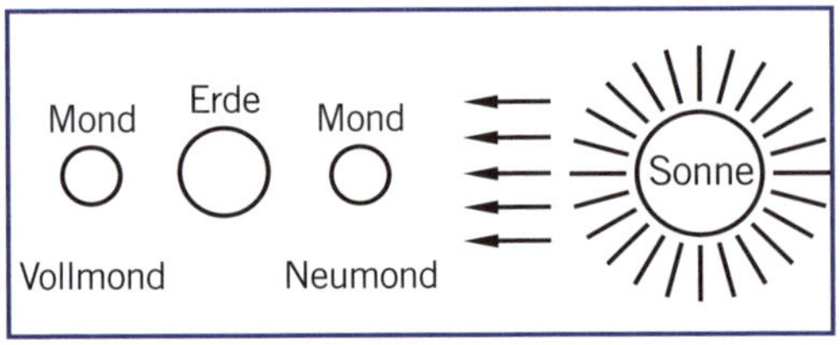


## Lösung 10.27

Für den ersten und den zweiten Buchstaben gibt es je 26 Möglichkeiten, insgesamt also $26^2 = 676$. Für die Ziffernkombination erhalten wir 999 Möglichkeiten (da alle Kombinationen außer 000 zulässig sind). Insgesamt gibt es also $676 \cdot 999 = 675.324$ verschiedene Autokennzeichen dieser Art.

## Übung 11.1 — 2 Min.

In der Antike wurde Staatsmännern, Philosophen und anderen Denkern eine besondere Lebensweisheit nachgesagt. Oft boten sie ihre Meinungen und Erkenntnisse in prägnanten Sinnsprüchen, so genannten Gnomen, dar.
Stellen Sie fest, welche der folgenden Aussagen zu eben diesen Gnomen gehören.

A Reden ist Silber, Schweigen ist Gold.
B Gewinne durch Überredung, nicht durch Gewalt.
C Der Apfel fällt nicht weit vom Stamm.
D Vermeide das Nichtstun!
E Erkenne dich selbst!
F Frisch begonnen ist halb gewonnen.
G Wer zuerst kommt, mahlt zuerst.
H Der Weise bringt eine Sache zu Ende.

## Übung 11.2 — 0,5 Min.

Was wächst nicht auf einem Baum?

A Kakaobohnen
B Apfelsinen
C Feigen
D Ananas

## Übung 11.3 — 3 Min.

Die Grundmenge (G) für die folgende Aufgabe bilden alle Schüler und Schülerinnen des Albert-Einstein-Gymnasiums. A ist die Menge aller Kinder dieser Schule unter 14 Jahren. B ist die Menge aller Jungen der Schule. Geben Sie nun folgende Mengen in der beschreibenden Form an:

A $G \setminus (A \cup B)$
B $A \setminus B$
C $A \cap B$
D $B \setminus A$

## Übung 11.4 — 1,5 Min.

Verbessern Sie die folgenden Konstruktionen, indem Sie die nominalisierten Verben ersetzen (z. B. eine Beobachtung durchführen = beobachten).

A die Vertretung übernehmen

______________________________

B einer Untersuchung zuführen

______________________________

C Besuche durchführen

______________________________

D in Abrede stellen

______________________________

E ein Gespräch führen

______________________________

F Gültigkeit haben

______________________________

G in Bewegung bringen

______________________________

H zur Kenntnis bringen

______________________________

### Übung 11.5 — 1 Min.

In einem Ökosystem leben die Organismen in Wechselwirkung. Ein Beispiel: Nehmen wir an, eine Fuchsart ernährt sich von nur einer bestimmten Kaninchenart. Die Füchse, die schnell laufen können, sind im Vorteil; ihre Gene pflanzen sich in der Fuchspopulation fort. Kaninchen, die ebenfalls schnell laufen können, sind innerhalb der Kaninchenpopulation im Vorteil. Also werden sich auch hier die Kaninchen durchsetzen, die genetisch bedingt schneller laufen können. Was ist das Ergebnis dieser gegenseitigen evolutionären Abhängigkeit?

A Die Füchse rotten die Kaninchen aus.

B Die Kaninchen überleben und die Füchse müssen sich eine andere Nahrungsquelle suchen.

C Die Anzahl der von den Füchsen erbeuteten Kaninchen bleibt weitgehend konstant, obwohl sich beide Arten weiterentwickelt haben.

### Übung 11.6 — 3 Min.

Sind die folgenden Aufgaben richtig oder falsch gelöst?

A $(3-1)\cdot(5-3)=4$

______________________________

B $18-6\cdot2+4=10$

______________________________

______________________________

C $25\cdot2+8=250$

______________________________

**D** $(8-3)\cdot(4+7)=8-(3\cdot4)+7=3$

______________________________

**E** $25\div5+6\cdot4=29$

______________________________

______________________________

**F** $\left(7+\left(8-4\cdot2\right)\right)+\left(\left(8+5\right)\left(8-5\right)\right)=46$

______________________________

______________________________

## Übung 11.7 — 2 Min.

Können Sie die literarischen Figuren dem richtigen Autor zuordnen?

**A** Siddharta
**B** Johann Buddenbrook, sen.
**C** Katharina Blum
**D** Franz Biberkopf
**E** Oskar Matzerath

**1** Alfred Döblin
**2** Günter Grass
**3** Heinrich Böll
**4** Hermann Hesse
**5** Thomas Mann

## Übung 11.8 — 2,5 Min.

Die Fußreflexzonenmassage beruht auf der Theorie, dass sich alle Körperteile und -organe auf der Fußsohle wieder finden und durch Druck „angeregt" werden können. Dabei wird der Körper in horizontale Teile „geschnitten" und auf die Sohle projiziert. Der Kopf befindet sich an den Zehenspitzen; die Füße an der Hacke. Auf den rechten Fuß entfällt die rechte Körperhälfte von innen nach außen und auf den linken Fuß analog die linke Körperhälfte. Tragen Sie in die unten stehende schematische Abbildung des rechten Fußes die Reflexzonen von Nacken und Halswirbelsäule, Schultergürtel, Brust- und Lendenwirbelsäule, Kreuz- und Steißbein sowie das Schultergelenk, Oberarm und Ellenbogen ein.

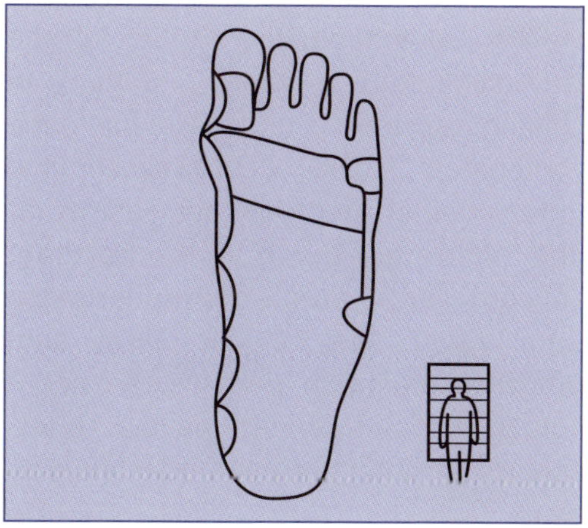

## Übung 11.9 — 2,5 Min.

Um die Funktion der Bauchspeicheldrüse zu testen, wird ein bestimmter Farbstoff in sie eingespritzt und dessen Ausscheiden gemessen. Eine gesunde Bauchspeicheldrüse scheidet pro Minute 4 % des jeweils noch vorhandenen Farbstoffs aus. Bei einer Untersuchung werden einem Patienten 0,2 Gramm des Farbstoffes injiziert. Nach 30 Minuten sind noch 0,09 Gramm des Farbstoffes in seiner Bauchspeicheldrüse vorhanden. Funktioniert die Bauchspeicheldrüse normal?

### Übung 11.10 2 Min.

Man kennt unterschiedliche Sprachebenen. Eine grobe Unterscheidung kann man in Umgangssprache und Hochsprache vornehmen. Die Umgangssprache unterscheidet sich von der Hochsprache nicht nur durch ihren Satzbau, sondern auch durch Formulierungen und Wörter. Welche der Sätze sind umgangssprachlich und welche hochsprachlich? Sie können sie zur Unterscheidung unterstreichen oder einkreisen.

**A** Ich erinnere ihn gut.
Ich erinnere mich seiner gut.

**B** Das ergibt keinen Sinn!
Das macht keinen Sinn!

**C** Auch im Jahr 2005 ist die Konjunktur rückläufig.
Auch in 2005 ist die Konjunktur rückläufig.

**D** Ich habe dir das schon gesagt, und ich wiederhole es nicht mehr!
Ich sag' es dir nicht noch einmal!

**E** Ich bin gut drauf, weil ich den Job gekriegt hab'.
Ich bin froh, weil ich die Stelle bekommen habe.

**F** Die Arbeit ist völlig furchtbar und völlig stressig!
Der Job ist total ätzend, voll stressig!

### Übung 11.11 2,5 Min.

Die marshsche Probe, benannt nach dem englischen Chemiker James Marsh, wird seit 1832 in der Gerichtsmedizin eingesetzt. Bis dahin ließen sich Mordvergiftungen mit Arsen nur schwer nachweisen. Bei der marshschen Probe wird Arsen reduziert. Hierzu wird die zu analysierende Substanz mit Salzsäure (Chlorwasserstoffsäure) und einem Zinkstück versetzt. Es entsteht Arsenwasserstoff, der erhitzt wird. Anschließend kann das Arsen als Metallspiegel, der sich auf einer Porzellanoberfläche niederschlägt, beobachtet werden. Wie viele Moleküle Wasser entstehen bei der zugehörigen Reaktionsgleichung. Tipp: Die Anzahl der beteiligten Atome muss auf der linken und rechten Seite der Gleichung identisch sein.

$As_2O_3 + 6\ Zn + 12\ H^+ \rightarrow$
$2\ AsH_3 + 6\ Zn^{2+} + ?\ H_2O$

### Übung 11.12 3 Min.

In einer uralten Chronik findet sich folgende Eintragung (übersetzt aus dem Griechischen):

*„Edler Pythagoras, sage mir an, die viele der Jünger zählt dein Haus, die dem Dienst sich weihen der unsterblichen Götter?“*

*„Sagen will ich's dir, o Polykrates: Siehe, die Hälfte weiht sich der herrlichen Mathematik, ein Viertel erforschet eifrig die Tiefen der ew'gen Natur, ein Siebentel übt, noch schweigend, die Kraft des Gemüts und horchte sinnigen Reden, dann der Jungfrauen drei. So viel führ' ich der Jünger zum Born der ewigen Wahrheit.“*

Wie viele Schüler sind es denn nun?

### Übung 11.13 1,5 Min.

Der folgende Satz stammt vom deutschen Schriftsteller Kurt Tucholsky (1890–1935): „Der Leser hat's gut. Er kann sich seine Schriftsteller aussuchen.“ Was wollte er wohl mit diesem Ausspruch ausdrücken?

### Übung 11.14 0,5 Min.

Die fünfjährige Claudia verschüttet roten Johannisbeersaft auf der weißen Tischdecke. Ihre Mutter eilt schnell in die Küche, um ein altes Hausmittel zu holen, das den Fleck entfernen soll. Was ist es?

**A** Essig
**B** Salz
**C** Zucker

### Übung 11.15 3 Min.

Man stelle sich vor, dass um den Äquator ein Seil gespannt wird (wir gehen aus Gründen der besseren Übersichtlichkeit von einer Länge von

40.000 km aus), das einen Meter länger ist als der Äquatorumfang. Durch eine spezielle Vorrichtung wird dieses Seil überall auf gleichem Abstand vom Erdboden gehalten. Ist der Abstand nun groß genug, um eine Rasierklinge hindurchschieben zu können?

______________________________

______________________________

### Übung 11.16 — 3 Min.

Vervollständigen Sie den Lückentext über die Großschreibung der Substantive im Deutschen. Vielleicht klappt es auch ohne die folgende Liste fehlender Wörter.

„Im ____________ beginnen alle ________________ mit einem großen ______________. Das ist nun wahrhaftig mal eine gute Idee, und eine gute ________ fällt in dieser Sprache durch ihr Alleinstehen notwendigerweise ______. Ich halte diese Großschreibung der ______________ darum für eine _____________, weil man ihr zufolge ein Substantiv fast immer erkennen kann, sobald man es ______. Hin und ________ irrt _________ sich ______________ und nimmt den Namen einer Person fälschlich für den einer Sache und _________ viel Zeit darauf, einen _____ aus dem Ganzen herauszulesen. Deutsche Namen bedeuten fast _________ etwas, und das fördert die Täuschung des Lernbeflissenen. Ich übersetzte eines Tages einen ________, in ______ es hieß, die wütende Tigerin habe sich losgerissen und ‚den unglückseligen Tannenwald gänzlich aufgefressen'. ______ rüstete ich _____, dies zu _________, da ______ ich heraus, dass Tannenwald in diesem ______ der Name eines ___________ war."

Die fehlenden Wörter sind: auf, gute Idee, Falle, allerdings, sieht, Satz, Schon, immer, Buchstaben, Substantive, Mannes, man, verschwendet, Sinn, Idee, Substantive, Deutschen, fand, mich, dem, bezweifeln, wieder.

### Übung 11.17 — 0,5 Min.

Wer zur Weihnachtszeit seine Kerzen selbst herstellen möchte, muss das zu formende Wachs erhitzen. Doch was tun, wenn das Wachs zu heiß wird und plötzlich Feuer fängt?

**A** Den Wachsbrand mit einem Deckel ersticken
**B** Den Wachsbrand mit Wasser löschen

### Übung 11.18 — 2,5 Min.

Eine Firma erhält den Auftrag, Eisenkugeln zum Kugelstoßen herzustellen. Welchen Durchmesser müssen die Kugeln haben, damit ihr Gewicht 5 kg beträgt. Die Dichte von Eisen beträgt 7,9 $g/cm^3$.

________________________________

________________________________

________________________________

### Übung 11.19 1,5 Min.

Bilden Sie aus den Buchstabengruppen Synonyme für das Wort „Freude".

A Tuls ____________________

B Fsihonrn ____________________

C Hketiieert ____________________

D Wnone ____________________

### Übung 11.20 1 Min.

Der Schmetterlingseffekt besagt, dass in Systemen kleine Ursachen große, unvorhersehbare Wirkungen haben können. Die Bezeichnung leitet sich von einer Veranschaulichung zum Thema Wetter ab, die der Meteorologe Edward N. Lorenz 1963 äußerte. Er sagte: „Der Schlag eines Schmetterlingsflügels im Amazonas-Urwald kann einen Orkan in Europa auslösen." Die Unvorhersehbarkeit besteht in kleinen Fehlern der Anfangsbedingungen, die zu enormen Abweichungen in den Resultaten führen. Welche Wirkung hat diese Tatsache auf die Wettervorhersagen für größere Zeiträume?

A Es bedarf besserer Computer mit enormen Kapazitäten, um eine genaue Wettervorhersage zu berechnen.

B Es wird nie eine gesicherte Wettervorhersage geben, denn die Prognosen sind immer fehlerbehaftet.

### Übung 11.21 1,5 Min.

Zwei Figuren heißen im mathematischen Sinne ähnlich, wenn sie durch zentrische Streckungen oder Kongruenzabbildungen (wie Spiegelungen) aufeinander abgebildet werden können. Welche der folgenden Aussagen ist vor diesem Hintergrund richtig, welche falsch?

A Alle Quadrate sind zueinander ähnlich.

B Alle Rechtecke sind zueinander ähnlich.

C Alle gleichseitigen Dreiecke sind zueinander ähnlich.

D Alle gleichschenkligen Dreiecke sind zueinander ähnlich.

| | richtig | falsch |
|---|---|---|
| Ein plumper Mensch bewegt sich nicht graziös. | | |
| Ein asthenischer Mensch liebt das Schöne. | | |
| Leptosome Menschen haben einen kräftigen Körperbau. | | |
| Abgezehrte Menschen haben von ihren Reserven leben müssen. | | |
| Ein taktvoller Mensch ist musikalisch. | | |

## Übung 11.22 1,5 Min.

Die Tabelle enthält eine Reihe von Behauptungen. Entscheiden Sie, ob diese richtig oder falsch sind, und markieren Sie das entsprechende Kästchen (s. Tabelle oben).

## Übung 11.23 1,5 Min.

Zur Beobachtung des Sternenhimmels verwendet man entweder Linsenfernrohre (Refraktoren) oder Spiegelteleskope (Reflektoren). Das erste Spiegelteleskop wurde um 1668 von Isaac Newton konstruiert. Hierbei schaut man seitlich in das Fernrohr (s. Abb.). Linsenfernrohre wurden einen Tick früher erfunden, etwa um 1600. Auch Galileo Galilei verwendete ein solches für seine astronomischen Beobachtungen. Bei dem keplerschen Fernrohr wird vom Objektiv ein vergrößertes Zwischenbild erzeugt, welches durch das Okular betrachtet und dabei nochmals vergrößert wird. Welche technische Lösung ist die überlegene, wenn es um Leistungsstärke geht? Bedenken Sie die technische Bauweise der beiden Typen!

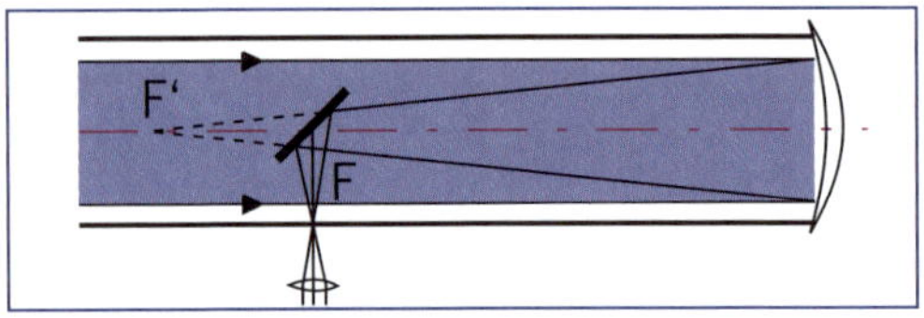

Reflektor (Newton-Spiegelteleskop)

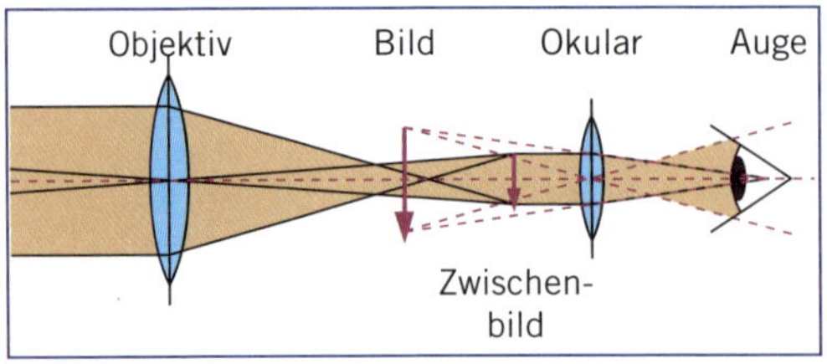

Refraktor (Linsenteleskop)

**A** Reflektoren
**B** Refraktoren

## Übung 11.24 2,5 Min.

An der Gemüsetheke eines Supermarktes sind die Tomaten in Schälchen zu je 500 g abgepackt. Je nach Größe der Tomaten befinden sich 6, 7 oder 8 in einem Schälchen. Insgesamt gibt es 16 Schälchen mit 6 Tomaten, 26 Schälchen mit 7 Tomaten und

18 mit 8. Mit welcher Wahrscheinlichkeit erhalten Sie ein Schälchen mit 8 Tomaten, wenn Sie wahllos zugreifen?

---

---

---

### Übung 11.25 — 1 Min.

Meist benötigen wir nicht alle Wörter eines Satzes, um ihn vollständig zu verstehen („Der Boxer wurde vom ... ausgezählt"). Wir werden durch bestimmte Wörter doppelt informiert. Dennoch sind mit dieser Spracherscheinung Vorteile verbunden. Welche könnten das wohl sein? Doppelinformationen ...

**A** verringern die Informationsdichte eines Textes.
**B** helfen, dass einem Zuhörer trotz einer Unaufmerksamkeit nichts entgeht.
**C** bringen Zeit, um Informationen zu verarbeiten.
**D** erreichen eine nützliche Wiederholungswirkung.

### Übung 11.26 — 1 Min.

Zum Zeitpunkt der Sonnenwende steht die Sonne senkrecht über den Wendekreisen. Dies geschieht im Laufe des Jahres zweimal: Auf der Nordhalbkugel markiert die Sommersonnenwende den Sommeranfang, die Wintersonnenwende den Winteranfang. Wann ist der Tag der Sommersonnenwende auf der Südhalbkugel?

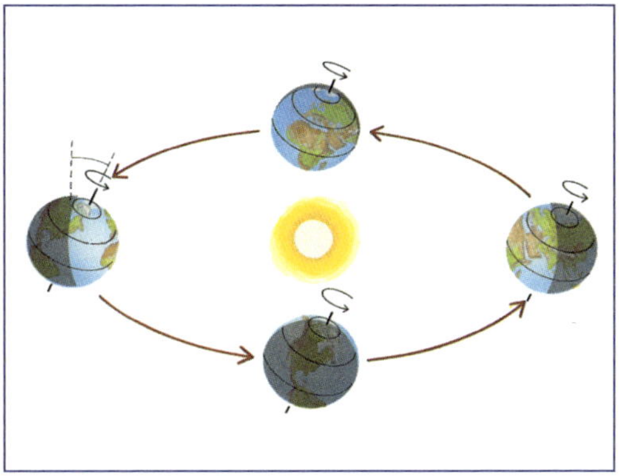
Jährliche Bewegung der Erde um die Sonne

**A** 21. März
**B** 21. Juni
**C** 23. September
**D** 21. Dezember

### Übung 11.27 — 2 Min.

Auf sechs Kärtchen wird je einer der Buchstaben des Wortes ANANAS geschrieben. Von den gut gemischten Kärtchen werde vier ohne Zurücklegen gezogen und nebeneinander gelegt. Mit welcher Wahrscheinlichkeit entsteht das Wort ANNA?

---

---

---

# Test 11
## Lösungen

### Lösung 11.1
B, D, E und H. Bei allen anderen Sprüchen handelt es sich um deutsche Sprichwörter.

### Lösung 11.2
D. Die Ananas-Pflanze ist ein Bromeliengewächs.

### Lösung 11.3
A. Menge aller Mädchen der Schule, die 14 Jahre oder älter sind.
B. Menge aller Mädchen der Schule, die jünger als 14 Jahre sind.
C. Menge aller Jungen der Schule unter 14 Jahren.
D. Menge aller Jungen, die 14 Jahre oder älter sind.

### Lösung 11.4

| | |
|---|---|
| A vertreten | E sprechen |
| B untersuchen | F gelten |
| C besuchen | G bewegen |
| D leugnen | H mitteilen |

Der Nominalstil, auch Papierdeutsch oder Amtsdeutsch genannt, wird nicht nur von Behörden gern gepflegt. Er erscheint leider auch allzu oft im allgemeinen und geschäftlichen Schriftverkehr sowie in schlechtem Werbematerial, er macht die Texte schwerfällig, abstrakt, meist nicht lesenswert und verfehlt z. B. die Absicht des Verfassers, jemanden für ein Produkt einzunehmen.
Die verbale Ausdrucksweise, der so genannte Verbalstil, ist hingegen meist anschaulicher, lebendiger und auch leichter verständlich. Ein solcher Text hat nachgewiesenermaßen bessere Chancen, ganz gelesen zu werden.

### Lösung 11.5
C. Die Populationen beeinflussen sich zwar in ihrer Evolution, doch die gegenseitige Abhängigkeit bleibt erhalten.

### Lösung 11.6

A $(3-1)\cdot(5-3)=4$ richtig

B $18-6\cdot 2+4=10$ richtig

C $25\cdot 2+8=250$ falsch (58)

D $(8-3)\cdot(4+7)=8-(3\cdot 4)+7=3$ falsch(55)

E $25\div 5+6\cdot 4=29$ richtig

F $\left(7+\left(8-4\cdot 2\right)\right)+\left(\left(8+5\right)\left(8-5\right)\right)=46$ richtig

### Lösung 11.7
A4. Die Erzählung *Siddharta* (1922) von Hermann Hesse (1877–1962) handelt von einem indischen Brahmanensohn, der nach innerer Läuterung zur Freiheit findet.
B5. Im Roman *Die Buddenbrooks* (1901) von Thomas Mann (1875–1955) repräsentiert der selbstsichere und tatkräftige Johann Buddenbrook, sen. die älteste der im Roman dargestellten vier Generationen der Lübecker Kaufmannsfamilie.
C3. Die junge, anständige Haushälterin verbringt eine Liebesnacht mit einem mutmaßlichen Terroristen und gerät ins Visier der Behörden und einer Boulevardzeitung. In seiner Erzählung *Die verlorene Ehre der Katharina Blum* (1974) zeichnet Heinrich Böll (1917–85) den Verlust der persönlichen Freiheit durch den Sensationsjournalismus nach.

D1. Der Roman *Berlin Alexanderplatz* (1928) von Alfred Döblin (1878–1957) berichtet vom Schicksal des Transportarbeiters Franz Biberkopf, der wegen eines übersteigerten Selbstbehauptungswillens in der chaotischen Lebendigkeit der Metropole scheitert – bis er seinen Unheil bringenden Hochmut ablegen kann.
E2. Oskar beschließt als Dreijähriger, nicht mehr zu wachsen, verlegt sich stattdessen aufs Trommeln und das Zersingen von Glas. Im Roman *Die Blechtrommel* von Günter Grass (*1927) erzählt er seine Lebensgeschichte – bösartig und unmoralisch.

## Lösung 11.8

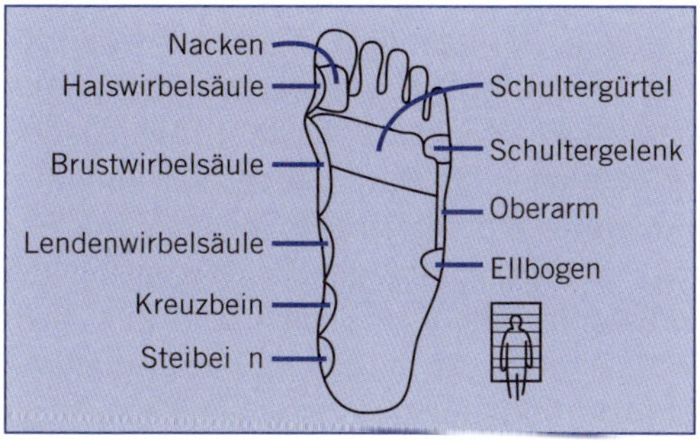


## Lösung 11.9

Wenn eine gesunde Bauchspeicheldrüse 4 % des Farbstoffs pro Minute ausscheidet, bleiben noch 96 % erhalten. Nach 30 Minuten enthält eine gesunde Bauchspeicheldrüse dann noch $0{,}2 \cdot 0{,}96^{30} \approx 0{,}059$ g Farbstoff. Die untersuchte Bauchspeicheldrüse enthält aber noch 0,09 g Farbstoff; sie ist also nicht in Ordnung.

## Lösung 11.10

In bestimmten Situationen sind bestimmte Dinge sprachlich möglich oder angemessen, andere falsch und unangebracht. Die Wahl der Sprachebene unterliegt ungeschriebenen Gesetzen und Konventionen und gibt Hinweise auf die Beziehungen zwischen Menschen. Bei schriftlichen Äußerungen ist es besonders wichtig, sich auf den Adressaten und die Situation einzustellen, anders als im Gespräch kann man die Reaktion des Gegenübers nicht beobachten, Missverständnisse lassen sich schwieriger klären. Aber auch die Umgangssprache selbst kennt viele Unterschiede, z. B. die Alltagssprache und die Jugendsprache.
Die richtigen Zuordnungen lauten hier:

**Umgangssprache**

A. Ich erinnere ihn gut.
B. Das macht keinen Sinn!
C. Auch in 2005 ist die Konjunktur rückläufig.
D. Ich sag' es dir nicht noch einmal!
E. Ich bin gut drauf, weil ich den Job gekriegt hab'.
F. Der Job ist total ätzend, voll stressig!

**Hochsprache**

A. Ich erinnere mich seiner gut.
B. Das ergibt keinen Sinn!
C. Auch im Jahr 2005 ist die Konjunktur rückläufig.
D. Ich habe dir das schon gesagt, und ich wiederhole es nicht mehr!
E. Ich bin froh, weil ich die Stelle bekommen habe.
F. Die Arbeit ist völlig furchtbar und völlig stressig!

## Lösung 11.11

Es entstehen drei Moleküle Wasser.
$As_2O_3 + 6\ Zn + 12\ H^+ \rightarrow 2\ AsH_3 + 6\ Zn^{2+} + 3\ H_2O$

## Lösung 11.12

Die Gesamtzahl der Jünger erhält man, wenn man die Anzahl der Mathematiktreibenden, die Anzahl der Naturerforschenden, die Anzahl der Schweigenden und die Anzahl der Jungfrauen addiert. Nennen wir die Gesamtzahl also x, erhalten wir folgende Gleichung:

$$x = \frac{x}{2} + \frac{x}{4} + \frac{x}{7} + 3$$
$$x = 28$$

Pythagoras hat 28 Schüler.

## Lösung 11.13

Kurt Tucholsky

„Der Leser hat's gut. Er kann sich seine Schriftsteller aussuchen.", klagte der politische Schriftsteller Tucholsky einmal. Egal ob ein Schriftsteller gute oder schlechte, kritische oder angepasste Texte veröffentlicht, es ist zu seiner Zeit nurmehr das erfolgreich, was gefällt. Es kann vorkommen, dass ein Großteil der Leserschaft nicht mit dem übereinstimmt, was der Schriftsteller ausdrücken will. Wie den Verlagen bleibt somit auch dem Schriftsteller nichts anderes übrig, als sich nach dem zu richten, was der Leserschaft zusagt – wenn sie als Profis ihr Überleben sichern möchten. Tucholsky hatte es auf Dauer schwer mit seinen – vor allem professionellen – Lesern.

Tucholsky schrieb ausschließlich für die Leser. Seine Vorliebe galt den kleinen journalistischen Formen, er schrieb politische Gedichte, Gerichtsreportagen, Buch- und Theaterkritiken sowie soziologische Essays. Mit beißender Ironie und bitterer Satire wandte er sich gegen die Schwächen der Weimarer Republik, kritisierte Militarismus, Nationalismus und soziale Ungerechtigkeit. Zu Lebzeiten gab er drei Bände mit journalistischen Veröffentlichungen heraus: *Mit 5 PS* (1928), *Das Lächeln der Mona Lisa* (1929), *Lerne lachen ohne zu weinen* (1931). Außerdem verfasste Tucholsky u. a. auch Liebesgeschichten *(Rheinsberg. Bilderbuch für Verliebte,* 1912; *Schloß Gripsholm, 1931*).

## Lösung 11.14

Claudias Mutter holt Kochsalz aus der Küche und streut es über den Johannisbeerfleck. Kochsalz besteht aus unterschiedlichen Salzen. Neben Natriumchlorid (NaCl) enthält es u. a. Magnesiumchlorid ($MgCl_2$). Letzteres ist hygroskopisch (wasseranziehend). Zusammen mit dem Wasser wird auch der darin enthaltene Farbstoff des Johannisbeersaftes vom Magnesiumchlorid gebunden. Dies funktioniert jedoch nur auf nicht sehr saugstarken Materialien.

## Lösung 11.15

Wir berechnen zunächst den Radius des Kreises, den der Äquator bildet und dann den Radius des Seils. Der Unterschied stellt die Höhe des Seils über dem Erdboden dar.

$$r_1 = \frac{40.000}{2\pi} = 6366{,}197725 \text{ km}$$

(hier darf nicht gerundet werden!)

$$r_2 = \frac{40.000,001}{2\pi} = 6366,197880 \text{ km}$$

Die Diefferenz der beiden Radien beträgt also 0,000155 km oder 15,5 cm – mehr als genug Platz für eine Rasierklinge.

## Lösung 11.16

Zu vielen Texten sind uns Hintergrundinformationen bekannt, die auch in neuen Zusammenhängen abrufbar sind. Beim Lesen nutzen wir kombinatorische Fähigkeiten, die dabei helfen, die Struktur und die Aussage eines Textes zu erkennen. In vollständiger Form lautet der Text:

Mark Twain

„Im Deutschen beginnen alle Substantive mit einem großen Buchstaben. Das ist nun wahrhaftig mal eine gute Idee, und eine gute Idee fällt in dieser Sprache durch ihr Alleinstehen notwendigerweise auf. Ich halte diese Großschreibung der Substantive darum für eine gute Idee, weil man ihr zufolge ein Substantiv fast immer erkennen kann, sobald man es sieht. Hin und wieder irrt man sich allerdings und nimmt den Namen einer Person fälschlich für den einer Sache und verschwendet viel Zeit darauf, einen Sinn aus dem Ganzen herauszulesen. Deutsche Namen bedeuten fast immer etwas, und das fördert die Täuschung des Lernbeflissenen. Ich übersetzte eines Tages einen Satz, in dem es hieß, die wütende Tigerin habe sich losgerissen und ‚den unglückseligen Tannenwald gänzlich aufgefressen'. Schon rüstete ich mich, dies zu bezweifeln, da fand ich heraus, dass Tannenwald in diesem Falle der Name eines Mannes war."

Der Text entstammt der Abhandlung *Die schreckliche deutsche Sprache* von Mark Twain (1835–1910).

## Lösung 11.17

A. Löscht man brennendes Wachs mit Wasser, so treffen Wassertropfen auf das flüssige Wachs. Dort verdampft das Wasser unmittelbar, wobei es sich stark ausdehnt. Es kommt zu einer Explosion, bei der heißes Wachs herausgeschleudert wird.

## Lösung 11.18

Das Volumen der Kugel können wir aus folgender Formel berechnen:

$$V = \frac{4}{3} \cdot \pi \cdot r^3$$

Die Masse der Kugel stellt das Produkt aus ihrem Volumen und der Dichte des Eisens dar. Somit erhalten wir folgende Rechnung:

$$5000 = 7,9 \cdot \frac{4}{3} \cdot \pi \cdot r^3$$

Da der Durchmesser gesucht ist, müssen wir den Wert noch verdoppeln und erhalten dann für den Durchmesser der Eisenkugel 10,64 cm.

## Lösung 11.19

A Lust
B Frohsinn
C Heiterkeit
D Wonne

## Lösung 11.20

B. Kein auch noch so guter Computer wird in der Lage sein, das Wetter präzise vorher zu sagen, da sich kleinste Unterschiede in den Ausgangsbedingungen im Verlauf von einer Woche so sehr verstärken, dass es zu völlig unterschiedlichen Prognosen kommt.

## Lösung 11.21

A richtig
B falsch
C richtig
D falsch

## Lösung 11.22

siehe Tabelle unten

## Lösung 11.23

A. Je größer das Objektiv wird, umso größer wird auch die Brennweite und damit die Tubuslänge. Die leistungsfähigsten Reflektoren erreichen heute Durchmesser von 8 bis 10 m und sind mit ihren Leistungen den Refraktoren weit überlegen.

## Lösung 11.24

Insgesamt gibt es 60 Schälchen mit Tomaten, davon enthalten 18 die gewünschte Anzahl. Die Wahrscheinlichkeit ist also

$$\frac{18}{60} = 0{,}3$$

## Lösung 11.25

A, B, C, D.

## Lösung 11.26

D. Da auf der Südhalbkugel die Jahreszeiten umgekehrt zur Nordhalbkugel stattfinden, ist der Tag der Sommersonnenwende der 21. Dezember. Dass auf der Nordhalbkugel Winter ist und auf der Südhalbkugel Sommer resultiert aus der schiefen Erdachse. Wenn Nordwinter bzw. Südsommer herrscht, ist die Erdachse der Sonne abgewandt.

## Lösung 11.27

Das Wort ANNA entsteht mit der Wahrscheinlichkeit

$$P = \frac{3}{6} \cdot \frac{2}{5} \cdot \frac{1}{4} \cdot \frac{2}{3} = \frac{1}{30}$$

| | richtig | falsch |
|---|---|---|
| Ein plumper Mensch bewegt sich nicht graziös. | X | |
| Ein asthenischer Mensch liebt das Schöne. | | X |
| Leptosome Menschen haben einen kräftigen Körperbau. | | X |
| Abgezehrte Menschen haben von ihren Reserven leben müssen. | X | |
| Ein taktvoller Mensch ist musikalisch. | | X |

### Übung 12.1 2 Min.

Der deutsche Wortschatz umfasst ca. 300.000–500.000 Wörter. Genaue Angaben sind nicht möglich, weil immer wieder Wörter neu gebildet oder aus anderen Sprachen entlehnt werden. Wissen Sie, welche zehn Wörter durchschnittlich am häufigsten verwendet werden? Hier sind sie. Versuchen Sie, die Liste entsprechend ihrer Rangfolge zu ordnen: sich, zu, und, von, mit, der, den, die, das, in.

1. ______________ 6. ______________

2. ______________ 7. ______________

3. ______________ 8. ______________

4. ______________ 9. ______________

5. ______________ 10. ______________

### Übung 12.2 1,5 Min.

Die Evolution verläuft in kleinen Schritten, sodass bei der Herausbildung einer neuen Lebensform so genannte Brückenformen entstehen. Diese verfügen über Merkmale der alten und der neuen Lebensform. Ein Beispiel hierfür ist der Urvogel Archäopteryx. Er ist eine Übergangsform von den Reptilien zu den Vögeln und verfügt über typische Reptilienmerkmale, wie die lange Schwanzwirbelsäule, bezahnte Kiefer und Finger mit Krallen. Gleichzeitig weist er eindeutige Vogelmerkmale wie Federn, Vogelschädel und verwachsene Mittelfußknochen auf. Doch nicht alle Übergangsformen sind ausgestorben. So kann man im Frühjahr in vielen Tümpeln und Teichen die so genannte Algenblüte beobachten. Die auffällige Grünfärbung wird durch die Besiedlung eines Einzellers, Euglena (Augentierchen), erzeugt. Welchen Übergang markiert diese Geißelalge? Euglena ist eine Brückenform

Archäopteryx

**A** zwischen Pflanzen und Tieren.
**B** zwischen Bakterien und Einzellern.
**C** zwischen Einzellern und Viren.

### Übung 12.3 2 Min.

Der Proportionalitätsfaktor c gibt das Verhältnis zwischen den Größen a und b an. Wie lautet der Proportionalitätsfaktor für die Werte aus der folgenden Tabelle:

| | | | | |
|---|---|---|---|---|
| **a** | 1 | 2 | 3 | 4 |
| **b** | 9 | 4,5 | 3 | 1 |

______________________________

## Übung 12.4 — 2 Min.

Lesen Sie die folgenden Sätze. Was ist an ihnen falsch?

A Nach zwei Praktikas erhielt der Jugendliche endlich einen Ausbildungsplatz.
B In seinem Referat stellt der Student verschiedene Schematas vor.
C Nachdem sie alle Visas erhalten hatten, konnten sie ihre Rundreise antreten.
D Der Auflauf mit den Zucchinis kam bei den Gästen gut an.

______________________

______________________

______________________

______________________

## Übung 12.5 — 1 Min.

Eine der Theorien, warum die Dinosaurier am Übergang von der Kreidezeit zum Tertiär vor rund 65 Millionen Jahren ausgestorben sind, beruht auf einem Meteoriteneinschlag. Dieser soll eine Klimaveränderung bewirkt haben, unter der die Dinosaurier sowie 50 Prozent aller Pflanzen und Tiere eingingen. Wie heißt der vermeintliche Meteoriten-Einschlagkrater am Golf von Mexiko?

A Chicxulub-Krater
B Ku-Klux-Krater
C Kyklos-Krater

## Übung 12.6 — 4 Min.

Berechnen Sie folgende Summen und Produkte:

A $\sum_{n=1}^{10} n$

______________________

______________________

B $\sum_{n=1}^{5} 2n$

______________________

______________________

C $\prod_{n=1}^{5} n$

______________________

______________________

D $\prod_{n=1}^{4} \frac{1}{n}$

______________________

______________________

### Übung 12.7 — 2,5 Min.

Das folgende Gedicht ist durcheinander geraten.

Können Sie die Textteile in die richtige Reihenfolge bringen?

A Bald siehst du, wenn der Schleier fällt
B In warmem Golde fließen
C Den blauen Himmel unverstellt
D Im Nebel ruhet noch die Welt, noch träumen Wald und Wiesen
E Herbstkräftig die gedämpfte Welt

### Übung 12.8 — 1 Min.

Bei Hitze und bei großer Anstrengung schwitzen wir besonders stark. Die Schweißabsonderung über die Schweißdrüsen dient der natürlichen Kühlung. Das abgesonderte Sekret verdunstet und kühlt so die Hautoberfläche. Die meisten Schweißdrüsen befinden sich auf Stirn, Fuß- und Handflächen sowie in den Achselhöhlen. Schweiß selber ist geruchlos und besteht zum Großteil aus Wasser. Er enthält aber auch Eiweiße und Mineralstoffe, wie Natriumchlorid (Kochsalz). Diese Bestandteile sind Nahrungsgrundlage für auf der Haut befindliche Mikroorganismen. Sie zersetzen den Schweiß und erzeugen so den unangenehmen Geruch. Gegen die Schweißbildung wirken z. B. Antitranspiranten. Sie verringern die Schweißbildung durch Verkleinern oder Verstopfen der Schweißdrüsen.

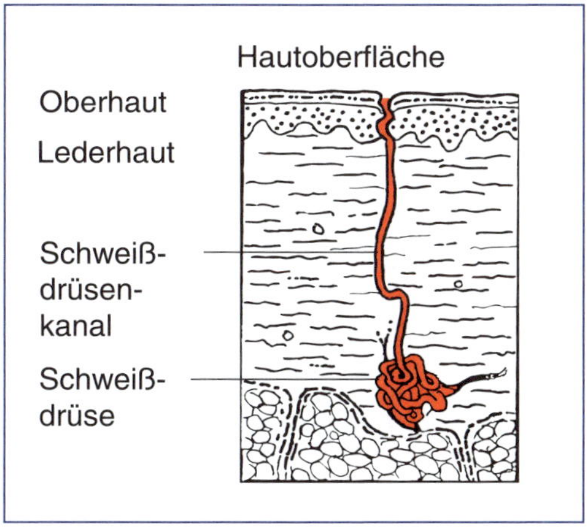


Schweißdrüse

Welche zweite Möglichkeit nutzen Deodorants?

A Die Duftstoffe überdecken den Schweißgeruch.
B Deodorants töten die Mikroorganismen ab.

### Übung 12.9 — 2,5 Min.

Ein Ball fällt aus 2 m Höhe auf eine feste Unterlage und springt nach jedem Aufprall jeweils auf 80 % der Höhe zurück, aus welcher er gefallen ist.

Wie hoch springt der Ball nach dem 5. Aufprall?

## Übung 12.10 2,5 Min.

Die folgende Grafik gibt einen Überblick über die Belletristik-Umsätze des deutschen Buchhandels im vergangenen Jahr.
Welche der folgenden Aussagen treffen zu?

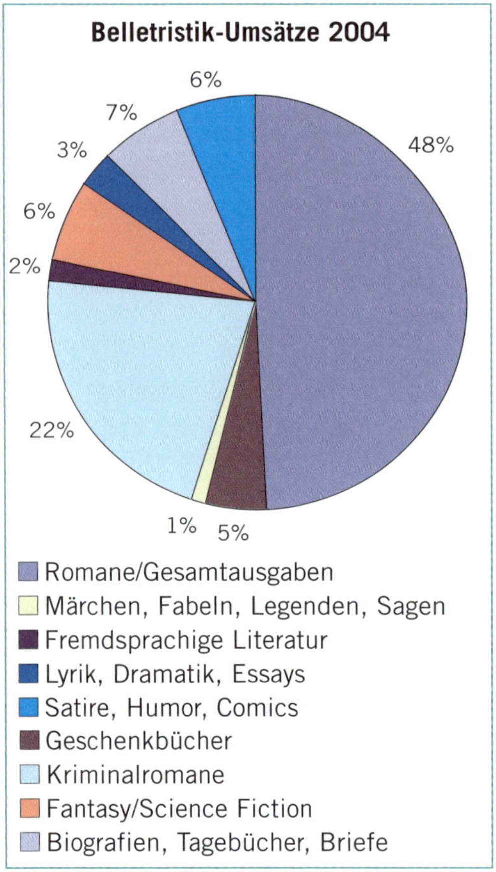


Quelle: Börsenverein des Deutschen Buchhandels

**A** Romane machen fast die Hälfte des Gesamtumsatzes in der Warengruppe Belletristik aus.

**B** Die Deutschen geben tendenziell insgesamt mehr Geld für Lyrik, Dramatik und Essays aus als für fremdsprachliche Literatur.

**C** Knapp ein Viertel der verkauften Titel entfällt auf Kriminalromane.

**D** Märchen, Fabeln, Legenden usw. sind das umsatzmäßig am wenigsten bedeutende Element der Sparte.

## Übung 12.11 1,5 Min.

Die Chemie unterteilt sich grob in zwei Fachgebiete, die Anorganik und die Organik. Die anorganische Chemie befasst sich mit allen Elementen und Verbindungen, die keine Kohlenwasserstoffverbindungen enthalten. Diese sind Gegenstand der organischen Chemie. Sie bestehen, wie der Name schon sagt, aus Kohlenstoff und Wasserstoff.
Welches sind Verbindungen, die in den Bereich der organischen Chemie fallen?

**A** fossile Brennstoffe, wie Methan
**B** Alkohole, wie Ethanol
**C** Zucker, wie Glukose

## Übung 12.12 2,5 Min.

Ein rechteckiges Grundstück mit a = 27 m und b = 66 m soll gegen ein gleich großes Grundstück mit der Seitenlänge a = 36 m ausgetauscht werden.
Wie lang muss die fehlende Seite sein?

______________________

## Übung 12.13 — 2,5 Min.

Auf Grund von Arbeitsschutzvorschriften ist eine Sicherheits- oder Gesundheitsschutzkennzeichnung für bestimmte Bereiche erforderlich. Arbeitgeber haben dafür Sorge zu tragen, dass die Kennzeichnung den Verordnungen entsprechend gestaltet ist. Merkmale der so genannten Warnzeichen sind: eine dreieckige Form, ein schwarzes Piktogramm auf gelbem Grund mit schwarzem Rand, die Gefahrenfarbe Gelb muss dabei mindestens 50 % der Oberfläche des Zeichens ausmachen.

Vor welchen Gefahren wird hier gewarnt?

Vielleicht erkennen Sie die Bedeutung der Zeichen auch ohne die Liste, welche am Ende der Übung folgt.

A  B 

C  D 

E  F 

G  H 

Hier wird gewarnt vor: Brand fördernden Stoffen, Rutschgefahr, Biogefährdung, giftigen Stoffen, explosionsgefährlichen Stoffen, feuergefährlichen Stoffen, einer Gefahrenstelle, elektrischer Spannung.

## Übung 12.14 — 1 Min.

Vitamin C (Ascorbinsäure) ist ein Radikalenfänger und steuert u. a. die körpereigene Herstellung von Collagen. Auch beim Aufbau von Aminosäuren spielt Vitamin C eine Rolle. In der Nahrung kommt Vitamin C vor allem in Obst und Gemüse vor.

Ordnen Sie die genannten Obstsorten nach ihrem zunehmenden Vitamin C-Gehalt.

**A** Apfel
**B** Hagebutte
**C** Zitrone

### Übung 12.15 2,5 Min.

Ein Satellit umkreist die Erde auf einer Kreisbahn mit einer Geschwindigkeit von 8 km/s. Für eine Erdumkreisung benötigt er 1h 28 min.
In welcher Höhe fliegt der Satellit?

___

___

___

### Übung 12.16 1 Min.

Was ist eine Metapher? Es sind mehrere Antworten möglich.

A eine Umschreibung eines Begriffes durch Einzelmerkmale
B eine rhetorische Figur, die bildhafte Aussagen benutzt
C eine Aussage, die nicht in ihrer eigentlichen, sondern in übertragener Bedeutung eingesetzt wird

### Übung 12.17 1 Min.

Zinn zersetzt sich im saurem Milieu unter Luftsauerstoff. Die Reaktionsgleichung hierzu lautet:

$Sn + {}^{1}/_{2}\, O_2 + 2\, H^{+} \rightarrow Sn^{2+} + H_2O.$

Warum soll man keine geöffneten Konservendosen aus Weißblech mit Früchten im Kühlschrank aufbewahren?

A Die Konserve rostet.
B Die Fruchtsäure reagiert mit dem Luftsauerstoff und macht die Früchte ungenießbar.

### Übung 12.18 3 Min.

Stellen Sie sich eine Eieruhr vor. Sie besteht aus zwei gleich großen Kegeln, die an ihrer Spitze miteinander verbunden sind. Der Radius der Kegel beträgt 4 cm, die Höhe der gesamten Eieruhr 12 cm. Der obere Kegel ist ganz mit Sand gefüllt, der gleichmäßig nach unten rinnt. Nach fünf Minuten ist der Sand komplett im unteren Kegel angekommen.
Wie viel Sand rinnt pro Sekunde nach unten?

___

___

### Übung 12.19 1,5 Min.

Tauschen Sie bei dieser pro Schritt nur einen Buchstaben aus und gelangen Sie vom Wort „Wasser" zum Wort „Rassen".

Wasser

___

___

___

Rassen

### Übung 12.20 — 1 Min.

Wie alle Gase dehnt sich die Luft bei Erwärmung aus und nimmt ein größeres Volumen ein. Hieraus folgt, dass sich die Dichte verringert, also dünner wird. Genauso verhält sich Farbe, die mit Wasser gestreckt wird, damit die Farbmenge auch noch für die letzte Wand ausreicht. Doch dünnere Farbe deckt nicht mehr so gut. Auch die Luft hinterlässt Spuren, wenn sie sich erwärmt und dünner wird.
Zieht eine Warmfront auf und verdrängt eine Kaltfront, so zeigt sich dies auf dem Barometer als

**A** Druckanstieg
**B** Druckabfall
**C** Druckkonstante

### Übung 12.21 — 1,5 Min.

Zwei Figuren heißen im mathematischen Sinne ähnlich, wenn sie durch zentrische Streckungen oder Kongruenzabbildungen (wie Spiegelungen) aufeinander abgebildet werden können. Überlegen Sie, ob die folgenden Figuren jeweils ähnlich zueinander sind und durch welche Form von Abbildung sie aufeinander abgebildet werden können.

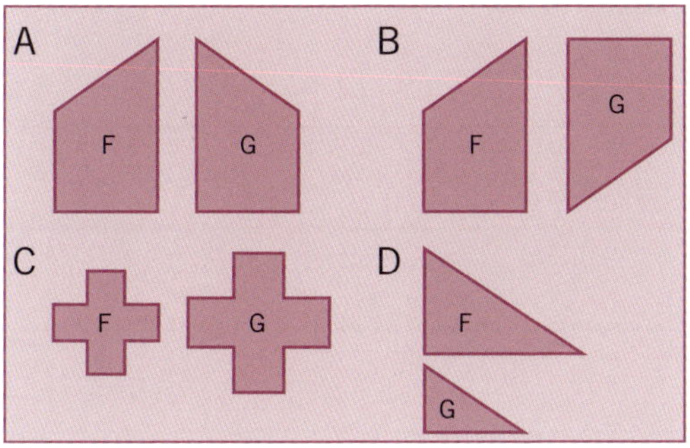


### Übung 12.22 — 2,5 Min.

In 11.22 sind Sie den Wörtern „asthenisch“ und „leptosom“ begegnet. Erklären Sie, was die Wörter bedeuten.

______________________________

______________________________

______________________________

______________________________

### Übung 12.23 — 1 Min.

Newton erkannte, dass die Gravitation aus der Wechselwirkung zweier Massen resultiert.
Welches Phänomen kann mit der Gravitationstheorie von Newton nicht erklärt werden?

Isaac Newton

**A** Die Umlaufbahn des Mondes um die Sonne.
**B** Die Flugbahn eines Balles
**C** Die Krümmung von Lichtstrahlen durch die Gravitation.

### Übung 12.24 3,5 Min.

In einer Fabrik werden Vasen aus Porzellan hergestellt. Regelmäßig überprüft eine spezielle Abteilung die Produkte auf Fehler. Dabei ergibt sich, dass von 1000 Vasen durchschnittlich 12 einen Fehler aufweisen.

**A** Wie groß ist die Wahrscheinlichkeit, dass eine Vase fehlerhaft ist?

______________________________

**B** Eine Großhandelskette bestellt 8500 Vasen. Mit wie vielen fehlerhaften Stücken muss man rechnen?

______________________________

### Übung 12.25 2 Min.

Kürzen Sie die folgenden Redewendungen so, dass sie keine Doppelinformationen mehr erhalten:

**A** Um Rückantwort wird gebeten.

______________________________

**B** Ich persönlich meine, dass ...

______________________________

**C** Nach erfolgter Bezahlung der Rechnung ...

______________________________

**D** Auf Grund der gemachten Erfahrungen ...

______________________________

**E** ... etwas miteinander vereinbaren.

______________________________

### Übung 12.26 0,5 Min.

Was sind Sternschnuppen?

**A** Kometen
**B** Meteoriten
**C** Planetoiden

### Übung 12.27 3 Min.

In einer Bevölkerung sind durchschnittlich 0,1 % aller Personen an Tuberkulose erkrankt. Der entsprechende Test zeigt die Erkrankung in 95 % der Fälle an, „erkennt" aber auch bei 4 % der gesunden Menschen die Krankheit. Nun wird ein flächendeckender Test angeordnet.
Welchen Anteil der Bevölkerung wird man auf Grundlagen dieser Daten als positiv testen?

______________________________

______________________________

______________________________

______________________________

## Lösung 12.1

1. der 6. von
2. die 7. zu
3. und 8. das
4. in 9. mit
5. den 10. sich

## Lösung 12.2

A. Euglena ist eine Brückenform zwischen Pflanzen und Tieren, da diese Alge über Merkmale der Pflanzen (Stärkekörnchen, Chloroplasten, autotrophe Ernährung,) und Merkmale der Tiere (roter Augenfleck, keine Zellwand, heterotrophe Ernährung) verfügt.

Euglena

## Lösung 12.3

Der Proportionalitätsfaktor ist hier stets:

$c = a \cdot b$, also 9.

## Lösung 12.4

Alle Sätze enthalten einen „doppelten Plural", denn an die bereits dargestellte Pluralform der Wörter Praktikum, Schema, Visum, Zucchini ist das in der deutschen Umgangssprache bisweilen vorkommende Plural-s angehängt. Das erhalten meist Wörter, deren Singular- und Pluralform gleich lauten, um den Plural zu verdeutlichen. Die richtigen Singular- und Pluralformen lauten hier: Praktikum – Praktika (A), Schema – Schemata (B) und Visum – Visa, auch Visen (C), Zucchini (seltener Zucchino) – Zucchini (D). Für die deutsche Hochsprache ist der mit „s" gebildete Plural jedoch eher untypisch. Er wird aber z. B. bei Fremdwörtern oder zur Kennzeichnung von Familiennamen verwendet. Normalerweise endet der Plural von männlichen Substantive auf -e, von weiblichen auf -(e)n und von sächlichen auf -er.

## Lösung 12.5

A. Der Chicxulub-Krater ist ein Impactkrater auf der Yucatán-Halbinsel am Golf von Mexiko. Er liegt je zur Hälfte auf dem Festland und tief unter dem Golf von Mexiko. Benannt wurde der Einschlagkrater nach dem Fischerdorf Chicxulub.

Das Observatorium und die Stufenpyramide „El Castillo" auf der Yucatán-Halbinsel, auf der sich auch der Chicxulub-Krater befindet

## Lösung 12.6

A $\sum_{n=1}^{10} n = 1+2+3+4+5+6+7+8+9+10 = 55$

B $\sum_{n=1}^{5} 2n = 2+4+6+8+10 = 30$

# Test 12
## Lösungen

C $\prod_{n=1}^{5} n = 1 \cdot 2 \cdot 3 \cdot 4 \cdot 5 = 120$

D $\prod_{n=1}^{4} \frac{1}{n} = 1 \cdot \frac{1}{2} \cdot \frac{1}{3} \cdot \frac{1}{4} = \frac{1}{24}$

### Lösung 12.7

D, A, C, E, B. Das Gedicht *Septembermorgen* von Eduard Mörike (1804–75) lautet also in der richtigen Reihenfolge der Textteile:

Eduard Mörike

Im Nebel ruhet noch die Welt,
Noch träumen Wald und Wiesen.
Bald siehst du, wenn der Schleier fällt,
Den blauen Himmel unverstellt,
Herbstkräftig die gedämpfte Welt
In warmem Golde fließen.

### Lösung 12.8

B. Deodorants verhindern die Vermehrung der Mikroorganismen oder töten sie ab.

### Lösung 12.9

Nach einmal Hüpfen erreicht der Ball eine Höhe von 2 m · 0,8 = 1,6 m. Nach dem zweiten Hüpfen berechnet sie die Höhe aus 2 · 0,8 · 0,8 = 2 · 0,82 = 1,28 m. Demnach erreicht der Ball nach 5 Hüpfern 2 · 0,85 = 0,65 m.

### Lösung 12.10

A, B, D. Möglicherweise besteht im Einzelfall ein Zusammenhang zwischen dem Umsatz und der Anzahl verkaufter Titel. Doch ob ein Viertel aller verkauften Titel auf Kriminalromane fällt, geht aus dieser Grafik nicht hervor. Sie bezieht sich ausschließlich auf die Höhe der Umsätze und nicht auf die Anzahl der verkauften Titel.

### Lösung 12.11

A, B, C

### Lösung 12.12

Die Fläche des Grundstücks beträgt $27\,\text{m} \cdot 66\,\text{m} = 1782\,\text{m}^2$.

Die fehlende Seite des Austauschgrundstücks beträgt

$$\frac{1782\,\text{m}^2}{36\,\text{m}} = 49{,}5\,\text{m}.$$

### Lösung 12.13

A elektrische Spannung
B explosionsgefährliche Stoffe
C Brandfördernde Stoffe
D giftige Stoffe
E Biogefährdung
F feuergefährliche Stoffe
G Gefahrenstelle
H Rutschgefahr

### Lösung 12.14

B – C – A.

In Hagebutten sind ca. 1250 mg Vitamin C pro 100 g enthalten. Zitronen verfügen über

Hagebutte

rund 50 mg/100 g und Äpfel liegen mit ca. 12 mg/100 g am unteren Ende der Vitamin C-Skala.

### Lösung 12.15

Wir bestimmen zunächst den Weg s, den der Satellit zurücklegt:

$$s = v \cdot t = 8 \frac{km}{s} \cdot 5280\,s = 42.240\,km$$

Nun können wir den Radius seiner Kreisbahn berechnen:

$$r = \frac{42.240}{2\pi} = 6722{,}70\,km$$

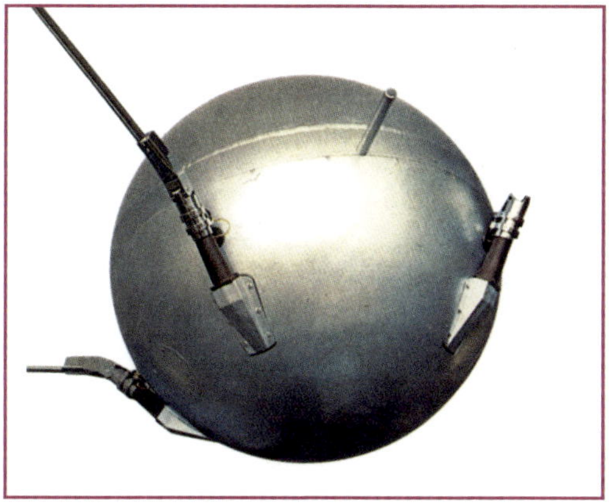

Sputnik 1, der erste künstliche Erdsatellit

Den Erdradius berechnen wir ebenso und setzen dabei aber einen Erdumfang von 40.000 km voraus. Wir erhalten dann als Ergebnis einen Radius von 6366,20 km. Die Flughöhe des Satelliten beträgt also 356,50 km.

### Lösung 12.16

B, C. Die Metapher (aus griech. meta pherein, „anderswo hintragen") ist mit dem Vergleich verwandt. Sie ist ein bildhafter, gekürzter Vergleich, der zwei Sinnbereiche verbindet und ohne Vergleichswörter (z. B. wie, so wie) auskommt: „Er war ein Löwe in der Schlacht", „das Gold seiner Haare", blitzschnell. Die Umschreibung eines Begriffes durch Einzelmerkmale bezeichnet man als Periphrase (Zusammensetzung aus griech. peri , „um herum", und phrazein, „reden"): z. B. der Allmächtige statt Gott.

### Lösung 12.17

A. Weißblech besteht aus Eisen mit einem Zinn-Überzug. Der Luftsauerstoff zersetzt das Zinn in dem sauren Milieu. Dadurch entstehen Zinn-Ionen, die das Lebensmittel verunreinigen und gleichzeitig kann, da die Schutzschicht nicht mehr vorhanden ist, die Korrosion des Eisens ablaufen. Die Konserve rostet.

### Lösung 12.18

Zunächst einmal berechnen wir das Volumen des Sandes:

$$V = \frac{\pi \cdot r^2 \cdot h}{3} = \frac{\pi \cdot 1600 \cdot 60}{3} = 100.530\ mm^3$$

Diese Menge an Sand benötigt 300 Sekunden, um in den unteren Kegel zu fließen. In einer Sekunde fließen also 335,1 $mm^3$ Sand durch die Öffnung.

### Lösung 12.19

Eine mögliche Reihenfolge lautet: Wasser, Hasser, Hassen, Passen, Rassen.

### Lösung 12.20

B Bei einer hohen Dichte (Kaltluft) ist die Kraft der Luftsäule, die auf eine Fläche wirkt, größer, als bei niedriger Dichte (Warmluft). Deshalb verzeichnet das Barometer beim Aufziehen einer Warmfront einen Druckabfall.

(Ganz einfach gesagt: kalte Luft = hohe Dichte = hoher Druck
warme Luft = niedrige Dichte = niedriger Druck)

## Lösung 12.21

Alle Figuren sind einander ähnlich. Sie sind folgendermaßen entstanden:

A Geradenspiegelung
B Punktspiegelung (Drehung um 180°)
C Zentrische Streckung
D Zentrische Streckung

## Lösung 12.22

Jemanden mit einem schmächtigen, knochen- und muskelarmen Körperbau (asthenisch: schmalwüchsig, schwach) bezeichnet man als Astheniker, jemanden mit einem schlanken Körperbau und schmalen, zartknochigen Gliedmaßen (leptosom: schlankwüchsig) bezeichnet man als Leptosomen.

## Lösung 12.23

Albert Einstein

C. Die Krümmung von Lichtstrahlen z. B. in der Nähe der Sonne wurde erst durch die Relativitätstheorie von Einstein erklärt.

## Lösung 12.24

A. Die Wahrscheinlichkeit, dass eine Vase fehlerhaft ist, ist

$$\frac{12}{1000} = 0{,}012.$$

B. Die Einkäufer müssen mit

$$8500 \cdot 0{,}012 = 102$$

fehlerhaften Stücken rechnen.

## Lösung 12.25

A. Um Antwort wird gebeten.
B. Ich meine, dass ...

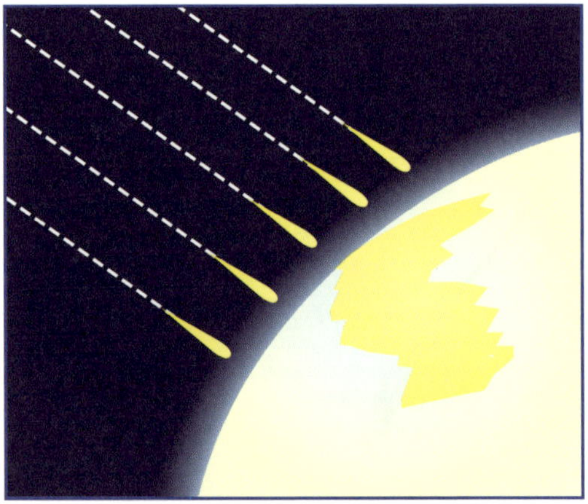

Meteoriten verglühen beim Auftreffen auf die Erdatmosphäre

C. Nach Bezahlung der Rechnung ...
D. Auf Grund der Erfahrungen ...
E. ... etwas vereinbaren

## Lösung 12.26

B. Bei Sternschnuppen handelt es sich um Meteoriten.

## Lösung 12.27

95 % von 0,1 % der Bevölkerung sind
$0{,}001 \cdot 0{,}95 = 0{,}00095$.
4 % der gesunden Bevölkerung sind
$0{,}999 \cdot 0{,}04 = 0{,}0399$. Addiert man beide Ergebnisse, so erhält man als Wahrscheinlichkeit ca. 0,04, also 4 %.

## Übung 13.1 2 Min.

Wie oft kommt der Buchstabe „e“ im folgenden Text vor? Verwenden Sie bitte keine Hilfsmittel und lesen Sie zügig.

„Wer andere kennt, ist klug; wer sich selbst kennt, ist erleuchtet. Wer andere überwindet, hat Kraft; wer sich selbst überwindet, ist stark. Wer weiß, dass er genug hat, ist reich. Wer nicht aufgibt, zeigt Willensstärke. Wer seinen Ort nicht verliert, wird nicht untergehen. Wer stirbt, ohne sich selbst aufzugeben, bleibt ewig Teil des Lebens.“

**A** 43
**B** 47
**C** 51

## Übung 13.2 1,5 Min.

Das menschliche Skelett besteht – je nach Zählweise – aus 208 bis 214 Knochen. Die Skelettteile mit den zahlreichsten Knochen sind die Wirbelsäule und die Hand. Letztere wird gebildet aus Handwurzel, Mittelhand und den Fingern.

Die Handwurzel setzt sich aus acht Knochen zusammen: Kahn-, Mond-, Erbsen-, Dreieckbein, großes und kleines Vieleckbein sowie Kopf- und Hackenbein.

Die Mittelhand besteht aus fünf Knochen, die von I bis V durchnummeriert werden.

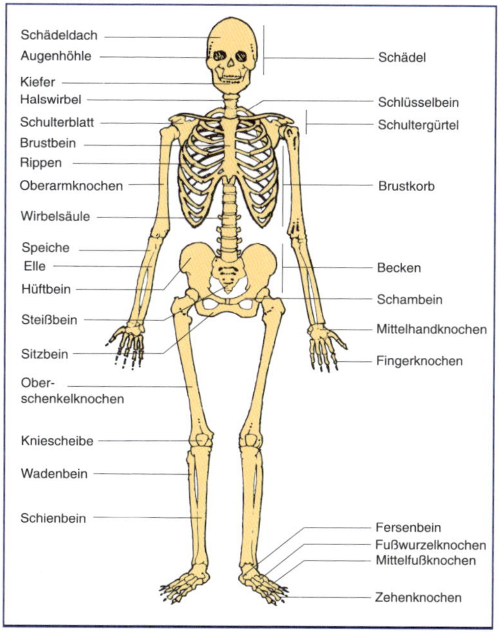


Wie viele Knochen entfallen auf Daumen und die Finger einer Hand?

**A** 5 Knochen: Je einer für jeden Finger
**B** 14 Knochen: 2 für den Daumen, 3 für jeden Finger
**C** 15 Knochen: 3 für jeden Finger

## Übung 13.3 3 Min.

Familie Müller plant einen Wochenendausflug nach Paris. Sie wollen an den Tagen, die ihnen zur Verfügung stehen, möglichst viel von der Stadt sehen. Gleichzeitig möchten sie es aber vermeiden, abends vom vielen Laufen so müde zu sein, dass sie nicht mehr ins Theater gehen können. Daher haben sie sich eine Stadtkarte von Paris gekauft und planen nun ihre Routen. Die Karte ist im Maßstab 1 : 10.000 gezeichnet. Die Müllers messen die Strecken mit dem Lineal ab und erhalten dabei folgende Werte: 5 cm, 75 mm und 3 dm. Wie weit sind diese Strecken in Wirklichkeit?

### Übung 13.4 — 3 Min.

Hinweis- und Verbotsschilder gehören zu unserem Alltag. Vielleicht haben Sie tatsächlich schon einmal Aufforderungen in dieser Form entdeckt:

**A** Betreten des „Rasens“ verboten!
**B** Bitte lassen Sie Ihr „Gepäck“ nicht unbeaufsichtigt!
**C** Für „Garderobe“ keine Haftung!
**D** Im Kantinenbereich ist „Rauchen“ nicht gestattet!

Irgendetwas stimmt hier nicht. Wissen Sie was?

Was mag, abgesehen vom Hinweisen oder Verbieten, die Absicht des Verfassers gewesen sein?

### Übung 13.5 — 1,5 Min.

Bringen Sie die Vertreter der Gattung „Homo“ in die korrekte zeitliche Reihenfolge ihres Auftretens.

**A** „Homo erectus“
**B** „Homo neanderthalensis“ (Neandertaler)
**C** „Homo sapiens“
**D** „Homo habilis“

**Zeitleiste:**
1,9 bis 1,6 Mio. Jahre
1,7 bis 0,3 Mio. Jahre
0,2 bis 0,03 Mio. Jahre
seit rund 0,2 Mio. Jahre

C Du bist mir vielleicht ein Held!
D Na, du siehst ja heute gut aus!

### Übung 13.6 — 2,5 Min.

Fassen Sie folgende Terme mithilfe von Summen- und Produktzeichen sinnvoll zusammen:

A $1+2+3+4+5+6+\ldots+n$
B $2 \cdot 4 \cdot 6 \cdot 8 \cdot \ldots \cdot 2i$
C $2^6+2^7+2^8+2^9+2^{10}$
D $x!$

### Übung 13.7 — 1,5 Min.

Eines der sprachlichen Mittel, dessen wir uns – meist unbewusst – immer wieder bedienen, ist die Ironie.
Können Sie erkennen, welche der folgenden Ausdrücke vermutlich ironisch gemeint sind?

A Das kann ja heiter werden!
B Wir haben uns nicht schlecht amüsiert!

### Übung 13.8 — 1,5 Min.

Laufen chemischen Reaktionen ab, so ist hiermit immer auch ein Energieumsatz verbunden. Meist handelt es sich bei der Energieform um Wärme. Man unterscheidet zwischen exothermen Reaktionen, wenn Wärme an die Umgebung abgegeben wird und endothermen Reaktionen, bei denen Wärme aus der Umgebung zugeführt werden muss.
Welche Reaktionen sind exotherm (1), welche endotherm (2)?

A Schmelzen von Eis
B Erstarren einer Schmelze
C Brennen von Holz

### Übung 13.9 — 2,5 Min.

Stellen Sie sich vor, Sie erleiden Schiffbruch und landen auf einer fremden Insel. Nach einiger Zeit stellen Sie fest, dass die Insel zweigeteilt ist. Auf der einen Seite wohnen die Janer, auf der anderen die Neiner. Die Janer sagen immer die Wahrheit, die Neiner lügen stets. Tagsüber findet man beide Bevölkerungsgruppen bunt auf der Insel verteilt. Sie möchten herausfinden, auf welcher Seite der Insel Sie sich befinden, dürfen aber nur eine Frage stellen. Wie lautet Ihre Frage?

### Übung 13.10 — 4 Min.

Wie eine repräsentative Umfrage im Auftrag des Börsenvereins des Deutschen Buchhandels zeigte, wird Lesen wieder populär. Die Deutschen lesen sogar heute mehr als noch vor einigen Jahren. Durchschnittlich lasen im Jahr 2004 etwa 23 % der Befragten täglich oder fast täglich in einem Buch, 19 % einmal oder mehrmals in der Woche. Immerhin lesen 12 % der Befragten noch einmal oder mehrmals im Monat, nur 18 % weniger als einmal im Monat. Gut ein Viertel der Befragten (28 %) gaben an, nie in einem Buch zu lesen.
Stellen Sie die Ergebnisse in einem Diagramm Ihrer Wahl dar und begründen Sie Ihre Entscheidung.

Pflanzenblatt

### Übung 13.11 — 1,5 Min.

Warum sind Pflanzenblätter grün? Ein Gegenstand erscheint farbig, wenn er aus dem Spektrum des sichtbaren Lichts (ca. 400–800 nm Wellenlänge) Teile absorbiert. Das Chlorophyll, das der Pflanze zur Photosynthese dient, erscheint grün, da es den Wellenlängenbereich von ca. 700 nm absorbiert. Unser Auge kann die drei Grundfarben Rot, Grün und Blau unterscheiden und miteinander mischen, wodurch sich das sichtbare Farbspektrum ergibt. Es existieren zwei Farbmodelle zur Mischung von Farben. Beim so genannten additiven Farbmodell mischt man rot-orange, grün und violett. Alle drei Farben zusammen addieren sich zu Weiß.
Welche Farbe ergibt sich beim subtraktiven Farbmodell, bei dem rot, blau und gelb gemischt werden?

**A** weiß
**B** schwarz
**C** transparent

## Übung 13.12 3 Min.

In einer Goldgräberstadt in Alaska werden die Claims abgesteckt. Als Hilfsmittel stehen den Goldgräbern ein 30 m langes geschlossenes Seil und vier Pflöcke zur Verfügung. Die Pflöcke werden so eingeschlagen, dass das straff gespannte Seil ein Rechteck bildet. Als Seitenlängen werden nur ganzzahlige Meterbeträge zugelassen.
Wie muss man seinen Claim abstecken, um eine möglichst große Fläche bearbeiten zu können? Tipp: Hier erleichtert eine Tabelle das Arbeiten.

## Übung 13.13 1,5 Min.

Ein Baustein der Werbung ist der Slogan. Weil er am Schluss einer Anzeige steht oder einen Werbespot abschließt, kann es in erster Linie nicht seine Aufgabe sein, Aufmerksamkeit zu erregen.
Welche Aufgabe mag er stattdessen haben?

## Übung 13.14 1,5 Min.

Im Norden Deutschlands heißt es Rotkohl, im Süden Blaukraut – ein und dasselbe Gemüse, nur anders zubereitet. Rotkohl ist – chemisch gesehen – ein hervorragender Indikator. Rotkohlextrakt zeigt durch seine jeweilige Färbung den Säuregehalt (ph-Wert) an. Die ph-Wert-Skala reicht von 0 bis 14, wobei ein niedriger Wert als sauer und ein hoher Wert als basisch einzustufen ist.

| ph-Wert | Farbe |
|---|---|
| 0–2 | dunkelrot |
| 2–4 | rosa-rot |
| 4–7 | lila |
| <7 | bläulich-grün |

pH Wert Skala von Rotkohl (Blaukraut)

Tropft man z. B. in ein Glas Weißwein ein wenig Rotkohlextrakt, so färbt sich der Wein rot. Das liegt an den im Wein enthaltenen Säuren. Ähnliches geschieht mit sauren Fruchtsäften.
Welcher Stoff färbt den Wein wieder weiß, d. h. neutralisiert ihn?

**A** Essig
**B** destilliertes Wasser
**C** Backpulver

### Übung 13.15 2,5 Min.

Die Erde durchläuft während eines Jahres annähernd eine Kreisbahn um die Sonne. Der Radius dieser Bahn beträgt ca. 150 Millionen Kilometer. Wie lang ist die Umlaufbahn? Mit welcher Durchschnittsgeschwindigkeit (in km/s) bewegt sich die Erde auf dieser Umlaufbahn? Hinweis: Ein Jahr hat $3{,}1536 \cdot 10^7$ Sekunden.

___

___

___

___

### Übung 13.16 1 Min.

Was ist eine Allegorie? Es sind mehrere Antworten möglich.

**A** Übertragung eines komplexen Sachverhalts auf ein Bild
**B** personale oder gegenständliche Darstellung eines abstrakten Sachverhaltes
**C** Anhäufung von Wörtern ohne Nennung eines Oberbegriffs

___

### Übung 13.17 1,5 Min.

Zucker löst sich gut in Wasser. Doch gibt man einen Zuckerwürfel in Speiseöl, so löst er sich nicht. Lediglich ein paar Bläschen steigen auf. Demnach ist Zucker zwar in Wasser, doch nicht in Öl löslich.
Doch woraus sind die aufsteigenden Bläschen?

**A** Es findet eine Reaktion statt: Kohlenstoffdioxid entwickelt sich und entweicht auf Grund seiner geringeren Dichte nach oben.
**B** Sauerstoff, der sich in den Zwischenräumen des Zuckerwürfels befindet wird vom Öl verdrängt und steigt auf Grund der geringeren Dichte nach oben.

### Übung 13.18 2,5 Min.

In einer Gärtnerei werden 2 $m^3$ Blumenerde über ein Förderband auf einen kegelförmigen Haufen aufgeschüttet. Welchen Durchmesser hat dieser Haufen, wenn er 92 cm hoch ist?

___

___

___

___

### Übung 13.19 2,5 Min.

Manchmal sind Fremdwörter unverzichtbar, weil es kein deutsches Wort für eine Sache gibt. Viele deutschsprachige Bezeichnungen konnten sich aber auch durchsetzen. Vervollständigen Sie die Gegenüberstellung von fremdsprachlichen und deutschsprachigen Wörtern.

A Kontrakt – ____________________

B Billett – ____________________

C ____________________ – Verfasser

D ____________________ – Werbung

E Universum – ____________________

F ____________________ – Ruhegehalt

G ____________________ – Fernsprecher

H Adresse – ____________________

## Übung 13.20 1,5 Min.

Saugnäpfe sind eine praktische Erfindung. Im Bad oder in der Küche dienen sie z. B. als Handtuchhalter. Ein solcher Saugnapf kann an der glatten Wand halten, da beim Andrücken die Luft aus dem Innern herausgedrückt wird; es entsteht ein Unterdruck, der den Saugnapf an der Wand festhält.
Nehmen wir an, wir fliegen auf den Mars und würden den Saugnapf dort befestigen. Würde das funktionieren?

A Ja, denn auf dem Mars existiert auch eine Atmosphäre.

B Nein, denn auf dem Mars ist die Atmosphäre sehr dünn, was nicht ausreicht, um einen Saugnapf zu fixieren.

## Übung 13.21 2 Min.

Das Ziffernblatt einer Kirchturmuhr hat einen Radius von 0,5 m. Die Stundenmarkierungen sind ganz außen am Ziffernblatt angebracht. Welchen Weg hat der Stundenzeiger zwischen zwei aufeinander folgenden Stundenmarkierungen zurückzulegen?

____________________

____________________

## Übung 13.22 0,5 Min.

Welches der folgenden Verben kann man ausschließlich positiv verwenden?

A belächeln
B schmunzeln
C lächeln
D grinsen

____________________

## Übung 13.23 1 Min.

Die Schwerkraft hängt zum einen vom Abstand zwischen Planet und Körper ab und zum anderen von der Masse. Der Mond besitzt im Vergleich zur Erde eine wesentlich geringere Masse. Dadurch werden Körper auf der Mondoberfläche nur zu einem sechstel der Gewichtskraft angezogen. D. h. ein Mensch wäre auf dem Mond sechsmal leichter als auf der Erde. Ein Mensch, der sich auf dem Saturn befindet, wäre demnach

**A** leichter
**B** gleich schwer
**C** schwerer

### Übung 13.24 2,5 Min.

Auf Betriebsfesten finden immer wieder gern Tombolas statt. Mit dem Werbeslogan „Die Wahrscheinlichkeit auf einen Gewinn bei uns ist größer als $\frac{8}{14}$ – also ran an die Buletten!" versuchen die Losverkäufer ihre Lose an den Mann zu bringen. Insgesamt handelt es sich um 280 Lose. Von ihnen sind 65 Kleingewinne wie Werbekugelschreiber und Gummikrokodile, 75 Großgewinne und der Rest sind Nieten.
Schauen Sie sich die Aussage des Werbeslogans noch einmal genau an. Stimmt die Aussage?

______________________________

______________________________

______________________________

### Übung 13.25 0,5 Min.

Welches der drei Wörter bezeichnet nie die Folge einer vorausgegangenen unangenehmen Situation?

**A** schüchtern
**B** verlegen
**C** befangen

### Übung 13.26 1,5 Min.

Im Zentrum unseres Sonnensystems befindet sich ein Stern, die Sonne. Sie wird umkreist von neun Planeten. Sortieren Sie die Planeten entsprechend ihres zunehmenden Abstands von der Sonne. Tipp: mit dem Merksatz geht's leichter:
„Mein Vater erklärt mir jeden Samstag unsere neun Planeten."

______________________________

______________________________

### Übung 13.27 3 Min.

Für die Klärung einer Sachfrage will ein Ausschuss aus seinen 14 Mitgliedern einen Fünferrat bilden. Diesem Gremium dürfen aber zwei bestimmte Mitglieder nicht gleichzeitig angehören (einer von beiden ist aber immer dabei), da sie sich nicht leiden können und so eine konstruktive Arbeit unmöglich machten.
Wie viele Varianten zur Bildung des Fünferrates gibt es dann noch?

______________________________

______________________________

______________________________

## Lösung 13.1

B. Im Text des chinesischen Philosophen Laotse, der vermutlich um 550 v. Chr. lebte, kommt der Buchstabe „e" insgesamt 47-mal vor.

## Lösung 13.2

B. Die Finger setzen sich aus je drei Knochen zusammen; der Daumen jedoch nur aus zwei. Insgesamt entfallen auf Daumen und Finger also 14 Knochen. Insgesamt besteht die Hand aus 27 Knochen. Mit ca. 33 Knochen besitzt die Wirbelsäule nur wenig mehr Knochen wie die hochspezialisierte Hand.

## Lösung 13.3

5 cm · 10.000 = 50.000 cm = 500 m
75 mm · 10.000 = 750.000 mm = 750 m
3 dm · 10.000 = 30.000 dm = 3 km

## Lösung 13.4

Die Anführungszeichen sind überflüssig, die Aufforderungen sind ohne sie ebenso gut zu verstehen. Vermutlich hat der Verfasser Schlüsselwörter hervorheben wollen und sie dazu in „Gänsefüßchen" gesetzt. Anführungszeichen stehen im Deutschen jedoch ausschließlich in vier Fällen: a) als Ein- und Ausleitung der wörtlichen Rede, b) zur Kennzeichnung von Zitaten, c) zur Hervorhebung einzelner Wortgruppen wie z. B. Namen von Zeitschriften, Buch- und Filmtiteln, Kunstobjekten, Musikstücken, Werken, von besonderen Orten, Einrichtungen o. Ä., d) um Ironie, eine Wortspielerei oder eine Distanzierung deutlich zu machen. Bei den Ausdrücken der Beispiele A–D kann es sich daher – streng genommen – nur um anders gemeinte Äußerungen handeln: z. B. um eine ungepflegte, mit Müll verunstaltete Grasfläche, arg strapazierte und lädierte Reiseutensilien, abgenutzte oder unansehnliche Kleidung und die Vorliebe für den Genuss von Marihuana.

## Lösung 13.5

D – A – B – C.
„Homo habilis" – 1,9 bis 1,6 Mill. Jahre
„Homo erectus" – 1,7 bis 0,3 Mill. Jahre
„Homo neanderthalensis" (Neandertaler) – 0,2 bis 0,03 Mill. Jahre
„Homo sapiens" – seit rund 0,2 Mill. Jahre

## Lösung 13.6

A $\sum_{x=1}^{n} x$    B $\prod_{x=1}^{i} 2x$

C $\sum_{n=1}^{5} 2^{n+5}$    D $\prod_{i=1}^{x} i$

## Lösung 13.7

A, C, D. In Beispiel B handelt es sich um eine so genannte Litotes, bei der durch Abschwächung eines Begriffes dessen Gegenteil hervorgehoben wird.

## Lösung 13.8

A2, B1, C1.
Beim Schmelzen von Eis wird Wärme zugeführt; es handelt sich also um eine endotherme Reaktion. Kühlt man eine Schmelze ab, erstarrt diese wobei Wärme an die Umgebung abgegeben wird (exotherm). Auch beim Brennen von Holz wird Wärme frei (exotherm).

## Lösung 13.9

Sie müssen eine Frage stellen, die von allen Personen gleich beantwortet wird und sich auf die Auskunft über die Seite bezieht. Eine mögliche Frage ist: „Kommst du von hier?" Nun gibt es vier verschiedene Fälle, wie die folgende Tabelle zeigt:

| | befragte Person | aktuelle Seite | Antwort |
|---|---|---|---|
| 1 | Janer | Seite der Janer | Ja |
| 2 | Neiner | Seite der Janer | Ja |
| 3 | Janer | Seite der Neiner | Nein |
| 4 | Neiner | Seite der Neiner | Nein |

## Lösung 13.10

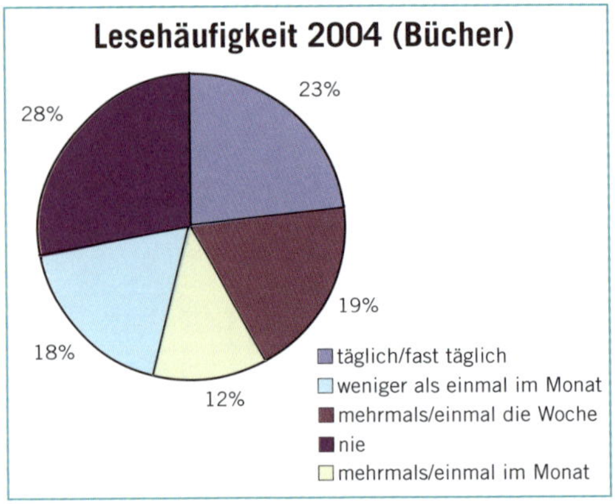


Ein Kreisdiagramm gibt die prozentuale Verteilung von Antworten auf eine einzige Frage (z. B. hier: „Wie oft lesen Sie ein Buch?“) oder von Segmenten einer Gesamtzusammensetzung wieder. Die Summe der Segmente ergibt 100 Prozent. Da bei dieser Befragung jedem Befragten nur eine Antwortmöglichkeit zur Verfügung stand, bietet sich das Kreisdiagramm als sinnvolle Form der Darstellung an.

## Lösung 13.11

B. Bei dem subtraktiven Farbmodell resultiert aus der Mischung von rot, blau und gelb die Farbe Schwarz.

## Lösung 13.12

Die größte Fläche erhält man also, wenn eine Seite 7 m und die andere 8 m lang ist. Die Tabelle sieht so aus:

| a | b | a |
|---|---|---|
| 1 m | 14 m | 14 m² |
| 2 m | 13 m | 26 m² |
| ... | ... | ... |
| 6 m | 9 m | 54 m² |
| 7 m | 8 m | 56 m² |
| 8 m | 7 m | 56 m² |
| 9 m | 6 m | 54 m² |
| ... | ... | ... |

## Lösung 13.13

Der Slogan hat mit seiner kurzen und knappen Form eine Identifikationsfunktion: Er soll positive Aspekte zu einem Marken-, Produkt- oder Firmenimage beitragen und vom Leser oder Zuschauer fest mit der jeweiligen Marke, dem Produkt oder dem Unternehmen verbunden werden. Durch Wiederholung soll er sich beim potenziellen Kunden einprägen und eine Wiedererkennung ermöglichen. Viele Slogans gelten inzwischen als eine Art moderner „geflügelter Worte“: „Nicht immer, aber immer öfter“, „Ich bin doch nicht blöd“.

## Lösung 13.14

C. Backpulver ist basisch, Wasser neutral und Essig sauer. Gibt man Backpulver zu dem sauren „Rot“-Wein, so nimmt dieser eine weiße Farbe an.

## Lösung 13.15

Die Länge der Umlaufbahn stellt den Umfang eines Kreises mit dem Radius 150 Millionen km dar. Sie beträgt also: $U = 2\pi \cdot 150 \cdot 10^6 = 942{,}48 \cdot 10^6$ km.

Die Geschwindigkeit v berechnet sich wie folgt:

$$v = \frac{s}{t} = \frac{94{,}248 \cdot 10^7}{3.1536 \cdot 10^7} = 29{,}886 \text{ km/s.}$$

## Lösung 13.16

A, B. Die Allegorie (aus griech. allegorein, „anders, bildlich reden“) ist eine Metapher, die über ein Einzelwort hinausgeht: Schiff ist z. B. eine Allegorie auf den Staat, bestehend aus Kapitän, Steuermann, Mannschaft usw., Justitia eine Allegorie auf die Gerechtigkeit. Die Anhäufung von Wörtern bezeichnet man als Akkumulation: „Nun ruhen alle Wälder, Vieh, Menschen, Städt' und Felder“ (Paul Gerhardt, 1607–76).

## Lösung 13.17

B. In den Hohlräumen des Zuckerwürfels befindet sich Luft, also Sauerstoff. Das Öl dringt in diese Hohlräume ein und verdrängt die Luft. Es bilden sich Luftbläschen, die eine geringere Dichte wie das Öl aufweisen und folglich nach oben aufsteigen.

## Lösung 13.18

Wir nutzen die Formel zur Berechnung des Volumens eines Kegels:

$$V = \frac{\pi \cdot r^2 \cdot h}{3}$$

Wir berechnen zuerst den Radius, dann den Durchmesser:

$$r = \sqrt{\frac{3 \cdot V}{\pi \cdot h}} = 1{,}44\,\text{m}$$

Der Radius beträgt 1,44 m, der gesuchte Durchmesser demzufolge 2,88 m.

## Lösung 13.19

A Vertrag
B Fahrkarte
C Autor
D Reklame
E Weltall
F Pension
G Telefon
H Anschrift

## Lösung 13.20

B. Auf dem Mars herrscht tatsächlich eine sehr dünne Atmosphäre bei der es Schwierigkeiten bereitet einen Saugnapf an einer Wand anzubringen.

## Lösung 13.21

Zu berechnen ist hier die Länge eines Kreisbogens. Eine wichtige Größe hierbei ist der Winkel, den die beiden Schenkel des „Tortenstücks“ bilden. Er heiße $\varphi$ (Phi). Er berechnet sich aus $360^\circ \div 12 = 30^\circ$. Die Länge des Kreisbogens b ermitteln wir nun aus

$$b = \frac{30}{360} \cdot 0{,}5 \cdot \pi = 0{,}26$$

Der Zeiger hat innerhalb einer Stunde 26 cm zurückzulegen.

## Lösung 13.22

B. schmunzeln

## Lösung 13.23

C. Ein Mensch auf dem Saturn wäre viel schwerer als auf der Erde, da der Saturn im Vergleich zur Erde eine wesentlich höhere Masse besitzt.

## Lösung 13.24

Insgesamt haben wir 280 Lose, 140 von ihnen gewinnen. Die Wahrscheinlichkeit für einen Gewinn beträgt also $\frac{140}{280} = \frac{1}{2}$. Das ist eindeutig weniger als $\frac{8}{14}$.
Allerdings haben die Werbestrategen nur ein wenig geschummelt, sodass man diesen Vorgang nicht an die große Glocke hängen sollte.

## Lösung 13.25

A. schüchtern.

## Lösung 13.26

1 Merkur, 2 Venus, 3 Erde, 4 Mars, 5 Jupiter, 6 Saturn, 7 Uranus, 8 Neptun, 9 Pluto

## Lösung 13.27

Die Lösung dieser Aufgabe findet man so:

$$x = \binom{12}{4} \cdot \binom{2}{1} = \frac{12!}{4!8!} \cdot 2! = 990$$

Es gibt noch 990 Möglichkeiten, den Fünferrat zu bilden.

### Übung 14.1 — 2 Min.

In vielen Texten begegnen wir Abkürzungen. Die meisten davon verwendet man in standardisierter Form, damit sie allgemein verständlich sind. Viele sind inzwischen sogar in den alltäglichen Sprachgebrauch übergegangen. Wissen Sie, was die folgenden Abkürzungen bedeuten?

1. dto.: ____________________
2. jmdn.: ____________________
3. ges. gesch.: ____________________
4. BGB: ____________________
5. ccm: ____________________
6. eig., eigtl.: ____________________
7. resp.: ____________________
8. o. ä.: ____________________
9. z. Hd.: ____________________
10. No.: ____________________

### Übung 14.2 — 1,5 Min.

Reflexe sind unwillkürliche Reaktionen des Organismus, wie z. B. die Hand von der heißen Herdplatte zurückziehen. Es gibt unbedingte und bedingte Reflexe. Unbedingte Reflexe sind angeborene und beständige Reaktionen auf Reize. Hierzu zählen u. a. der Schluck-, Speichel- und Niesreflexe. Bedingte Reflexe sind erworbene Reaktionen auf so genannte Signalreize. Des Weiteren unterscheidet man bei den unbedingten Reflexen zwischen Eigen- und Fremdreflexen. Bei Eigenreflexen liegen die Sinneszellen im Erfolgsorgan. Bei Fremdreizen sind Sinneszellen und Erfolgsorgan voneinander getrennt. Welche der Reflexe sind Eigenreflexe (1), welche Fremdreflexe (2)?

**A** Würgereflex
**B** Fingerbeugereflex
**C** Hustenreflex
**D** Kniesehnenreflex

### Übung 14.3 — 1,5 Min.

Wie kann man die Zahl 81 so in zwei Summanden zerlegen, dass sie sich verhalten wie 5 : 4?

____________________

____________________

### Übung 14.4 — 2,5 Min.

Manch floskelhaftes Sprechen führt im täglichen Leben bisweilen zu einem ungewollten Lacherfolg oder einer gequälten Bemerkung des Gegenübers. Welche Missverständnisse sind hier möglich? Verbessern Sie die Sätze so, dass Missverständnisse ausgeschlossen sind.

A Können Sie mir sagen, wie spät es ist?

B Sind Sie die Kasse?

C Können Sie mir das Geschenk ein bisschen einpacken?

D Sie können mir nicht helfen?

Konrad Lorenz

### Übung 14.5 0,5 Min.

In den 1950er-Jahren führte Konrad Lorenz (1903–89) den Begriff der Prägung, einer Sonderform des Lernens, ein. Welche Jungtiere brachte er dazu, ihn als ihre Mutter anzusehen?

A Entenküken
B Hühnerküken
C Gänseküken

### Übung 14.6 2 Min.

Ein Möbelhersteller hat einen Bestand von 512 gleichen Schreibtischstühlen. Der Herstellungspreis für einen Stuhl liegt bei 117,30 €. Der Verkaufspreis für einen Stuhl beträgt 72 % mehr als der Herstellungspreis.

A Berechnen Sie den Verkaufspreis für einen Stuhl.
B Firma B möchte 100 Stühle erwerben, wenn sie auf die gesamte Menge einen Rabatt von 20 % erhält. Wie hoch wäre jetzt der Verkaufspreis pro Stuhl?

### Übung 14.7 3 Min.

Der US-amerikanische Schriftsteller Mark Twain (1835–1910) war ein Bewunderer der deutschen Sprache und sprach fließend Deutsch. Seine Vorbehalte aus der Sicht eines Fremdsprachlers äußerte er in liebevoll-kritischer Manier in seiner Abhandlung

Mark Twain

*Die schreckliche deutsche Sprache*. Bringen Sie den folgenden Auszug in die richtige Reihenfolge. Das Wort in eckigen Klammern ist hilfsweise eingefügt.

**A** Wo man auch immer eine deutsche Zeitung aufschlägt, kann man sie majestätisch über die Seite marschieren sehen – und wer die nötige Phantasie besitzt, sieht auch die Fahnen und hört die Musik. Sie geben selbst dem sanftesten Thema etwas schauererregend Martialisches.

**B** Das traurige Ereignis hat einen düsteren Schatten über die ganze Stadt geworfen.

**C** Manche deutschen Wörter sind so lang, dass man sie nur aus der Ferne ganz sehen kann. [Das] sind keine Wörter, es sind Umzüge sämtlicher Buchstaben des Alphabets. Und sie kommen nicht etwa selten vor.

**D** Im Krankenhaus wurde gestern einem Patienten – einem Norddeutschen aus der Nähe von Hamburg – ein dreizehnsilbiges Wort herausgenommen; aber da die Chirurgen ihn höchst unglücklicherweise an der falschen Stelle geöffnet hatten (nämlich in der Annahme, er habe ein Panorama verschluckt), starb er.

**E** Diese Eintragung liefert mir den Text zu ein paar Bemerkungen über einen der eigentümlichsten und bemerkenswertesten Züge des von mir behandelten Gegenstandes – die Länge deutscher Wörter.

### Übung 14.8 — 2 Min.

Eine wichtige Kenngröße von Stoffen ist der Aggregatzustand (fest, flüssig oder gasförmig) bei Raumtemperatur und Normaldruck. Änderungen des Druckes bzw. der Temperatur führen zu Zustandsänderungen. Die Übergänge zwischen den Aggregatzuständen nutzen wir tagtäglich. Zum Beispiel beim Schmelzen von Eis geht der Zustand von fest in flüssig über; beim Kochen von Wasser, entsteht Wasserdampf. Aber auch den Übergang von fest in gasförmig (sublimieren) kann Wasser leisten: Hängt man nasse Wäsche

im Winter im Garten auf, so gefriert sie zuerst. Wartet man lange genug, trocknet die Wäsche trotzdem.
Welche Zustandsänderung liegt vor, wenn sich in einer trockenen Winternacht Eiskristalle an Autoscheiben bilden?

**A** Erstarren (Kristallisieren)
**B** Sublimieren
**C** Resublimieren

### Übung 14.9 — 2,5 Min.

Fünf Gangster kommen in der finsteren Nacht auf einem unheimlichen, aber beleuchteten Platz zu einem schicksalhaften Treffen zusammen. Sie sind alle verschieden weit voneinander entfernt. Mit dem Glockenschlag um 12:00 Uhr wird jeder von ihnen genau einen Schuss auf einen anderen abgeben. Dabei schießt jeder auf seinen nächsten Nachbarn und trifft ihn tödlich. Zeigen Sie, dass mindestens einer der Gangster überlebt.

### Übung 14.10 — 2 Min.

Während man früher Fremdwörter gerne durch deutsche Bezeichnungen ersetzte, hat sich der Trend heute umgekehrt. Eine Bevorzugung der englischen Sprache schlägt sich auch in Wörtern des Alltagsgebrauchs nieder. Ergänzen Sie die gängigen englischsprachigen Begriffe.

**A** Wartung

______________________

**B** Getränk

______________________

**C** Arbeit

______________________

**D** Anspannung

______________________

**E** Klang

______________________

**F** entspannen

______________________

### Übung 14.11 — 2 Min.

Bei thermodynamischen Prozessen, bei denen Energieumsatz in Form von z. B. Wärme oder Arbeit erfolgt, unterscheidet man zwischen offenen, geschlossenen und abgeschlossenen Systemen. Bei einem offenen System kann sowohl Materie als auch Energie mit der Umgebung ausgetauscht werden. Ein Beispiel für ein offenes System ist ein offener Kochtopf, bei dem sowohl Energie in Form von Wärme als auch Materie in Form von Wasserdampf mit der Umgebung ausgetauscht wird. Bei einem geschlossenen System kann keine Materie, wohl aber Energie mit der Umgebung ausgetauscht werden. Dieser Fall liegt bei einem verschlossenen Reagenzglas, in dem eine Reaktion abläuft, vor. Ist die Reaktion exotherm, so wird Wärme über das Glas an die Umgebung abgegeben. Im letzten Fall, dem abgeschlossenen (oder isolierten) System, kann weder Materie noch Energie mit der Umgebung ausgetauscht werden. Das Universum wird derzeit als abgeschlossenes System betrachtet.

Bei einem Dampfdrucktopf (Schnellkochtopf) handelt es sich um ein

**A** offenes System.
**B** geschlossenes System.
**C** abgeschlossenes System.

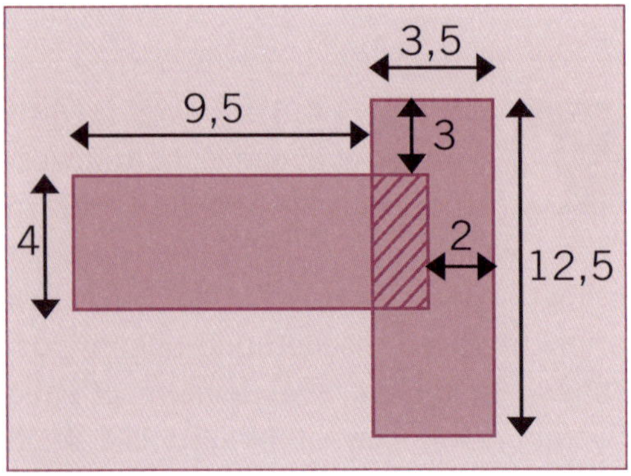


## Übung 14.12 2,5 Min.

Die oben stehende Zeichnung dient lediglich der Orientierung, sie ist nicht maßstabsgerecht.

**A** Berechnen Sie den Flächeninhalt der schraffierten Figur.
**B** Berechnen Sie den Flächeninhalt der Gesamtfigur.

## Übung 14.13 2,5 Min.

Der Verfasser des folgenden Textes verwendet einen Stil, der bei Werbetexten inzwischen häufig anzutreffen ist.

„In Zukunft wird es wichtiger sein, sämtliche sich durch das Internet bietende Wettbewerbschancen zu nutzen und damit die Chancen auf einen besseren Kundenkontakt und die Vereinfachung einzelner Arbeitsschritte wahrzunehmen. Hinzu kommt die erhöhte Nachfrage nach Dienstleistungen und Informationen seitens der Kunden und die Präsenz von Mitbewerbern, die den Aufsprung auf die neue ‚Dienstleistungswelle' bereits geschafft haben. Die Optimierung von Geschäftsprozessen bringt einerseits die noch fehlende Erfahrung im Umgang mit den vorhandenen Mitteln und ermöglicht andererseits, Qualität und Quantität bei der Wunscherfüllung der Kunden bei gleichem Zeitaufwand zu steigern. Ein weiterer wichtiger Grund für den Einsatz neuer Maßnahmen ist die Kosteneinsparung, die durch verbesserte und schnellere Systeme nachhaltig deutlich gesteigert werden kann."

Halten Sie den Text für gelungen? Begründen Sie Ihre Antwort.

## Übung 14.14 1,5 Min.

Früchtetees enthalten meist Vitamin C (Ascorbinsäure) oder Zitronensäure. Hierdurch kommen die natürlichen Farbstoffe der Früchte besser zur Geltung. Denn viele Fruchtfarbstoffe wirken wie Säure-Base-Indikatoren: Sie nehmen im sauren Bereich eine kräftige Farbe an. Ein Teebeutel-Apfeltee besitzt z. B. einen pH-Wert von ca. 4. Gibt man nun zu Früchtetees Milch, so fällt das in der Kuhmilch enthaltene Milcheiweiß Kasein aus. Es denaturiert und es entstehen weiße Flocken im Tee. Was geschieht, wenn man zu schwarzem Tee Zitronensaft und Milch gibt?

**A** Das Kasein der Milch flockt aus.
**B** Der schwarze Tee nimmt eine rötliche Färbung an.
**C** Es verändert sich nichts.

## Übung 14.15 2,5 Min.

Gegeben ist folgendes Bild:

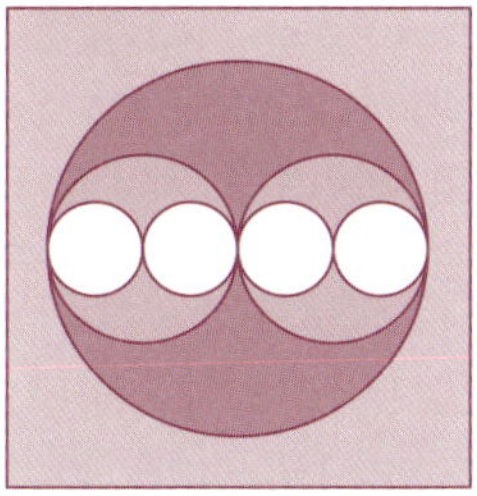

Zeigen Sie, dass die Summe der Umfänge aller Kreise mit gleicher Farbe so groß ist wie der Umfang des äußeren Kreises.

## Übung 14.16 1,5 Min.

In erzählenden Texten haben nicht nur Zeitaspekte motivischen Charakter. Auch Raumaspekte werden von Autoren gezielt eingesetzt, um beim Leser bestimmte Assoziationen auszulösen. Welche symbolische Bedeutung mag den folgenden Motiven zukommen? Sie können die Paare jeweils durch Linien verbinden.

| | |
|---|---|
| Schlachtfeld | Ort der Einsamkeit und Bewährung |
| Haus und Wohnung | Ort der Sehnsucht, Ungebundenheit, Freiheit |
| Meer | Ort der Grenze zwischen Enge und Freiheit, der Sehnsucht nach Unabhängigkeit |
| Fenster | Ort der Geborgenheit, des Rückzugs vom Alltag, aber auch der Enge |
| Wald | Ort des Grauens, der Entscheidung, der Gewalt |

## Übung 14.17 1 Min.

Was löst sich besser in Wasser, Salz oder Zucker? Natürlich Zucker. Doch die gleiche Menge Wasser kann mehr Salz aufnehmen als Zucker. Warum ist das so?

**A** Salz bildet wegen seiner geladenen Ionen eine geordnete Struktur im Wasser, sodass mehr Teilchen hineinpassen.
**B** Salz vergrößert die Oberflächenspannung des Wassers. So entsteht mehr Platz für die Wasser- und Salzteilchen.
**C** Salz verringert die Löslichkeit von Wasser, weshalb mehr Salzteilchen mit

zunehmendem Salzgehalt des Wassers aufgenommen werden können.

### Übung 14.18 2,5 Min.

Stellen Sie sich vor, dass die folgende Figur um die gestrichelte Linie herum rotiert:

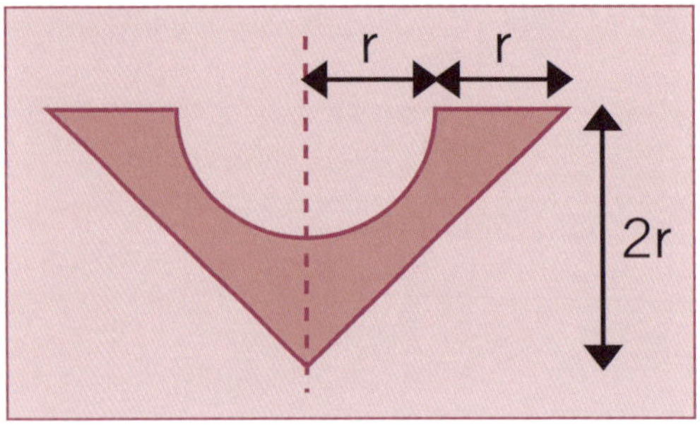


Bestimmen Sie das Volumen der resultierenden Figur.

### Übung 14.19 2 Min.

Können Sie anhand der beiden Beispiele erklären, was man wohl unter einer Klimax versteht?

A „Heute back' ich, morgen brau' ich, übermorgen hole ich der Königin ihr Kind." (aus *Rumpelstilzchen*, aus *Kinder- und Hausmärchen* von Jakob Ludwig Karl [1785–1863] und Wilhelm Karl Grimm [1786–1859]).

B „Ich kam, sah und siegte." (Gaius Julius Caesar, 100–44 v. Chr.)

### Übung 14.20 1,5 Min.

Henri ist auf einer Himalajaexpedition. Am Gipfel möchte er sich ein Ei kochen. In diesen Höhen ist der Luftdruck niedriger als im Tal. Welche Auswirkung hat das auf die Kochzeit des Eies?

Gebirgszug im Himalaja

A Ein niedrigerer Luftdruck bedeutet, dass das Wasser bereits unter 100 °C zu sieden beginnt. Henri muss das Ei länger kochen, da weniger Hitze zur Verfügung steht.

B Der Luftdruck hat keinen Einfluss auf die Kochzeit des Eies.

C Ein niedrigerer Luftdruck bedeutet, dass das Wasser bei über 100 °C zu sieden beginnt. Henri muss das Ei kürzer kochen, da mehr Hitze zur Verfügung steht.

### Übung 14.21 2 Min.

Ein kugelförmiger Öltropfen mit einem Durchmesser von 5 mm fällt auf eine Tischplatte und bildet dort eine kreisförmige Ölschicht von 1 mm Höhe. Welchen Durchmesser hätte dann der Ölfleck, wenn er sich kreisförmig ausgebreitet hätte?

### Übung 14.22 1,5 Min.

Wie viele Rechtschreibfehler können Sie in dieser Wortliste entdecken?

grässlich, Rhytmik, Appetit, bis Hundert zählen, numerieren, auf dem laufenden sein, die Farbe blau, grösstenteils.

A 4
B 6
C 8

### Übung 14.23 1 Min.

Heißer Kaffee oder Tee kühlt schneller ab, wenn man einen Löffel hineinstellt. Überlegen Sie mal: Wie werden sehr große Kartoffeln gleichmäßig gar?

A Man durchbohrt die Kartoffel mit Metallstäbchen. Denn Metall leitet die Wärme des heißen Wassers ins Innere der Kartoffel.
B Man schält die Kartoffel, da die Schale eine Barriere darstellt, die von der Wärme überwunden werden muss.
C Man gibt Salz ins Wasser, damit die Wärmeleitfähigkeit des Wassers erhöht wird.

### Übung 14.24 2,5 Min.

In einem Topf sind verschiedenfarbige Kugeln. Die Wahrscheinlichkeit für das Ziehen einer gelben Kugel ist 0,25, die Wahrscheinlichkeit für das Ziehen einer orangen Kugel ist 0,375, für eine grüne Kugel sind es 0,166 und eine blaue Kugel wird mit einer Wahrscheinlichkeit von 0,2083 gezogen. Wie viele Kugeln müssen mindestens im Topf sein?

### Übung 14.25 1 Min.

Ordnen Sie die Verben greinen, zetern, wehklagen, plärren, schluchzen, flennen.

niedere Stilebene: ____________________

höhere Stilebene: ____________________

### Übung 14.26 0,5 Min.

Bei den Planeten unterscheidet man zwischen inneren und äußeren Planeten. Welcher Gürtel trennt innere und äußere Planten voneinander?

A Asteroidengürtel
B Kuipergürtel

### Übung 14.27 2 Min.

Für die Abbildungen in einem Mathematikbuch hat man vier verschiedene Farben zur Verfügung. Man kann jede Farbe in drei Stufen von hell nach dunkel variieren und sie als Raster oder Schraffur verwenden. Wie viele Möglichkeiten haben die Grafiker nun, die Abbildungen farblich zu gestalten?

# Test 14
## Lösungen

### Lösung 14.1

1. dto.: dito (dasselbe)
2. jmdn.: jemanden
3. ges. gesch.: gesetzlich geschützt
4. BGB: Bürgerliches Gesetzbuch
5. ccm: Kubikzentimeter, auch $cm^3$
6. eig., eigtl.: eigentlich
7. resp.: respektive
8. o. ä.: oder ähnlich
9. z. Hd.: zu Händen (von), auch z. H.
10. No.: Numero, Nummer; auch N°

Die Schreibweisen der allgemein verwendeten Abkürzungen sind verbindlich im Rechtschreib-Duden festgelegt.

### Lösung 14.2

A2, B1, C2, D1.

Eigenreflexe: Fingerbeuge- und Kniesehnenreflex; hier befinden sich die Sinneszellen im Erfolgsorgan.

Fremdreflex: Würg- und Hustenreflex; hier sind Sinneszellen und Erfolgsorgan voneinander getrennt.

### Lösung 14.3

Mann kann auch sagen: Der erste Summand ist $\frac{5}{9}$ von 81, der zweite $\frac{4}{9}$. Daraus ergibt sich für den ersten Summanden:

$a = 81 \cdot \frac{5}{9} = 45$ und für den zweiten

$b = 81 - 45 = 36$.

### Lösung 14.4

A. Es handelt sich um eine geschlossene Frage, die zwar mit „Ja“ oder „Nein“ ausreichend beantwortet ist, dann aber dem Interesse des Fragenden nach der genauen Uhrzeit zuwiderläuft („Sagen Sie mir bitte, wie spät es ist!“).

B. Auch wenn in manchen Betrieben die Rationalisierung voranschreitet: Es ist sicherlich unpassend, die Verkäuferin oder den Verkäufer mit einer Maschine gleichzusetzen („Wo darf ich bezahlen?“, „Kann ich bei Ihnen bezahlen?“).

C. Ob es möglich ist, ein Geschenk nur zu einem Teil zu verpacken, mag dahingestellt sein. Vermutlich soll das Geschenk in diesem Fall schlicht verpackt werden, ohne buntes, aufwändiges Dekorationsmaterial („Es reicht mir, wenn Sie das Geschenk in Papier einschlagen.“).

D. Offensichtlich steht die Meinung des Fragenden bereits fest: Das Gegenüber kann nicht helfen. Hinter der Frage verbirgt sich jedoch die Bitte um Hilfe („Können Sie mir helfen?“).

### Lösung 14.5

C. Konrad Lorenz beobachtete das Verhalten der Prägung zuerst an frisch geschlüpften Graugansküken.

### Lösung 14.6

A. Der Verkaufspreis für einen Stuhl berechnet sich aus 117,3 · 1,72 = 201,756. Ein Stuhl kostet also 201,76 €.

B. 100 Stühle kosten 20.176,00 €.
80 % davon sind 16.140,80 €. Ein Stuhl kostet jetzt also nur noch 161,41 €.

### Lösung 14.7
Die richtige Reihenfolge lautet: D, B, E, C, A.

### Lösung 14.8
C. Der Wasserdampf in der Luft setzt sich in Form von Kristallen an den Autoscheiben ab. Die Zustandsänderung von gasförmig in fest wird als Resublimation bezeichnet.

### Lösung 14.9
Zunächst erschießen sich die beiden Gangster mit dem geringsten Abstand zueinander gegenseitig. Danach müssen zwei Fälle unterschieden werden:

1. Keiner der übrigen Gangster schießt auf einen der bereits Getroffenen. Daraus folgt, dass sich unter den Übrigen die zwei mit dem geringsten Abstand gegenseitig erschießen und der Dritte überlebt.
2. Einer der bereits Getroffenen wird von einer zweiten Kugel getroffen. Daraus folgt, dass noch zwei Kugeln ausstehen, aber noch drei Gangster leben und somit einer der Gangster überleben wird.

### Lösung 14.10
A Service
B Drink
C Job
D Stress
E Sound
F relaxen

### Lösung 14.11
B. Ein Dampfdrucktopf (Schnellkochtopf) kann zwar Energie in Form von Wärme aufnehmen, jedoch keine Materie (hier Wasserdampf) an die Umgebung abgeben. Es handelt sich folglich um ein geschlossenes System.

### Lösung 14.12
A. Die schraffierte Figur ist 4 m hoch und 1,5 m breit. Ihr Flächeninhalt beträgt also 6 $m^2$.

B. Das linke Rechteck besitzt einen Flächeninhalt von $4\,m \cdot 9{,}5\,m = 38\,m^2$, das rechte Rechteck von $3{,}5\,m \cdot 12{,}5\,m = 43{,}75\,m^2$. Die Gesamtfläche beträgt $81{,}75\,m^2$.

### Lösung 14.13
Das Urteil, ob der Text gelungen ist oder nicht, mag jedem Leser selbst vorbehalten bleiben. Fest steht jedoch: Er ist nicht sehr lesefreundlich. Der Verfasser verwendet durchgehend den so genannten Nominalstil. Kennzeichen des Nominalstils ist eine übermäßige Häufung von Substantiven. Sie machen den Stil schwerfällig und den Inhalt des Satzes abstrakt und schwer verständlich. So genannte Klemmkonstruktionen (Einschübe wie „sich durch das Internet bietende“, „die noch fehlende Erfahrung“) und Worthülsen (Optimierung, Geschäftsprozesse) verstärken den Eindruck, Satzanschlüsse entpuppen sich als Mittel der Aufzählung („hinzu kommt“, „ein weiterer Grund“). Zudem bleiben einige Fragen offen: Welche Arbeitsschritte können vereinfacht werden? Welche sind die vorhandenen Mittel? Welche sind die neuen Maßnahmen? Nicht immer liegt es am Leser, wenn ein Text schwer zu verstehen ist. Immerhin hat

jeder Leser die Möglichkeit, einen solchen Text beiseite zu legen – ungelesen.

## Lösung 14.14

A. Ebenso wie beim Früchtetee flockt das Milcheiweiß Kasein im durch den Zitronensaft sauren Tee aus.

## Lösung 14.15

$U_1$ sei der Umfang aller kleinen weißen Kreise, $U_2$ der Umfang aller mittleren, hellgrauen Kreise und $U_3$ der Umfang des großen Kreises und r der Radius eines der kleinen Kreise. Nun können wir die einzelnen Gesamtumfänge berechnen:

$$U_1 = 4 \cdot 2\pi \cdot r = 8\pi \cdot r$$
$$U_2 = 2 \cdot 2\pi \cdot 2r = 8\pi \cdot r$$
$$U_3 = 2\pi \cdot 4r = 8\pi \cdot r$$

Man sieht also, dass gilt $U_1 = U_2 = U_3$.

## Lösung 14.16

Motive sind oft mehrdeutig. Meist ergibt sich ihre Bedeutung aus dem Zusammenhang, in dem sie stehen. Mögliche Beispiele sind hier:

| | |
|---|---|
| Schlachtfeld | Ort des Grauens, der Entscheidung, der Gewalt |
| Haus und Wohnung | Ort der Geborgenheit, des Rückzugs vom Alltag, aber auch der Enge |
| Meer | Ort der Sehnsucht, Ungebundenheit, Freiheit |
| Fenster | Ort der Grenze zwischen Enge und Freiheit, der Sehnsucht nach Unabhängigkeit |
| Wald | Ort der Einsamkeit und Bewährung |

## Lösung 14.17

A. Die Wassermoleküle richten sich wegen ihres Dipolcharakters entsprechend der geladenen Salz-Ionen aus. Hierdurch entsteht eine geordnete Struktur, die mehr Platz bietet als die ungeordnete Zucker-Wasser-Struktur.

## Lösung 14.18

Lässt man die Figur rotieren, hat man es mit einem Kegel zu tun, bei dem eine Halbkugel ausgespart ist. Wir berechnen also zunächst das Volumen des Kegels:

$$V_K = \frac{\pi \cdot r^2 \cdot h}{3}$$

In unserem Fall ist r = 2r.

Das Volumen der Halbkugel berechnet sich aus:

$$V_{Ku} = \frac{1}{2} \cdot \frac{4 \cdot \pi \cdot r^3}{3}$$

Das Volumen der Figur beträgt also:

$$V = \frac{\pi \cdot r^2 \cdot h}{3} - \frac{1}{2} \cdot \frac{4 \cdot \pi \cdot r^3}{3}$$
$$= \frac{8}{3} \cdot r^3 \cdot \pi - \frac{2}{3} \cdot r^3 \cdot \pi$$
$$= 2 \cdot r^3 \cdot \pi$$

## Lösung 14.19

Eine Klimax ist eine rhetorische Figur (Sinnfigur), die aus einer steigenden Reihe von Wörtern, Satzteilen oder gar Sätzen besteht.

## Lösung 14.20

A. Ein geringerer Luftdruck bedeutet, dass das Wasser bereits bei unter 100 °C zu sieden beginnt. Am Siedepunkt geht das flüssige Wasser in Wasserdampf über. Liegt der Siedepunkt niedriger, steht weniger Wärme/Energie zur Verfügung und das Ei benötigt deshalb eine längere Zeit zum kochen.

## Lösung 14.21

Das Volumen der Ölkugel berechnen wir mit

$$V = \frac{4}{3} \cdot \pi \cdot r^3 = \frac{4}{3} \cdot \pi \cdot 2{,}5^3 \approx 65{,}45 \text{ mm}^3$$

Die Ölschicht können wir als (wenn auch recht platten) Zylinder auffassen. Seinen Radius bestimmen wir auch über die Formel zur Berechnung des Volumens:

$$V = \pi \cdot r^2 \cdot h$$

$$65{,}45 = \pi \cdot r^2 \cdot 1 \Rightarrow r = 4{,}56 \text{ mm} \Rightarrow d = 2 \cdot r = 9{,}12 \text{ mm}$$

Der Ölfleck hat einen Durchmesser von 9,12 mm.

## Lösung 14.22

B. grässlich, Rhythmik, Appetit, bis hundert zählen, nummerieren, auf dem Laufenden sein, die Farbe Blau, größtenteils

## Lösung 14.23

A. Metall leitet die Wärme gut. Im Fall des heißen Kaffees oder Tees leitet der Metalllöffel die Wärme nach außen hin ab. Kartoffeln enthalten in ihren Zellen viel Wasser, welches ein schlechter Wärmeleiter ist. Durchbohrt man sehr große Kartoffeln mit Metallspießen, so kann die Wärme leichter ins Innere der Kartoffel dringen und sie gleichmäßig erhitzen.

## Lösung 14.24

Für die Bestimmung der Wahrscheinlichkeit gilt hier grundsätzlich: Wir müssen die Anzahl der Kugeln einer Farbe durch die Gesamtzahl aller Kugeln teilen. Vor diesem Hintergrund müssen wir nun zunächst die Dezimalbrüche in echte Brüche umwandeln:

$$0{,}25 = \frac{1}{4};\ 0{,}375 = \frac{3}{8};$$

$$0{,}166 = \frac{1}{6};\ 0{,}2083 = \frac{5}{24}$$

Bringt man nun alle Brüche auf einen Nenner, so erhält man im Zähler die Anzahl der Kugeln mit der jeweiligen Farbe. Der gemeinsame Nenner in unserem Fall ist 24. Daraus ergibt sich: Es sind 6 gelbe, 9 orangefarbene, 4 grüne und 5 blaue Kugeln im Topf.

## Lösung 14.25

niedere Stilebene: greinen, zetern, plärren, flennen.
höhere Stilebene: wehklagen, schluchzen.

## Lösung 14.26

A. Der Asteroidengürtel befindet sich zwischen Mars und Jupiter. Er besteht aus Kleinplaneten bzw. Planetoiden (planetenähnlichen Objekten).

## Lösung 14.27

Die Grafiker haben $4 \cdot 3 \cdot 2 = 24$ Möglichkeiten.

### Übung 15.1 — 2 Min.

In einer der vorigen Übungen (genauer: Übung 1.4) haben Sie etwas über das römische und das arabische Zahlensystem erfahren. Welche der folgenden Behauptungen treffen nicht zu? Versuchen Sie die Aufgabe zu lösen, ohne die entsprechende Seite noch einmal aufzuschlagen.

**A** Römische Zahlen schrieb man grundsätzlich nach einem Additions-Subtraktions-Verfahren.
**B** Man darf heute bis zu drei kleinere Ziffern links neben eine größere schreiben.
**C** Die arabische Schreibweise von Zahlen setzte sich in Europa etwa im 16. Jahrhundert gegen die römische durch.
**D** Man verwendet seit dem Mittelalter insgesamt acht römische Ziffern.

### Übung 15.2 — 1,5 Min.

Unsere Nahrung liefert wichtige Bestandteile wie beispielsweise Kohlenhydrate, Fette, Eiweiße sowie Vitamine und Mineralstoffe. Die Speisen werden über das Verdauungssystem zerkleinert, transportiert und über mehrere Stufen aufgespalten, sodass die benötigten Bestandteile verwertet werden können. Das Verdauungssystem gliedert sich in Mund, Speiseröhre, Magen, Zwölffingerdarm, Bauchspeicheldrüse, Leber, Dünn-, Dick-, End-, und Mastdarm. Der

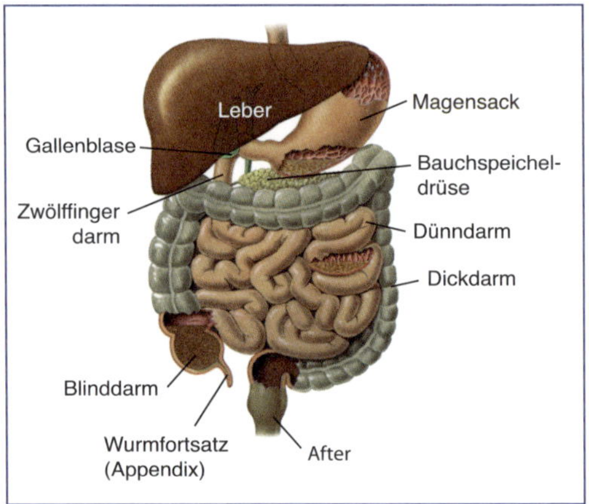

Verdauungssystem

unverwertbare Teil wird über den After (Anus) ausgeschieden. Die komplette Verdauung einer ausgewogenen Mahlzeit dauert durchschnittlich 24 Stunden. Die Nahrung verbleibt zunächst ca. vier Stunden im Magen, passiert dann ca. sechs Stunden den Dünndarm und nochmals ungefähr sieben Stunden den Dickdarm. Im Mastdarm benötigt sie etwa sieben Stunden. Die angegebenen Zeiten hängen natürlich von der Zusammensetzung der Nahrung sowie der körperlichen Bewegung ab. Welcher Nahrungsbestandteil benötigt länger, um verdaut zu werden?

**A** Kohlenhydrate
**B** Fette

### Übung 15.3 — 1,5 Min.

Beim Familientreffen sagt Tante Käthe zu den Eltern von Udo:

„Jeder sechsjährige Junge muss in die Schule gehen." In welchem der folgenden Fälle ist die Aussage falsch?

**A** Der Junge ist sechs Jahre alt, geht aber nicht in die Schule.
**B** Der Junge ist sechs Jahre alt und geht die Schule.
**C** Der Junge ist jünger als sechs Jahre und geht in die Schule.
**D** Der Junge ist jünger als sechs Jahre und geht nicht in die Schule.

## Übung 15.4 — 1,5 Min.

Versuchen Sie, für die hier durcheinander gewürfelten Substantive Oberbegriffe zu finden und ordnen Sie die Wörter sinnvoll.

Hirsch – Laubfrosch – Ringelnatter
Gecko – Gazelle – Alligator
Feuersalamander – Rind – Kreuzotter
Grottenolm – Erdkröte – Ziege

______________________________

______________________________

______________________________

______________________________

## Übung 15.5 — 1,5 Min.

Pinguine sind auf der Erde weit verbreitet. Einige leben auf Neuseeland, andere auf den Galapagosinseln und wieder andere sind in der

Kaiserpinguine

Antarktis beheimatet. Ihre Körpergrößen sind jeweils an die herrschenden Umweltbedingungen angepasst. So lebt die größte Art, der Kaiserpinguin, auf dem Packeis der antarktischen Meere. Er wird bis zu 1,20 m groß. Der Galapagos-Pinguin erreicht lediglich eine Größe von ca. 50 cm. Dies ist kein Zufall. Denn laut der bergmannschen Regel kommen in kälteren Regionen bei eigenwarmen (homoiothermen) Tieren, also Vögeln und Säugetieren, größere Formen vor als in gemäßigteren Regionen. Welche Aussage ist korrekt?

**A** Bei steigendem Körpervolumen V vergrößert sich – relativ gesehen – die Körperoberfläche O gemessen am Quotienten O/V.
**B** Bei steigendem Körpervolumen V verringert sich – relativ gesehen – die Körperoberfläche O gemessen am Quotienten O/V.

## Übung 15.6 — 2,5 Min.

Familie Lorenz möchte sich eine neue Essecke kaufen. Im Möbelgeschäft finden die Kinder schnell schöne Möbel und lesen auf dem Preisschild: ein Tisch zu 990,– €, 5 Stühle zu je 204,– €. Da Familie Lorenz noch etwas zögerlich ist, gewährt der Verkäufer einen Rabatt auf den Listenpreis und nennt einen Sonderpreis von 1578,– €. Wie hoch ist der Rabatt?

________________________________________

________________________________________

## Übung 15.7 — 1 Min.

Ein Gedicht ist meist aus der Sicht eines Sprechers geschrieben, der als Vermittler zwischen Text und Leser auftritt. Der Sprecher wird auch als „lyrisches Ich“ bezeichnet. Aber wer ist das eigentlich?

**A** Der Verfasser des Gedichtes
**B** Eine fiktive Figur

## Übung 15.8 — 1,5 Min.

Zur Temperaturbestimmung existieren verschiedene Temperaturskalen. Die zwei am weitest verbreiteten sind wohl Celsius und Kelvin. Die Kelvinskala ist die international verwendete Einheit zur Temperaturmessung. Der Nullpunkt der Kelvinskala liegt am absoluten Nullpunkt bei −273,15 °C. Eine tiefere Temperatur als der absolute Nullpunkt ist nach dem dritten Hauptsatz der Thermodynamik nicht möglich. Silizium hat eine Schmelzpunkt von 1683 Kelvin. Bei wie viel Grad Celsius schmilzt es?

Anders Celsius

Lord Kelvin

**A** 1956 °C
**B** 1410 °C

## Übung 15.9 — 3 Min.

Ein König hat einen Gefangenen. Er bietet ihm eine Chance für die Freiheit. Der Gefangene er-fährt wahrheitsgemäß: In jedem von zwei verschlossenen nebeneinander liegenden Räumen befindet sich entweder eine Dame oder ein Tiger. An den Türen dieser beiden Räume befinden sich Schilder:

| | |
|---|---|
| In diesem Raum ist eine Dame.<br><br>Im Nebenraum ist ein Tiger. | In einem der beiden Räume ist eine Dame, in einem der beiden Räume ist ein Tiger. |

Dem Gefangenen wird die Freiheit versprochen, wenn er eine Tür öffnet und dahinter keinen Tiger vorfindet. Er fragt: „Stimmt der Text auf den Schildern?" Der König antwortet: „Auf einem Schild steht eine wahre, auf dem anderen eine falsche Aussage." Welche Tür muss der Gefangene öffnen, wenn der König die Wahrheit sagt?

---

### Übung 15.10 — 2 Min.

Diesen Text könnten Sie durchaus in einer Werbebroschüre finden: „Schlafen – die pure Erholung! Das Prinzip des Wasserbetts ist eine Wohltat für den Rücken und hilft, täglich beanspruchte Muskeln und Gelenke im Schlaf zu regenerieren. Wissenschaftliche Forschungen haben ergeben, dass viele Symptome von Schlafstörungen positiv beeinflusst werden können. Unser Wasserbett ist aus hochwertigen Materialien gefertigt und auf Sicherheit und Schadstoffe geprüft." Vorausgesetzt, Sie interessieren sich für ein Wasserbett – würden Sie sich auf Grund dieses Werbetextes eines davon kaufen? Ist dieser Text also eine gute Werbung für Wasserbetten? Begründen Sie Ihre Antwort.

A Ja
B Nein

---

---

---

### Übung 15.11 — 1,5 Min.

Carl von Linde erfand 1876 den Kühlschrank. Bei dem Kühlschrankverfahren wird ein Gas oder Gasgemisch mittels eines Kompressors verdichtet. Dabei erwärmt es sich. Diese Kompressionswärme führt man an die umgebende Luft ab. Anschließend wird der Druck abgesenkt, wodurch sich das Gas wieder ausdehnt und die Gastemperatur folglich absinkt. Wo befindet sich beim Kühlschrank der Kompressor, der das Gas zusammendrückt und wo der „Verdampfer", in dem das Gas entspannt wird?

A Der „Verdampfer" befindet sich im Inneren des Kühlschrankes, der Kompressor hingegen außen.
B Beide Bauteile befinden sich innerhalb des Kühlschrankes.
C Der Kompressor befindet sich innerhalb, der „Verdampfer" außerhalb des Kühlschrankes.

### Übung 15.12 — 2,5 Min.

Nach sintflutartigen Regenfällen steht im Keller von Nicos Elternhaus (siehe Skizze) 15 cm hoch eine dreckige Brühe. Nicos Eltern kommen aber erst am späten Abend nach Hause. Tapfer macht sich der Dreizehnjährige mit zwei 10-Liter-Eimern zum Schöpfen an die Arbeit. Wird er es bis zum Abend schaffen, den Keller leer zu bekommen? Nehmen Sie hierzu an, dass Nico durchschnittlich 5 Minuten braucht, um beide Eimer zu füllen und wieder auszuleeren.

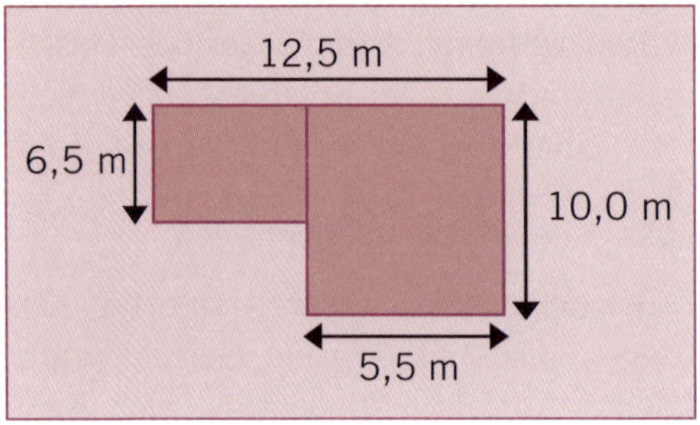


### Übung 15.13 — 2 Min.

Jetzt befassen Sie sich noch einmal mit einem Ihnen schon bekannten Text. Schreiben Sie alle Verben des Werbetextes aus Übung 14.13 heraus.

1. Satz:

2. Satz:

3. Satz:

4. Satz:

Welche Eigenschaften haben diese Verben vorwiegend?

### Übung 15.14 — 1 Min.

Kalkränder rund um den Wasserhahn im Bad sind unschön. Wenn Sie zur Reinigung gerade keinen Entkalker im Haus haben, versuchen Sie es doch mal mit handelsüblicher Cola! Gießen Sie erwärmte Cola auf die Kalkränder. Zunächst sieht alles noch recht „schmutzig" aus, da Cola tiefbraune Spuren auf der Keramik hinterlässt. Doch nach einiger Zeit verkleinert sich der Kalkrand. Welcher Bestandteil der Cola ist in der Lage Kalk zu lösen?

**A** Zucker
**B** Koffein
**C** Phosphorsäure

### Übung 15.15 — 2 Min.

Ein Kreis ist einem Quadrat mit der Seitenlänge a = 4 cm einbeschrieben. Welche Fläche und welchen Umfang hat der Kreis?

## Übung 15.16 2,5 Min.

Der Autor eines erzählenden Werkes muss das Konzept für seine Geschichte sorgfältig entwerfen. Gerade der Anfang eines Werkes lässt den Leser darüber entscheiden, ob er weiter liest oder nicht. Im Roman *Die Blechtrommel* von Günter Grass (*1927) lautet der erste Absatz:

> „Zugegeben: ich bin Insasse einer Heil- und Pflegeanstalt, mein Pfleger beobachtet mich, lässt mich kaum aus dem Auge; denn in der Tür ist ein Guckloch, und meines Pflegers Auge ist von jenem Braun, welches mich, den Blauäugigen, nicht durchschauen kann."

Welchen Einstieg wählt der Autor hier? Was meinen Sie, warum hat er gerade diesen Einstieg gewählt?

## Übung 15.17 1,5 Min.

Legt man an eine Kupferchlorid-Lösung eine Spannung an, so wandern die positiv geladenen Kupfer-Ionen (Kationen) zur Kathode (Minus-Pol) und die negativ geladenen Chlor-Ionen (Anionen) zur Anode (Plus-Pol). Die Kupfer-Ionen nehmen an der Kathode zwei Elektronen auf und das elementare Kupfer lagert sich dann an der Kathode ab und bildet einen Belag. Was geschieht, wenn die Anode auch aus Kupfer besteht?

**A** Es kann sich fortlaufend Kupfer von der Anode ablösen, das dann zur Kathode wandert und sich dort wieder ablagert. So kann man Kupfer-Überzüge auf Metalloberflächen erzeugen.

**B** Der Prozess kehrt sich um. Die Kupfer-Ionen lagern sich jetzt an der Anode ab (Gleiches zu Gleichem).

## Übung 15.18 2,5 Min.

Stellen Sie sich ein Rechteck vor, das 5 cm breit und 10 cm hoch ist. Dieses Rechteck rotiert nun entlang einer seiner langen Seiten. Welche Figur erhält man und welche Mantelfläche hat diese Figur?

## Übung 15.19 2,5 Min.

Man kann jeden Text analysieren, auch wenn er nur aus wenigen

Sätzen besteht. Untersuchen Sie die Situation: Sie hält noch. Er sagt: „Es ist grün."

---

---

---

### Übung 15.20 1,5 Min.

In einem Eierkocher werden die Eier nicht im Wasser, sondern mit heißem Dampf gekocht. Der Eierkocher funktioniert so: Das Wasser wird erhitzt und verdampft. Ein Teil des Wasserdampfes kondensiert an den kalten Eiern und wird wieder flüssig. In der Sammelschale am Boden wird das Wasser erneut verdampft und steigt wieder hoch. Dies geschieht solange, bis das gesamte Wasser verdampft ist. Je härter das Eier sein soll, desto mehr Wasser wird zum Verdampfen benötigt.
Wie viel Wasser wird benötigt, wenn statt eines Eies z. B. sechs Eier mittelhart gekocht werden sollen?

**A** Es wird weniger Wasser benötigt.
**B** Es wird genauso viel Wasser wie für ein Ei benötigt.
**C** Es wird mehr Wasser benötigt.

### Übung 15.21 2,5 Min.

Wenn man einen Körper entlang einiger Kanten aufschneidet und dann entfaltet, erhält man ein so genanntes Netz. Welche Netze ergeben sich, wenn Sie folgende Körper aufschneiden?

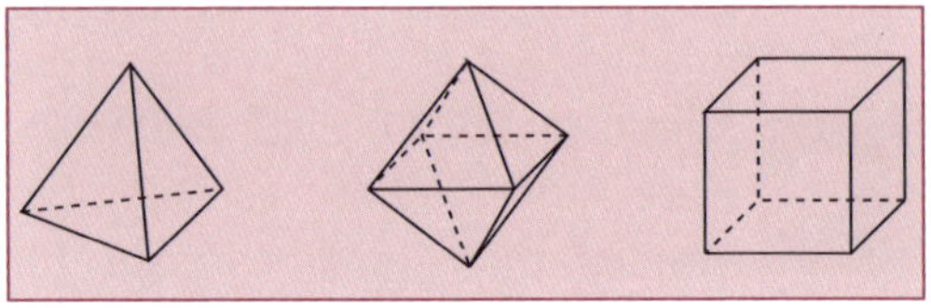

---

### Übung 15.22 1,5 Min.

Versuchen Sie, für die folgenden Beschreibungen ein treffendes Adjektiv zu finden.

**A** überängstlich, überreizt, nervös
**B** zurückhaltend, aus Scheu vor Fremdem
**C** unsicher, weil die Situation unangenehm oder peinlich ist
**D** gekünsteltes Verhalten

### Übung 15.23 0,5 Min.

In welchem Trinkgefäß bleibt Bier am längsten kühl?

**A** Zinnbecher
**B** Glaskrug

### Übung 15.24 1,5 Min.

Anita und Maren vertreiben sich den Nachmittag damit, dass sie Karten aus einem Kartenspiel ziehen. Je nachdem, welche Karten sie ziehen, müssen sie mehr oder weniger unangenehme Aufgaben erfüllen. Außerdem notieren sie sich das Ergebnis ihres Ziehens und erhalten dabei folgende Tabelle:

| Karten | Absolute Häufigkeit |
|---|---|
| Ass | 21 |
| Bild | 36 |
| Zahl | 43 |
| Summe | 100 |

Nach einem Blick auf die Tabelle meint Anita: „Ich hätte das Ass nicht so häufig erwartet." Maren widerspricht: „Bei nur drei Ereignissen hätte ich das Ass viel häufiger erwartet." Wer von beiden hat Recht?

## Übung 15.25 — 2 Min.

Rhetorische Mittel entfalten ihre Wirkung in vier verschiedenen Bereichen der Sprache. Hier erhalten sie eine grobe Übersicht – wenn Sie die Kästchen richtig zuordnen (in der zugehörigen Tabelle unten).

## Übung 15.26 — 1 Min.

Die Erde hat nur einen Mond, der sie umkreist. Andere Planeten besitzen keinen, einen oder auch mehrere Monde. So wird der Mars von zwei Monden, Phobos und Deimos, umkreist. Welchen Planeten umkreist – zusammen mit vielen anderen – der größte Mond unseres Sonnensystems, Ganymed?

**A** Saturn
**B** Jupiter
**C** Uranus

## Übung 15.27 — 3 Min.

Auf einer Kirmes gibt es drei Losbuden. Sie haben Gewinnchancen von 45 %, 40 % und 30 %. Max zieht nacheinander an allen drei Losbuden je ein Los. Wie groß ist die Wahrscheinlichkeit, dass er

**A** bei allen drei Buden nacheinander verliert?
**B** nur genau einmal verliert?
**C** höchstens einmal verliert?

| | |
|---|---|
| Sinn- und Gedankenfiguren | beziehen sich auf den Sinn und die Bedeutung von Einzelwörtern oder Wortfolgen, die wiederholt oder variiert werden: z. B. Akkumulation, Klimax |
| Satzfiguren | beziehen sich auf Textteile oder ganze Texte, ordnen den Gedankengang: z. B. Ironie, Parenthese, Antithese |
| Wortfiguren | beziehen sich auf die Lautgestalt eines Wortes oder eines Satzes: z. B. Alliteration, Reim. |
| Klangfiguren | beziehen sich auf den Satzbau, weichen meist vom syntaktisch korrekten Sprachgebrauch ab: z. B. Ellipse, Chiasmus |

# Test 15
## Lösungen

### Lösung 15.1
A, B, D. Die Lösung können Sie anhand des Textes zu den Zahlensystemen in Lösung 1.4 überprüfen.

### Lösung 15.2
B. Fette benötigen gegenüber Kohlenhydraten längere Zeit, um verdaut zu werden. Sie sind im Vergleich schwer aufzuspalten. Kohlenhydrate sind überwiegend Zuckerformen, wie z. B. Glucose. Sie können vom Körper leichter und schneller verwertet werden.

### Lösung 15.3
Nur in Fall A ist die Aussage als falsch anzusehen. Im Fall B–D ist es dann direkt einsichtig, dass die Aussage wahr ist. Eine Aussage der Form „Wenn a, so b" nennt man auch Subjunktion.

### Lösung 15.4
Die Ordnungskriterien könnten hier z. B. sein: Säugetiere (Hirsch, Gazelle, Rind, Ziege), Kriechtiere oder Reptilien (Ringelnatter, Gecko, Alligator, Kreuzotter) und Amphibien oder Lurche (Laubfrosch, Feuersalamander, Erdkröte). Allerdings ist es z. B. auch denkbar, die Liste nach einheimischen und fremden Tierarten oder nach vom Menschen verzehrten und nicht verzehrten zu ordnen.

### Lösung 15.5
B. Je kleiner das Verhältnis von Körperoberfläche zu Körpervolumen, desto geringer ist der Wärmeverlust. Mit zunehmender Körpergröße wächst die Oberfläche quadratisch; das Volumen jedoch kubisch. D. h. in kälteren Regionen ist der Wärmeverlust für kleine Tiere unwirtschaftlich, weshalb hier eher große Säugetierarten vorkommen.

### Lösung 15.6
Der Listenpreis berechnet sich aus: $990 + 5 \cdot 204 = 2010$. Bei einem Sonderpreis von 1578,00 € sparen sie also 432,00 €. Wie viel Prozent sind das nun von 2010,00 €? Die Gleichung hierfür lautet:

$$432 = x\,\% \cdot 2010$$

$$432 = \frac{x}{100} \cdot 2010$$

$$\frac{432 \cdot 100}{2010} = x$$

$$21{,}49 = x$$

Familie Lorenz macht ein gutes Geschäft, denn sie spart 21,49 % des Listenpreises.

### Lösung 15.7
B. Üblicherweise spricht der Autor in einem Gedicht nicht von sich selbst, sondern versetzt sich in eine fiktive Figur, mit der er mehr oder weniger etwas, manchmal auch gar nichts gemeinsam hat. Den Sprecher in einem Gedicht bezeichnet man als lyrisches Ich (oder im Plural auch lyrisches Wir). Spricht die Figur einen anderen an, bezeichnet man die fiktive Figur auch als lyrisches Du.

### Lösung 15.8

B. Wenn der Schmelzpunkt von Silizium bei 1683 Kelvin liegt, entspricht dies einer Temperatur von 1683 – 273 = 1410 °C.

### Lösung 15.9

Wäre die Aussage links wahr, wäre auch die auf den rechten Schild wahr, was im Widerspruch zu Aussage des Königs stünde. Da wir aber nun annehmen, dass der König die Wahrheit sagt, muss die Aussage auf dem linken Schild falsch sein. Die Dame befindet sich also im rechten Raum und der Gefangene öffnet diese Tür – zur Freiheit.

### Lösung 15.10

B. Der Texter hat offensichtlich nicht korrekt ausgedrückt, was er meint. Sein Text enthält, abgesehen von leichten sprachlichen Mängeln, drei problematische Passsagen: a) Es ist nicht das Prinzip des Wasserbetts, von dem der Schlafende eine Wohltat erwartet, sondern von den Eigenschaften des Bettes. b) Es sollten nicht die Symptome der Schlafstörungen positiv beeinflusst werden, sondern der Schlaf selbst. Hier ist laut Werbetext eine Verstärkung der Schlafstörungen zu erwarten. c) Der Verfasser lässt den Leser über das Ergebnis der Prüfung von Sicherheit und Schadstoffen im Unklaren.

### Lösung 15.11

A. Nur wenn sich der „Verdampfer", in dem das Gas entspannt wird – wobei es sich abkühlt – im Inneren des Kühlschrankes befindet, erreicht man eine niedrigere Innentemperatur. Der Kompressor, der ja Wärme an die Umgebung abgibt, befindet sich außerhalb des Kühlschrankes.

### Lösung 15.12

Zunächst berechnen wir die Grundfläche des Kellers. Zur Vereinfachung rechnen wir mit Dezimetern. Die Grundfläche des Kellers beträgt also:

$100\,\text{dm} \cdot 55\,\text{dm} + 70\,\text{dm} \cdot 65\,\text{dm} = 10.050\,\text{dm}^2$

Da der Keller 15 cm tief unter Wasser steht, beträgt das Volumen des Wassers

$10.050\,\text{dm}^2 \cdot 1{,}5\,\text{dm}^2 = 15.075\,\text{dm}^3$.

Das entspricht einer Wassermenge von ca. 15.100 Litern. Nico kann nun 20 Liter pro Gang fortschaffen, er muss also 755-mal laufen. Bei einem durchschnittlichen Zeitbedarf von 5 Minuten pro Gang braucht er ca. 63 Stunden, um den Keller völlig leer zu schöpfen. Er kann es also nicht schaffen, den Keller bis zum Abend auszuleeren.

### Lösung 15.13

1. Satz: sein, nutzen, wahrnehmen
2. Satz: hinzukommen, schaffen
3. Satz: bringen, ermöglichen, steigern
4. Satz: sein, steigern

Das Verb „bringen" ist ein so genanntes Funktionsverb, hier sinnentleert und mit ausschließlich grammatischer Funktion, außerdem kommen das Hilfsverb „sein" und mehrere Stützen für Nominalkonstruktionen (ermöglichen, nutzen, wahrnehmen, hinzukommen, schaffen) vor. Obwohl im

Text von Veränderung und einer Verbesserung der Geschäftsabläufe die Rede ist, vermitteln die Verben Statik, Langeweile und Stillstand. Die Verben beschreiben keine Handlungen, nur Resultate und Absichten. Dem Text mangelt es an Verben der Aktion und Bewegung, keines der Verben ist mit einem menschlichen „Subjekt“ verbunden.

## Lösung 15.14

B. Phosphorsäure ($H_3PO_4$) reagiert mit Karbonaten zu Kohlensäure ($H_2CO_3$), die in Kohlenstoffdioxid ($CO_2$) und Wasser ($H_2O$) zerfällt.

## Lösung 15.15

Der einbeschriebene Kreis hat einen Radius von $\frac{a}{2}$. Umfang und Fläche berechnen sich nun folgendermaßen:

$$U = 2\pi \cdot r = 2\pi \cdot \frac{a}{2} = 12{,}57\,\text{cm}$$

$$A = \pi \cdot r^2 = \pi \cdot \left(\frac{a}{2}\right)^2 = 12{,}57\,\text{cm}^2$$

## Lösung 15.16

Der Roman zeichnet die bisherige Lebensgeschichte von Oskar Matzerath nach. Der Autor beginnt mit dem Ende der bisherigen Ereignisse. Das macht den Leser neugierig und er möchte wahrscheinlich wissen: Wie kam es dazu?

## Lösung 15.17

A. Besteht die Anode aus Kupfer, so lösen sich kontinuierlich Kupfer-Ionen aus dem Metall und wandern durch die Lösung zur entgegengesetzt geladenen Kathode. Hier lagern sie sich ab und dienen zur Oberflächenveredelung von Metallen.

## Lösung 15.18

Man erhält einen Zylinder. Die Mantelfläche eines Zylinders berechnet sich aus:

$$M = 2 \cdot \pi \cdot r \cdot h$$

Für unseren Fall heißt das also:

$$M = 2 \cdot \pi \cdot 5 \cdot 10 = 100 \cdot \pi = 314{,}16\,\text{cm}^2$$

Der Zylinder besitzt eine Mantelfläche von 314,16 cm².

## Lösung 15.19

Vermutlich sitzen ein Mann und eine Frau in einem Auto. Ob noch mehr Personen anwesend sind, geht aus dem Text nicht hervor. Sie steuert das Fahrzeug, hält aber zurzeit noch an einer Ampel, die offenbar inzwischen von Rot auf Grün gesprungen ist. Darauf bezieht sich die Äußerung des Mannes.

## Lösung 15.20

A. Erstaunlich dabei ist, dass für mehr Eier weniger Wasser in den Eierkocher gefüllt werden muss. Denn je mehr Eier sich in dem Eierkocher befinden, desto mehr kalte Oberfläche ist vorhanden. Es kondensiert also auch mehr Wasserdampf, der im System verbleibt. Für sechs Eier benötigt man also weniger Wasser, wie für ein Ei. Ansonsten würde es viel länger dauern, bis das gesamte Wasser verdampft ist und die Eier wären auch entsprechend hart.

## Lösung 15.21

Folgende Netze können sich ergeben (es gibt mehrere Möglichkeiten):

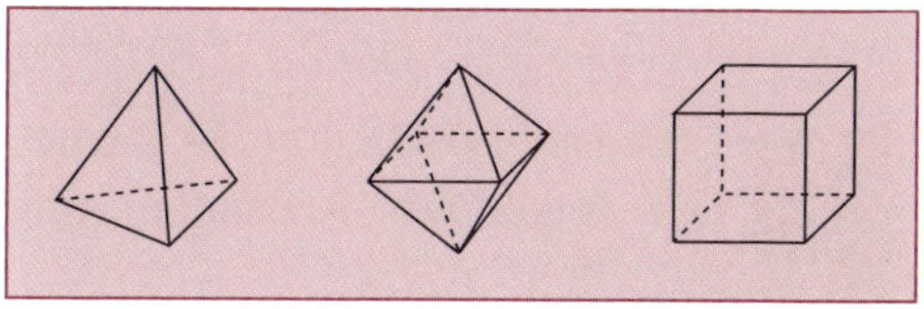

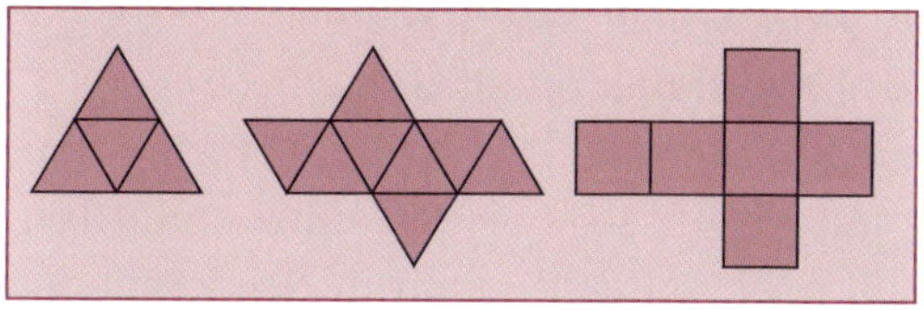

## Lösung 15.22

A neurotisch

B befangen

C verlegen

D affektiert, geziert

## Lösung 15.23

B. Glas besitzt gegenüber dem Metall Zinn eine geringere Wärmeleitfähigkeit. Deshalb bleibt kaltes Bier in Glaskrügen länger kühl.

## Lösung 15.24

Die Wahrscheinlichkeit, dass ein Ass gezogen wird, liegt bei $\frac{4}{32} = \frac{1}{8}$, bei 100 Versuchen wären also 8 Asse zu erwarten gewesen. Anita hat also Recht.

## Lösung 15.25

(siehe Tabelle unten)

## Lösung 15.26

B. Ganymed, der größte Mond unseres Sonnensystems, umkreist Jupiter.

## Lösung 15.27

A $P(\neg 1 \wedge \neg 2 \wedge \neg 3) = \frac{55}{100} \cdot \frac{60}{100} \cdot \frac{70}{100} = 0{,}231$

Die Wahrscheinlichkeit, an allen Losbuden nacheinander zu verlieren, beträgt 23,1 %.

B $P(\neg 1 \wedge 2 \wedge 3) + P(1 \wedge \neg 2 \wedge 3) +$
$P(1 \wedge 2 \wedge \neg 3) = 0{,}55 \cdot 04 \cdot 0{,}3 +$
$0{,}45 \cdot 0{,}6 \cdot 0{,}3 +$
$0{,}45 \cdot 0{,}4 \cdot 0{,}7 = 0{,}273$

Die Wahrscheinlichkeit, nur genau einmal zu verlieren, beträgt 27,3 %.

C $P = 0{,}273 + 0{,}45 \cdot 0{,}4 \cdot 0{,}3 = 0{,}327$

Die Wahrscheinlichkeit, höchstens einmal zu verlieren, beträgt 32,7 %.

| | |
|---|---|
| Sinn- und Gedankenfiguren | beziehen sich auf Textteile oder ganze Texte, ordnen den Gedankengang: z. B. Ironie, Parenthese, Antithese |
| Satzfiguren | beziehen sich auf den Satzbau, weichen meist vom syntaktisch korrekten Sprachgebrauch ab: z. B. Ellipse, Chiasmus |
| Wortfiguren | beziehen sich auf den Sinn und die Bedeutung von Einzelwörtern oder Wortfolgen, die wiederholt oder variiert werden: z. B. Akkumulation, Klimax |
| Klangfiguren | beziehen sich auf die Lautgestalt eines Wortes oder eines Satzes: z. B. Alliteration, Reim. |

# Test 16
## Übungen

### Übung 16.1 — 2 Min.

Mit dieser Leseübung können Sie Ihre Konzentrationsfähigkeit testen. Wie oft kommen die Buchstaben „n“ und „u“ im folgenden Text vor? Bitte benutzen Sie keine Hilfsmittel.

knvfdsunmuirtvundefgbnurvbnune
xdfvctzmmvbnmbvdcxyycbnmbumv
fbghbfvcdfvtzunbumnumimtbunmin
eyyvbvvnummbvfdcfdeunmunmntrtn
ncdfvtzunbumiklmngtcvwyvumimtbu
nminebyyvbvbvghktvyvnunmmvtbntz
unbvcnfgtbnfdncfenxysdngpnxxccw

A 25-mal „n“ und 11-mal „u“
B 30-mal „n“ und 15-mal „u“
C 32-mal „n“ und 19-mal „u“
D 38-mal „n“ und 23-mal „u“

### Übung 16.2 — 1,5 Min.

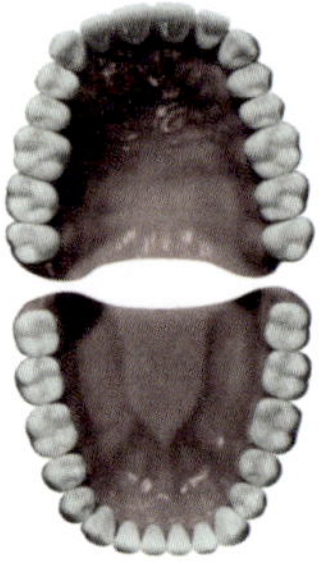

Marion sitzt beim Zahnarzt auf dem Behandlungsstuhl. Während der Zahnkontrolle ruft der Zahnarzt seiner Assistentin Zahlenkombinationen zu. Doch welche Zähne meint er?
In der Zahnmedizin werden die Zähne in vier Quadranten eingeteilt:

oben rechts = 1. Quadrant
oben links = 2. Quadrant
unten links = 3. Quadrant
unten rechts = 4. Quadrant

Die einzelnen Zähne werden dann jeweils von vorn beginnend durchnummeriert. Welchen Zahlencode trägt der rechte untere Weisheitszahn?

### Übung 16.3 — 3 Min.

Die folgenden Aussagen sind gegeben:
A: Herr Müller spielt Tennis.
B: Herr Müller spielt Schach.
Zeigen Sie mit einer Wahrheitstafel, dass man die Aussage „Herr Müller spielt Tennis oder Schach“ auch in der folgenden Form darstellen kann: „Es ist nicht so, dass Herr Müller nicht Tennis und nicht Schach spielt.“

### Übung 16.4 — 1,5 Min.

Mit welchen nichtsprachlichen Mitteln ist es möglich, einen Text zu gliedern? Nennen Sie mindestens drei Möglichkeiten.

______________________________

______________________________

______________________________

### Übung 16.5 — 2 Min.

Zeitungsmeldungen vom Mai 2005 zufolge ist es Wissenschaftlern in Südkorea gelungen, Stammzellen von schwer kranken Patienten zu klonen. Hierzu bedienten sich die Forscher der Methode des therapeutischen

Klonens. Es wurden 185 Eizellen junger Spenderinnen entkernt und mit je einer Hautzelle von einem Patienten verschmolzen. Anschließend wurden die neu zusammengesetzten Zellen zu Embryos im frühen Stadium, den Blastozysten, kultiviert. Aus den Blastozysten wurden dann embryonale Stammzellen gewonnen. Embryonale Stammzellen sind unspezifische Zellen, die sich in alle Gewebezelltypen entwickeln können. Aus ihnen sollen – so die Hoffnung – Organe gezüchtet werden, die einem Patienten implantiert werden können, ohne dass es zur Abstoßung durch das Immunsystem kommt.
Welcher Aspekt beim therapeutischen Klonen gibt Anlass für ethische Diskussionen?

### Übung 16.6 — 3,5 Min.

Am 25.02.1998 bestellt Herr Müller bei der Firma Ruckzuck Badezimmermöbel. Als spätester Liefertermin wurde der 24.04.1998 vereinbart. Da das Jahr 1998 kein Schaltjahr war, entspricht dies einer Lieferzeit von maximal 58 Tagen. Nach einiger Zeit wurde Herrn Müller mitgeteilt, wegen Schwierigkeiten des Vorlieferanten werde sich die Lieferung verzögern. Als neuen Termin nannte man ihm den 29.05. 1998. An diesem Tage konnte leider nicht geliefert werden – man hatte ein Teil vergessen. Auf seine Beschwerde hin wurde ihm mitgeteilt, dass mit dem Eintreffen der Möbel im Lager von Ruckzuck am 04.06.1998 gerechnet werde. Anschließend sollte Herr Müller bei der Auslieferung aber bevorzugt behandelt werden. Um die Angelegenheit zu Ende zu bringen, setzte er der Firma eine Nachfrist zur Lieferung bis zum 15.06.1998 und erhielt Nachricht, man wolle die Ware am 22.06.1998 liefern. Überzeugt von dem herausragenden Service der Firma Ruckzuck fragte er sich nun, um wie viel Prozent eigentlich die Lieferzeit an den genannten Stichtagen überschritten wäre.

### Übung 16.7 — 1 Min.

Lyrik ist all das, was in Gedichtform geschrieben ist. Gedichte zeigen, wie alle anderen literarischen Gattungen auch, besondere Kennzeichen. Welche der folgenden gehören wohl nicht dazu?

A Darstellung einer Handlung
B Gestaltung in besonderer Form
C Vorhandensein eines lyrischen Subjekts
D Verwendung einer besonderen Sprache

### Übung 16.8 — 0,5 Min.

Salzwasser schmeckt salzig, da in ihm unterschiedliche Salze gelöst sind. Was macht Süßwasser zu Trinkwasser?

A In Süßwasser ist gelöster Zucker.
B Süßwasser enthält im Vergleich zum Salzwasser deutlich weniger gelöste Salze.

Großer Salzsee in Utah

### Übung 16.9 — 2,5 Min.

In einer Buchhandlung werden zwei Sorten Taschenbücher im Sonderangebot verkauft. Luisa kauft vier Bücher von der ersten und drei Bücher von der zweiten Sorte, Philipp bringt sechs Bücher von der ersten Sorte als Umtausch zurück und kauft acht Bücher von der zweiten Sorte. Das Mädchen muss 17 € und der Junge 12 € an der Kasse bezahlen. Was kostet je ein Buch von jeder Sorte?

### Übung 16.10 — 2 Min.

Jeder Autor erschafft Figuren, die in einem Drama als Handlungsträger wirken. Er legt deren Alter, Geschlecht, Denk- und Handlungsweise in seinem Text weit gehend fest. Regisseure und Schauspieler erwecken die Figuren auf der Bühne zum Leben. Innerhalb des Stückes agiert die Figur als Person und spielt meist verschiedene Rollen. Setzen Sie die Begriffe „Figur", „Person", „Rolle" richtig in die Definitionen ein.

A Mit ___________ bezeichnet man die Funktion der Person innerhalb eines Dramas.

B In einem Schauspiel agiert die ___________ als menschliches Wesen.

C Die ___________ ist die vom Autor erfundene Gestalt eines Dramas.

### Übung 16.11 — 2 Min.

Die Gewinnung von Metallen aus Erzen beruht zumeist auf Redox-Reaktionen. Hierbei laufen zwei Reaktionen gleichzeitig ab: die Reduktion und die Oxidation. Nach einer vereinfachten Definition wird bei der Reduktion einem Oxid Sauerstoff entzogen, während bei einer Oxidation ein Ele-

ment mit Sauerstoff zu einem Oxid reagiert. Vorteil einer solchen Redox-Reaktion ist, dass auf der Produktseite das reine Metall entsteht und somit weitere Trennverfahren entfallen. Vervollständigen Sie die Reaktionsgleichung:
Kupferoxid + Kohlenstoff →

______________________________

## Übung 16.12 — 3 Min.

Malermeister Sörensen soll das Wohnzimmer der Familie Settergren streichen. Das Zimmer ist 6 m lang und 4 m breit. Es besitzt eine Tür (Größe 1 m · 2 m) und zwei Fenster (je 1 m · 1,5 m) Die Decke befindet sich in einer Höhe von 2,5 m und soll natürlich auch gestrichen werden. Mit einem Eimer Farbe kann der Malermeister 35 m² Fläche streichen. Wie viele Eimer Farbe muss er zur Familie Settergren mitnehmen?

______________________________

______________________________

______________________________

## Übung 16.13 — 3,5 Min.

Versuchen Sie die Hauptaussagen des Textes aus Übung 14.13 darzustellen. Dazu ist es ausreichend, wenn Sie die Hauptaussagen eines jeden Satzes in leserfreundliches Deutsch übertragen.

1. Satz ______________________________

______________________________

2. Satz ______________________________

______________________________

3. Satz ______________________________

______________________________

4. Satz ______________________________

______________________________

## Übung 16.14 — 1,5 Min.

In der modernen Waschmittelindustrie ist das älteste Waschmittel, die Seife, inzwischen komplett durch Tenside ersetzt worden. Ein Grund dafür ist die Reaktion von Seife mit Erdalkali-Ionen zu Kalkseife. Dieses Produkt wirkt sich negativ auf die Waschqualität aus (Geruchsbildung, Vergrauungseffekt, Wäschestarre). Wie gelangen die Erdalkali-Ionen (z. B. Calcium oder Magnesium) in die Wäsche?

**A** Verschmutzte Wäsche enthält u. a. Erdalkali-Ionen.

**B** Die Wasserhärte ist entscheidend für die Menge an Erdalkali-Ionen.

**C** Erdalkali-Ionen sind in Waschverstärkern, die der Wäsche zusätzlich zugegeben werden, enthalten.

### Übung 16.15 2,5 Min.

Karin hat einen Würfel mit der Kantenlänge a. Sie bekommt nun einen weiteren Würfel mit der Kantenlänge 2a geschenkt. Wie viel größer ist das Volumen des großen Würfels?

A 2-mal
B 4-mal
C 8-mal
D 16-mal

Wie viel größer ist die Oberfläche des großen Würfels?

A 2-mal
B 4-mal
C 8-mal
D 16-mal

### Übung 16.16 1 Min.

Kehren wir noch einmal zurück zur *Blechtrommel* von Günter Grass (*1927) in Übung 15.16. Welche Erzählperspektive erwarten Sie im Roman, nachdem Sie den ersten Abschnitt gelesen haben?

A Perspektive einer Figur, die scheinbar mitten im Geschehen steht
B Perspektive eines vom Geschehen unabhängigen Erzählers, der kommentiert und wertet
C Perspektive einer Figur, die Gefühle und Gedanken der anderen Figuren nur erahnen kann

### Übung 16.17 1,5 Min.

Der Auftrieb ist die Kraft, die eine Flüssigkeit oder ein Gas auf einen Körper ausübt. Es gibt den statischen Auftrieb, der entgegen der Schwerkraft wirkt, und den dynamischen Auftrieb, der bei relativ zum Medium (Gas oder Flüssigkeit) bewegten Körpern wirkt. Ein Beispiel für den statischen Auftrieb ist das Treiben des Körpers auf dem schwarzen Meer. Welche Körper nutzen den statischen Auftrieb?

A Heißluftballon
B Flugzeugtragfläche
C auf- und abtauchendes U-Boot

### Übung 16.18 2,5 Min.

Die folgende Figur rotiert um ihre eigene Achse:

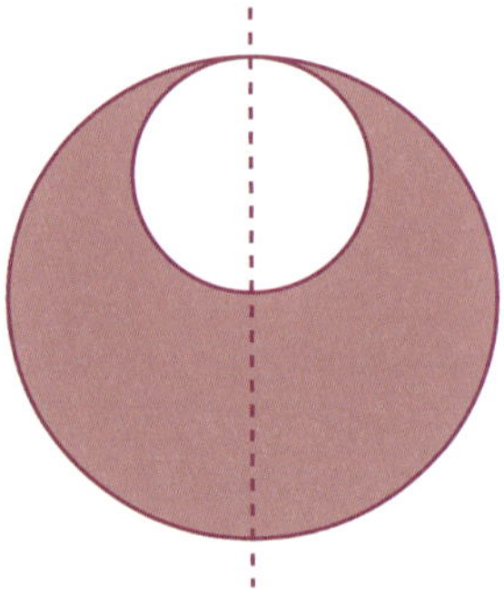

Dabei entspricht der Durchmesser des ausgesparten Kreises dem Radius des großen grauen Kreises. Berechnen Sie das Volumen.

### Übung 16.19 2,5 Min.

Kehren Sie noch einmal zurück zu Übung 15.19 und untersuchen Sie die Sprache. Machen Sie Aussagen zur Struktur des Textes und zur Wortwahl.

___

___

___

### Übung 16.20 1 Min.

Bei einem Dampfdrucktopf (auch Schnellkochtopf) macht man sich die Abhängigkeit von Siedetemperatur und -druck zu Nutze. Wird der Druck in dem geschlossenen Topf erhöht, so steigt auch die Temperatur an. Die Garzeiten verringern sich, was eine Energieeinsparung bedeutet. Was passiert mit Kartoffeln, wenn der Dampfdrucktopf zu schnell geöffnet wird.

**A** Wenn der Druck zu schnell entweicht, zerplatzen die Kartoffeln.
**B** Wenn der Druck zu schnell entweicht, schrumpfen die Kartoffeln.

### Übung 16.21 4 Min.

Wie verändert sich das Volumen eines Zylinders, wenn

**A** bei gleicher Höhe der Radius verdoppelt wird?
**B** bei gleichem Radius die Höhe verdoppelt wird?
**C** Radius und Höhe verdoppelt werden?
**D** der Radius verdoppelt und die Höhe halbiert wird?

### Übung 16.22 2 Min.

Nachdem Sie Situation und Sprache des kleinen Textes aus Übung 15.19 untersucht haben, können Sie sich noch mit der Aussageabsicht befassen.

___

___

___

___

### Übung 16.23 1 Min.

Wasser ist eine ganz spezielle Flüssigkeit, es verfügt über eine Besonderheit: Im Vergleich zu anderen Stoffen verhalt sich Wasser nicht typisch. So besitzt Wasser bei einer Temperatur von 4 °C seine größte Dichte. Unterhalb dieser Temperatur nimmt die Dichte wieder ab. Dies ist auch der Grund, warum Wasser als Thermometerflüssigkeit ungeeignet ist. Unterhalb von 4 °C würde die Wassersäule

**A** absinken
**B** gleich bleiben
**C** ansteigen

### Übung 16.24 1,5 Min.

In der amerikanischen Fernsehshow *Let's make a deal* ist der Hauptgewinn ein Auto. Um es zu gewinnen, muss sich der Kandidat schließlich für die richtige von drei verschlossenen Türen entscheiden. Hinter einer befindet sich das Auto, hinter den beiden anderen jeweils eine Ziege. Wenn sich der Kandidat für eine der drei Türen entschieden hat, zum Beispiel für Tür 1, öffnet der Moderator, der weiß, was sich hinter den Türen befindet, mit den Worten „Soll ich Ihnen mal was zeigen?" eine der anderen Türen, zum Beispiel Tür 3, und eine Ziege kommt zum Vorschein, denn der Moderator öffnet niemals die Tür, hinter der das Auto steht. Der Kandidat hat nun noch die Möglichkeit, sich für die andere verschlossene Tür (in unserem Beispiel die Tür 2) zu entscheiden oder bei seiner ursprünglichen Wahl zu bleiben. Was soll er machen?

### Übung 16.25 2,5 Min.

In der Tabelle rechts oben verbergen sich vier europäische Hauptstädte. Welche sind es?

| | | | | | | | |
|---|---|---|---|---|---|---|---|
| E | B | O | N | N | L | B | U |
| V | A | L | E | T | I | E | N |
| I | T | S | B | A | S | R | I |
| L | A | O | E | L | A | L | K |
| N | L | G | R | O | B | I | O |
| U | L | O | N | D | O | N | S |
| S | I | V | A | R | N | A | I |
| A | N | K | A | R | R | A | O |

### Übung 16.26 1 Min.

Die Milchstraße, unsere Galaxie, ist wahrscheinlich eine vier- oder fünfarmige Balkenspiralgalaxie. Dieser Galaxietyp hat vom Zentrum ausgehend einen langen Balken, an den sich dann die Spiralarme anschließen. Unsere Sonne befindet sich auf dem so genannten Orionarm. Die Milchstraße dreht sich in 220 Mio. Erdjahren einmal um sich selbst. Wie nennt man diesen Zeitraum?

**A** Sonnenjahr
**B** Galaktisches Jahr
**C** Galaktisches Jahrzehnt

### Übung 16.27 1,5 Min.

In der Statistik ist es immer wieder wichtig, den Mittelwert der erhobenen Daten zu ermitteln. Stellen Sie eine allgemeine Formel zur Berechnung des arithmetischen Mittels von n Messwerten auf.

## Lösung 16.1

C. Der Buchstabensalat enthält den Buchstaben „n“ 32-mal und den Buchstaben „u“ 19-mal.

## Lösung 16.2

48 (sprich: vier-acht)
Der rechte untere Weisheitszahn trägt die Zahlenkombination 48, denn er liegt im 4. Quadranten (unten rechts) und ist der achte und letzte Zahn von der Mitte aus gezählt.

## Lösung 16.3

Zunächst muss man die beiden Aussagen in die richtige Form bringen.
Die erste Aussage ist dann: $A \vee B$ (Lies: A *oder* B)
Die zu beweisende Aussage ist: $\neg(\neg A \wedge \neg B)$ (*nicht* [*nicht* A *und nicht* B])
Die Wahrheitstafel sieht dann folgendermaßen aus: siehe Tabelle unten.

## Lösung 16.4

Ein Text ist in der Regel ein aus Sinnabschnitten bestehendes, logisch aufgebautes Ganzes. Um Texte leichter aufbereiten und verstehen zu können, ist es hilfreich, die optische und inhaltliche Struktur eines Textes zu erkennen. Mögliche nichtsprachliche Mittel sind z. B.: Zwischenüberschriften, Absätze, die zusammenhängende Gedanken enthalten, Gliederungspunkte (wie 1., 2., 3. usw. oder andere Aufzählungszeichen), die Verwendung verschiedener Schriften oder Schriftformen (fett, kursiv, farbig).

## Lösung 16.5

Beim therapeutischen Klonen werden potenziell lebensfähige Embryonen abgetötet. Weiterhin geht es um die Frage, ob menschliche Embryonen bei der embryonalen Stammzellenforschung als menschliches Wesen anzusehen sind oder nicht.

## Lösung 16.6

Zu ermitteln ist der Prozentsatz. Nach Umformung der Formel

$$W = \frac{p}{100} \cdot G \quad \text{zu} \quad p = \frac{W \cdot 100}{G},$$

wobei p der Prozentsatz, W der Prozentwert und G der Grundwert ist, ergeben sich folgende Ergebnisse: siehe Tabelle nächste Seite unten.

## Lösung 16.7

A. Möglicherweise stellt der Verfasser eines Gedichtes auch eine Handlung dar, doch die Handlung steht vor allem im Mittelpunkt eines Dramas. Der Text eines Gedichtes hat eine besondere Form. Das betrifft sein Schrift- und Druckbild ebenso wie die Gestaltung der Zeilen (Verse) und Abschnitte (Strophen). Der Sprecher ist in einem

### zu Lösung 16.1 // L Lösung 17:

| **A** | **B** | $A \vee B$ | $\neg A$ | $\neg B$ | $\neg A \wedge \neg B$ | $\neg(\neg A \wedge \neg B)$ |
|---|---|---|---|---|---|---|
| **w** | **w** | **w** | **f** | **f** | **f** | **w** |
| **w** | **f** | **w** | **f** | **w** | **f** | **w** |
| **f** | **w** | **w** | **w** | **f** | **f** | **w** |
| **f** | **f** | **f** | **w** | **w** | **w** | **f** |

Gedicht meist als lyrisches Ich anwesend, manchmal kommt das lyrisches Subjekt auch in anderen Formen vor (als lyrisches Wir oder Du). Das lyrische Ich kommt so häufig vor, dass es zu einem Kennzeichen der Lyrik wurde. Der Dichter schreibt seinen Text in einer besonderen Sprache, verwendet sprachliche Bilder, ungewöhnliche oder gar von ihm neu geschaffene Wörter, um die inhaltliche Verdichtung einer Aussage zu erreichen.

### Lösung 16.8

B. Auch in Süßwasser sind gelöste Salze enthalten – jedoch in deutlich geringeren Mengen. Der Salzgehalt der Ozeane liegt bei ca. 3,5 %; der von Süßwasser unter 0,1 %.

### Lösung 16.9

Wir übertragen den Text zunächst in ein algebraisches Modell, wobei mit x der Preis der ersten Sorte und y der Preis der zweiten Sorte bezeichnet wird. Dann erhalten wir die beiden Gleichungen:

$4x + 3y = 17$ und
$-6x + 8y = 12$

Multipliziert man nun die obere Gleichung mit 6 und die untere mit 4, erhält man:
$24x + 18y = 102$
$-24x + 32y = 48$

Nun müssen beide Gleichungen addiert werden. Man erhält:

$50y = 150 \Leftrightarrow y = 3$

Daraus ergibt sich wiederum, dass $x = 2$ ist. Die erste Sorte Bücher kostet also 2 €, die zweite wird für 3 € verkauft.

### Lösung 16.10

A Rolle
B Person
C Figur

### Lösung 16.11

Kupferoxid + Kohlenstoff → Kupfer↓ + Kohlenstoffdioxid

### Lösung 16.12

Vier Wände und eine Decke sind zu streichen. Die Fläche berechnet sich so:

$(6 \cdot 4) + 2 \cdot (6 \cdot 2{,}5) + 2 \cdot (4 \cdot 2{,}5) =$
$24 + 30 + 20 = 74$

Die Gesamtfläche beträgt also $74\,m^2$. Da Türen und Fenster für gewöhnlich nicht gestrichen werden, müssen wir deren Fläche noch abziehen und kommen dann auf eine zu streichende Fläche von $69\ m^2$. Maler Sörensen muss also zwei Eimer Farbe mitbringen.

### zu Lösung 16.6 // M Lösung 41

| Vereinbarte Lieferzeit | 58 Tage | Überschreitung (gerundet) |
|---|---|---|
| Lieferzeit bis zum 29.05 | 93 Tage | 60,34 % |
| Lieferzeit bis zum 04.06. | 99 Tage | 70,69 % |
| Lieferzeit bis zum 15.06 | 110 Tage | 89,66 % |
| Lieferzeit bis zum 22.06. | 117 Tage | 101,72 % |

### Lösung 16.13
Vielleicht hat Ihnen der Text wegen der vielen unpräzisen Ausdrücke Schwierigkeiten bereitet. In bereinigter Form könnte der Text lauten: In Zukunft wird das Internet noch wichtiger. Es hilft einem Unternehmen bei der Werbung, es hilft, den Kundenkontakt zu verbessern und Arbeitsschritte zu vereinfachen. Die Kunden verlangen Service und Information, viele Konkurrenten können ihnen das schon bieten. Verbessert man Geschäftsabläufe, führt es dazu, dass Mitarbeiter dazulernen und man die Kundenwünsche besser erfüllen kann. Bessere und schnellere Technik hilft, Kosten einzusparen.

### Lösung 16.14
B. Erdalkali-Ionen, wie Calcium oder Magnesium, sind praktisch in jeder wässrigen Lösung als Härtebildner vorhanden.

### Lösung 16.15
Das Volumen ist 8-mal, die Oberfläche 4-mal so groß.

### Lösung 16.16
A, C. Der Autor erzählt die Geschichte aus der Innenperspektive eines Ich-Erzählers, der zugleich die Hauptfigur des Erzählten ist. So lässt der Autor seinen Leser unmittelbar an den Erlebnissen des Erzählers teilhaben.

### Lösung 16.17
A und C. Der Heißluftballon und das U-Boot bewegen sich jeweils nach oben bzw. nach unten, also in Richtung der Schwerkraft. Sie folgen dem statischen Auftrieb. Die Flugzeugtragfläche bewirkt einen dynamischen Auftrieb, da sie durch Druckunterschiede beim Umströmen der Tragfläche eine Bewegung innerhalb des Mediums ermöglicht.

### Lösung 16.18
Lässt man die Figur rotieren, so erhält man eine Kugel mit dem Radius r, aus der eine weitere Kugel mit dem Radius $\frac{r}{2}$ herausgenommen wurde. Das Volumen berechnet sich also wie folgt:

$$V = \frac{4}{3} \cdot r^3 \cdot \pi - \frac{4}{3}\left(\frac{r}{2}\right)^3$$

$$= \frac{4}{3} \cdot r^3 \cdot \pi - \frac{1}{6} \cdot r^3 \cdot \pi$$

$$= \frac{7}{6} \cdot r^3 \cdot \pi$$

### Lösung 16.19
Der Text gliedert sich in zwei Teile – ein Aussagesatz, der die Situation erklärt, und eine wörtliche Rede mit Einleitung. Die wörtliche Rede besteht aus einem kurzen Hauptsatz. Der Satzbau aller Sätze folgt dem üblichen Stellungsplan. Die Wörter entstammen der Standardsprache.

### Lösung 16.20
A. Kartoffeln im Dampfdrucktopf zerplatzen, wenn der Druck zu schnell abfällt. Das liegt an dem Wasser in den Zellen der Kartoffeln.

### Lösung 16.21
Wir gehen von der Formel zur Berechnung des Volumens eines Zylinders $V = \pi \cdot r^2 \cdot h$ aus und erhalten dann:
A Das Volumen vervierfacht sich.

B Das Volumen verdoppelt sich.
C Das Volumen verachtfacht sich.
D Das Volumen verdoppelt sich.

## Lösung 16.22

Die Aussageabsicht scheint eindeutig zu sein. Die Nachricht „Es ist grün" enthält zunächst eine Sachinformation. Möglicherweise verstehen Sie den Text aber auch in einer anderen Weise und legen der Aussage des Mannes verschiedene Bedeutungen zu Grunde: a) Der Mann ist wach und denkt mit. Seine Bemerkung ist als Selbstoffenbarung zu verstehen. b) Er traut der Frau nicht zu, sich umsichtig im Straßenverkehr zu verhalten, bevormundet sie, macht deutlich, was er von ihr und ihrem Fahrstil hält. c) Er möchte auf das Verhalten der Frau Einfluss nehmen und appelliert an sie, loszufahren. Mit diesen Überlegungen verlassen Sie aber bereits die Ebene der Analyse und begeben sich auf die Ebene der Interpretation.

## Lösung 16.23

C. Unterhalb von 4 °C würde ein mit Wasser gefülltes Thermometer wieder ansteigen. Dies würde zu Ungenauigkeiten bei der Temperaturanzeige führen. Außerdem würde bei 0 °C die Wassersäule zu Eis gefrieren und damit keine Temperaturen unterhalb vom Gefrierpunkt anzeigen.

## Lösung 16.24

Die Wahrscheinlichkeit, dass sich das Auto hinter Tür 1 befindet, ist $\frac{1}{3}$. Die Wahrscheinlichkeit, dass sich das Auto hinter einer der beiden anderen Türen befindet, ist folglich $\frac{2}{3}$. Mindestens hinter einer dieser Türen steht eine Ziege. Der Moderator öffnet nun eine der beiden Türen und dort steht eine Ziege. Die Wahrscheinlichkeit, dass hinter einer der beiden Türen das Auto steht, bleibt davon aber unberührt und bei $\frac{2}{3}$. Es empfiehlt sich also, die Tür zu wechseln, da die Wahrscheinlichkeit, dass hinter ihr das Auto steht, $\frac{2}{3}$ beträgt und nicht $\frac{1}{3}$, wie im Falle von Tür 1.

## Lösung 16.25

| | | | | | | | |
|---|---|---|---|---|---|---|---|
| E | B | O | N | N | L | B | U |
| V | A | L | E | T | I | E | N |
| I | T | S | B | A | S | R | I |
| L | A | O | E | L | A | L | K |
| N | L | G | R | O | B | I | O |
| U | L | O | N | D | O | N | S |
| S | I | V | A | R | N | A | I |
| A | N | K | A | R | R | A | O |

## Lösung 16.26

B. Unsere Galaxie, die Milchstraße, dreht sich in 220 Mio. Erdjahren einmal um sich selbst. Man nennt diesen Zeitraum ein Galaktisches Jahr.

## Lösung 16.27

Wir nennen die einzelnen Messwerte $X_1$ bis $X_n$. Dann errechnet sich das arithmetische Mittel als Summe der Messwerte geteilt durch ihre Anzahl. Die Formel hierzu sieht so aus:

$$\overline{X} = \sum_{i=1}^{n} X_i$$

## Übung 17.1 — 1,5 Min.

Literarische Texte sind solche, bei denen der Autor seinen Leser z. B. für eine erfundene Geschichte einnehmen möchte. Gebrauchstexte zielen hingegen z. B. darauf ab, einen Sachverhalt zu erläutern und Informationen für alltägliche Handlungszusammenhänge zur Verfügung zu stellen. Ordnen Sie die folgenden Begriffe der richtigen Kategorie zu:
Kommentar, Abzählverse, Märchen, Lied, Protokoll, Kalendergeschichte, Ballade, Nachrichten, Märchen, Gesetze, Sage, Anekdote.

literarische Texte:

______________________________

______________________________

Gebrauchstexte:

______________________________

______________________________

## Übung 17.2 — 1 Min.

Thomas (35) ist beim Arzt und lässt seinen Blutdruck kontrollieren. Hierzu misst der Arzt den Druck, mit dem das Blut durch die Arterien fließt. Bei der Blutdruckmessung werden zwei Werte ermittelt, die Systole (Auswurfphase des Herzens) und die Diastole (Füllphase des Herzens). Thomas hat nun einen Blutdruck von 120/80. Welches ist der systolische Wert?

**A** 120
**B** 80

## Übung 17.3 — 3 Min.

Ein Wirt prüft seine Gäste, ehe er sie einlässt. Er prüft, ob der Gast hungrig, durstig oder betrunken ist und er prüft, ob der Gast bezahlen kann. Er lässt einen Gast nur ein, wenn er nicht betrunken ist, hungrig oder durstig ist, und wenn er bezahlen kann.
Formulieren Sie die Aussagen A bis D in der Sprache der Aussagenlogik und die Bedingung für den Einlass in Formelschreibweise.

______________________________

______________________________

______________________________

## Übung 17.4 — 2 Min.

*Der Schimmelreiter* (1888) von Theodor Storm (1817–88) ist eine der bekanntesten deutschsprachigen Novellen. Wissen Sie, welche der folgenden Werke man zur selben literarischen Gattung zählt?

**A** *Die Leute von Seldwyla* (1856) von Gottfried Keller (1819–90)

**B** *Die Judenbuche* (1842) von Annette von Droste-Hülshoff (1797–1848)
**C** *Bahnwärter Thiel* (1887) von Gerhart Hauptmann (1862–1946)
**D** *Michael Kohlhaas* (1807) von Heinrich von Kleist (1777–1811)

Theodor Storm

## Übung 17.5 — 1,5 Min.

Die DNA-Sequenz ist aus Nucleinsäuren aufgebaut. Die Nucleinsäuren setzen sich aus Nucleotiden zusammen. Und die Nucleotide wiederum bestehen aus drei chemischen Komponenten: einem Zucker (Ribose oder Desoxyribose), einem Phosphorsäurerest und einer stickstoffhaltigen organischen Base. Durch welche vier Buchstaben werden die Basen gekennzeichnet?

**A** A, B, C, D
**B** A, B, X, Y
**C** A, C, G, T

## Übung 17.6 — 2 Min.

Weil Martina ihren Motorroller reparieren lassen muss, überzieht sie ihr Konto bei der Bank um 548,– €. Es werden 12,75 % Zinsen berechnet. Nach 25 Tagen kann Martina diesen Kredit zurückzahlen. Wie viele Zinsen muss sie zahlen?

______________________________

______________________________

## Übung 17.7 — 2,5 Min.

Hier können Sie sich mit Mitteln der Manipulation befassen. Ordnen Sie den Stichwörtern die jeweils richtige Tätigkeit zu. Sie können die Kästchen durch Linien miteinander verbinden.

### zu Übung 17.7

| Mittel | Beispiel |
|---|---|
| A scheinalternativ | 1 etwas nicht offen ansprechen, nur kurz auf eine Situation, einen Vorfall hinweisen |
| B emotionalisieren | 2 dem anderen Anerkennung versprechen, wenn er sich wunschgemäß verhält |
| C rhetorische Frage | 3 ein Argument dadurch aufwerten, dass es mit einem Gefühlswert belegt wird |
| D Selbstbekehrung | 4 Fragen stellen, auf die man keine Antwort erwartet |
| E Belohnung | 5 nur zwei Alternativen zulassen, obwohl auch Zwischenlösungen und Kompromisse möglich sind |
| F andeuten | 6 vordergründig von sich sprechen, aber einen anderen meinen |

### Übung 17.8 — 1,5 Min.

Einige chemische Reaktionen benötigen einen kleinen Anstoß (Aktivierungsenergie), damit sie ins Rollen kommen. Dieser Prozess ist vergleichbar mit einer Kugel, die über einen Hügel ins Tal gerollt werden soll. Die Kugel benötigt einen kleinen Anstoß (Krafteinsatz), damit sie die Hügelkuppe überwindet. Anschließend rollt sie dann ins Tal, wobei Energie freigesetzt wird (z. B. Reibungsenergie = Wärme). Nachdem die Kugel ins Tal gerollt ist, befindet sie sich also in einem Zustand geringerer Energie im Vergleich zur Ausgangssituation. „Anstoß" zum Ablauf chemischer Reaktionen ist in vielen Fällen eine Temperaturerhöhung. Die erforderlichen Aktivierungsenergien variieren für unterschiedliche Reaktionsabläufe. Ist die Aktivierungsenergie groß, laufen Reaktionen

**A** langsam ab.
**B** schnell ab.

### Übung 17.9 — 3 Min.

Der Flächeninhalt eines Dreiecks vergrößert sich dadurch um 65 $cm^2$, dass man die Höhe um 2 cm und die Grundseite um 5 cm verlängert. Der Flächeninhalt desselben Dreiecks verkleinert sich um 7 $cm^2$, wenn man die Grundseite um 3 cm verlängert und die Höhe aber um 2 cm verkürzt. Wie lang sind Grundseite und Höhe des Ausgangsdreiecks?

____________________________

____________________________

____________________________

### Übung 17.10 — 2 Min.

Welche der folgenden Werke zählt man zur literarischen Gattung des Romans?

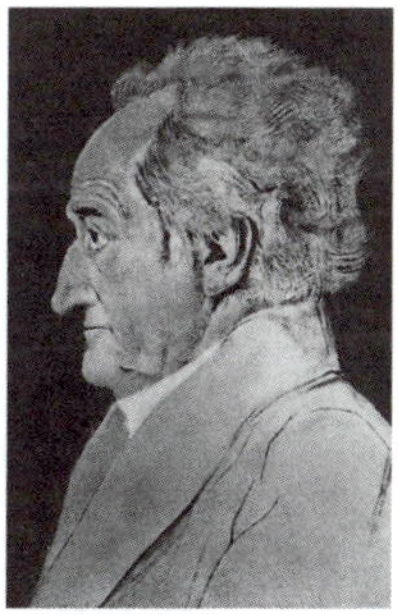
Johann Wolfgang von Goethe

**A** *Die Leiden des jungen Werthers* (1774) von Johann Wolfgang von Goethe (1749–1832)
**B** *Die Bürgschaft* (Erstdruck 1799) von Friedrich Schiller (1759–1805)
**C** *Das siebte Kreuz* (1942) von Anna Seghers (1900–1983)
**D** *Kleiner Mann, was nun?* (1932) von Hans Fallada (1893–1947)
**E** *Effi Briest* (1895) von Theodor Fontane (1819-1898)
**F** *Erlkönig* (1782) von Johann Wolfgang von Goethe

### Übung 17.11 — 1 Min.

Etwa vier Fünftel der Elemente sind Metalle. Im Periodensystem der Elemente nimmt der Metallcharakter innerhalb der Perioden von rechts nach links zu. Innerhalb einer Gruppe nehmen die metallischen Eigenschaften von oben nach unten zu. Wo steht demnach das Element mit dem metallischsten Charakter?

**A** oben links
**B** oben rechts
**C** unten links
**D** unten rechts

### Übung 17.12 2,5 Min.

Die Schulklasse 3b der Matthias-Claudius-Schule hat sich ein Aquarium angeschafft. Es ist 65 cm lang, 40 cm breit und 50 cm hoch. Die Klasse will den Boden mit einer 4 cm hohen Sandschicht bedecken und das Aquarium anschließend bis 6 cm unter den Rand mit Wasser füllen. Wie viele $cm^3$ Sand werden gebraucht? Wie viele Liter Wasser werden benötigt?

______________________________

______________________________

______________________________

______________________________

### Übung 17.13 1 Min.

Was könnte der Grund dafür sein, dass der Text aus Übung 14.13 gerade so und nicht anders verfasst wurde?

**A** Der Verfasser möchte seinen Text fortschrittlich klingen lassen.
**B** Der Verfasser wollte seinen Text klar strukturieren.
**C** Der Verfasser hat seine Gedankengänge so zu Papier gebracht, wie er denkt.
**D** Der Verfasser stand unter Zeitdruck und hat in der Eile nur abstrakt formulieren können.

### Übung 17.14 1,5 Min.

Tenside sind waschaktive Substanzen. Sie besitzen einen typischen Molekülbau aus einem hydrophoben (wasserabweisend) und einem hydrophilen (wasseranziehend) Molekülteil. Man bezeichnet Tenside deshalb auch als amphiphil. Aus dieser Eigenschaft resultiert eine so genannte Grenzflächenaktivität. Die Moleküle ordnen sich in einer bestimmten Weise an Grenzflächen an. An der Wasser-Luft-Grenzfläche liegen die hydrophilen Molekülteile im Wasser und die hydrophoben Teile

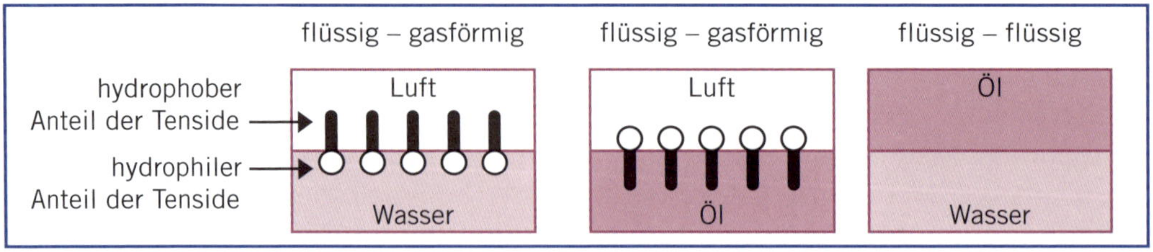

ragen in die Luft. An der Grenzfläche Öl-Luft verhalten sich die Tensid-Moleküle genau umgekehrt (s. Abb.). Wie ordnen sich die Tenside an der Grenzfläche Öl-Wasser an? Zeichnen Sie die Lage der Moleküle in die Abbildung links unten.

______________________________

______________________________

______________________________

### Übung 17.15 2,5 Min.

Auf der folgenden Skizze sehen Sie den Aufbau einer Säule. Dabei stellen die Dreiecke den Boden und Deckel der Säule dar.

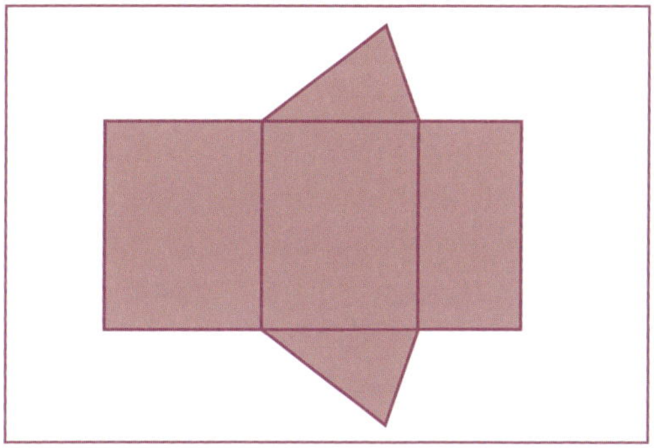

Leiten Sie die Formeln zu Berechnung des Volumens und der Oberfläche der Säule her. Es reicht hier, wenn Sie die Formeln mit eigenen Worten umschreiben.

______________________________

______________________________

______________________________

### Übung 17.16 2 Min.

Wissen Sie, was man unter einem „inneren Monolog“ versteht?

### Übung 17.17 1,5 Min.

Was geschieht, wenn eine Dose mit unterschiedlich großen Nüssen geschüttelt wird?

**A** Die großen Nüsse sammeln sich am Boden der Dose, da sie schwerer sind.

**B** Die kleinen Nüsse fallen durch die Zwischenräume hindurch und sammeln sich am Boden der Dose, während die großen Nüsse oben auf liegen.

**C** Die großen und kleinen Nüsse werden gleichmäßig in der Dose verteilt.

### Übung 17.18 2,5 Min.

Ein Azubi soll bei seiner Ausbildung das folgende Werkstück erstellen:

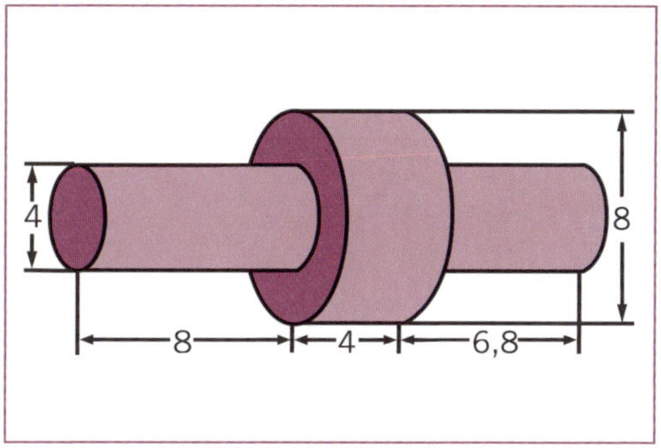

Anschließend soll er – zu seinem Unmut – das Volumen des Stücks berechnen. Können Sie ihm bei seiner Aufgabe helfen?

______________________________

______________________________

______________________________

### Übung 17.19 ⏱ 1 Min.

Welches Wort muss in dieser Reihe folgen?

Würde, Erhabenheit, Stolz, Format, ...

A Erfolg
B Haltung
C Eindruck
D Resonanz

### Übung 17.20 ⏱ 1,5 Min.

Einen historisch spektakulären Versuch zum Luftdruck demonstrierte 1663 Otto von Guericke in Magdeburg. Er fügte zwei ca. 50 cm große Halbkugeln zu einer Kugel zusammen und entzog dem entstandenen Hohlraum mittels Kolbenpumpen die Luft. Der Luftdruck, der von außen auf die Kugelhälften wirkte, drückte diese so stark zusammen, dass selbst die Kraft von 16 Pferden nicht ausreichte, um sie zu trennen. Die Kugelhälften konnten erst wieder getrennt werden, nachdem der Hohlraum in der Kugel wieder mit Luft gefüllt worden war. Bei welcher z. T. heute noch gebräuchlichen Tätigkeit wird eben dieses Prinzip angewandt?

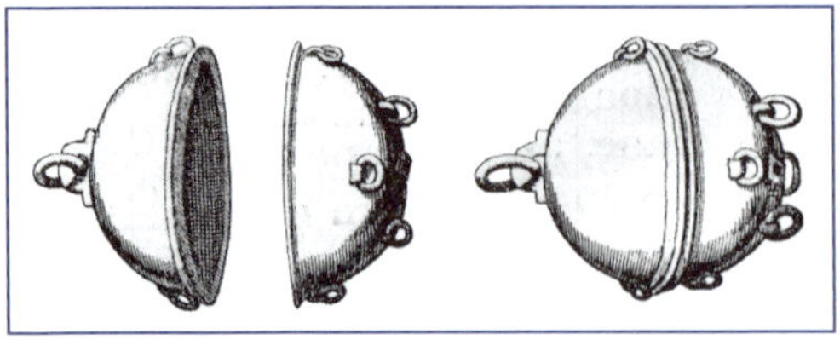

Magdeburger Kugeln

Otto v. Guericke

A beim Einfrieren von Lebensmitteln
B beim Einmachen oder Einkochen von z. B. Marmelade
C beim Haltbarmachen von Sauerkraut

### Übung 17.21 ⏱ 2,5 Min.

Henning will sich einen Drachen bauen. Die Stäbe sind 40 cm und 90 cm lang. Das obere Dreieck ist 20 cm hoch. Wie lang muss der Faden sein, der das Drachenkreuz umspannt? Tipp: Hier ist eine Skizze hilfreich.

______________________________

______________________________

### Übung 17.22 — 2 Min.

Ordnen Sie die Redewendungen nach der Stilebene.

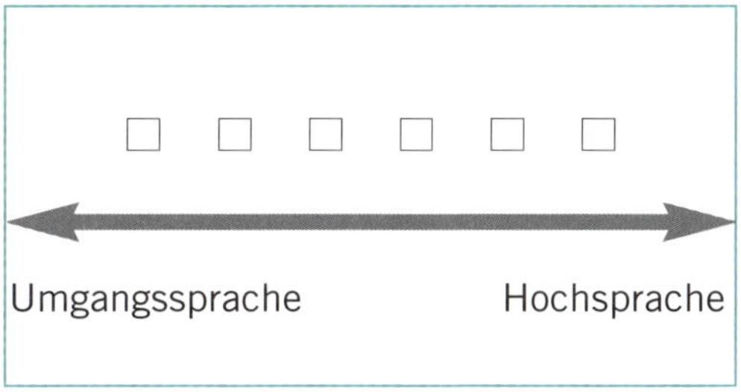


**A** jemanden an die Luft setzen
**B** den Dienst aufsagen
**C** das Dienstverhältnis kündigen
**D** die Arbeit an den Nagel hängen
**E** jemanden rausschmeißen
**F** sein Amt zur Verfügung stellen

### Übung 17.23 — 1 Min.

Der 2. Hauptsatz der Thermodynamik besagt, dass Wärme immer von einem wärmeren Körper auf einen kälteren Körper übergeht, es sei denn, dem System wird von außen Energie zugeführt. Dieser Sachverhalt erklärt, warum Eiswürfel in einem Longdrink schmelzen. Stellen Sie sich einen abgeschlossenen Raum vor, indem ein Kühlschrank mit offener Tür auf Hochtouren arbeitet. Was geschieht mit der Zimmertemperatur?

**A** Die Temperatur nimmt ab.
**B** Die Temperatur bleibt gleich.
**C** Die Temperatur nimmt zu.

### Übung 17.24 — 1,5 Min.

Eine Münze wird dreimal geworfen. Wie groß ist die Wahrscheinlichkeit, dass höchstens zweimal das Wappen oben liegt?

______________________________

### Übung 17.25 — 2 Min.

Die Werbesprache bedient sich verschiedener Sprachstile, um mit einer Schlagzeile oder einem Slogan Aufmerksamkeit zu erregen. Ordnen Sie die Begriffe der richtigen Kategorie zu: Protein-Vitalizer, megastark, sich einen noggern, Genuss, Geldleben, 3-Wirkstoff-Formel, durchschnupfsicher, Geschmack, Nass-Haftkraft, zappig, Lust.

Modewörter:

______________________________

______________________________

Kunstwörter:

______________________________

______________________________

Begriffe der Umgangssprache:

______________________________

______________________________

wissenschaftliche, halbwissenschaftliche Kreationen und Fachbegriffe:

___

___

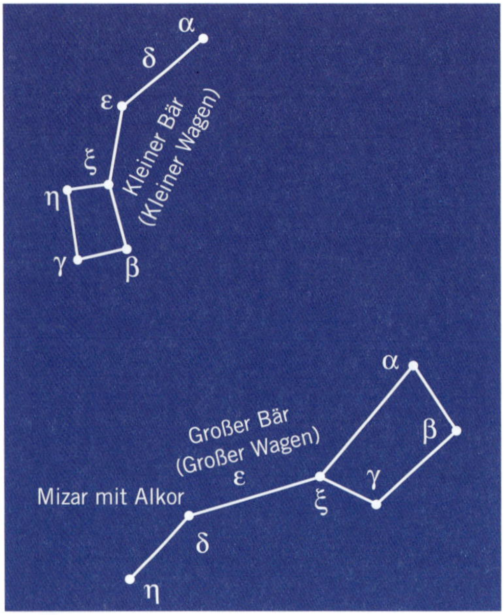


### Übung 17.26 1,5 Min.

Der Polarstern steht derzeit recht genau in der Nähe des Himmelsnordpols, der nördlichen Verlängerung der Erdachse. Das gesamte Firmament scheint sich um diesen Stern zu drehen. Zieht man eine gedachte Linie vom Polarstern zum Horizont, so weiß man wo Norden ist. Der Polarstern ist ein Stern im Sternbild Kleiner Wagen (auch Kleiner Bär). In einer klaren Nacht ist er recht einfach am Himmel zu finden: Ziehen Sie eine gedachte Linie durch die hinteren beiden Sterne des Großen Wagens (auch Großer Bär) nach oben. Verlängern Sie die Linie so, dass sie dem fünffachen Abstand der beiden Ausgangssterne entspricht. Der helle Stern, bei dem diese Linie endet ist der Polarstern. Zeichnen Sie den Polarstern in der Abbildung, die den Kleinen und den Großen Wagen zeigt, ein.

### Übung 17.27 2,5 Min.

Ein Bauer hat zehn Schweine zu verkaufen. Da er sich von den Tieren aber nur schlecht trennen kann und ihm der Gedanke, dass sie später in der Wurst landen sollen, gar nicht behagt, denkt er sich eine Methode aus, nach der sie eine gewisse Überlebenschance haben. Er führt die Schweine, die sich äußerlich nicht unterscheiden, zehn Metzgern vor und fordert diese auf, sich eines der Schweine auszusuchen, ohne den anderen Metzgern zu sagen, welches. Ein Schwein soll nicht geschlachtet werden, wenn keiner der Metzger es haben wollte. Wie viel Prozent der Schweine überleben diese Wahl?

___

___

___

### Lösung 17.1

Literarische Texte: Abzählverse, Märchen, Lied, Kalendergeschichte, Ballade, Märchen, Sage, Anekdote.
Gebrauchstexte: Kommentar, Protokoll, Nachrichten, Gesetze.
Man unterscheidet die verschiedenen Arten von Gebrauchstexten zudem meist nach der Absicht des Autors, die er mit dem Text verfolgt (z. B. auffordernde, regelnde, mitteilende und belehrende Texte).

### Lösung 17.2

A. Der systolische Wert ist der erste und höhere Wert; er liegt zwischen 100 und 130 mmHg. Der diastolische Wert liegt zwischen 60 und 85 mmHg. Bei höheren bzw. niedrigeren Werten spricht man von Bluthochdruck bzw. niedrigem Blutdruck.

### Lösung 17.3

Aussage A: Der Gast ist nicht betrunken.
Aussage B: Der Gast ist hungrig.
Aussage C: Der Gast ist durstig.
Aussage D: Der Gast kann bezahlen.

$\neg A \wedge (B \vee C) \wedge D$

### Lösung 17.4

A, B, C, D.

### Lösung 17.5

C. Die vier Basen innerhalb der DNA-Sequenz heißen Adenin (A), Cytosin (C), Guanin (G) und Thymin (T).

### Lösung 17.6

Der Jahreszins berechnet sich folgendermaßen:

$$Z = \frac{548 \cdot 12{,}75}{100} = 69{,}87\ \%.$$

Die Zinsen nach 25 Tagen ergeben sich aus

$$\frac{69{,}87 \cdot 25}{365} = 4{,}79\ \%.$$

### Lösung 17.7

A5; B3; C4; D6; E2; F1

### Lösung 17.8

A. Wird für eine Reaktion eine hohe Aktivierungsenergie benötigt, so ist die gesamte Reaktionsgeschwindigkeit gering, da sich immer nur wenige Teilchen „aktivieren“ lassen.

### Lösung 17.9

Folgende Gleichungen ergeben sich aus der Formel zur Berechnung der Fläche eines Dreiecks, x sei die Grundseite und y die Höhe:

$$\frac{x \cdot y}{2} + 65 = \frac{(x+5) \cdot (y+2)}{2}$$
$$\frac{x \cdot y}{2} - 7 = \frac{(x+3) \cdot (y-2)}{2}$$

Nach dem Umformen der beiden Gleichungen erhält man folgendes Gleichungssystem:

$$2x + 5y = 120$$
$$-2x + 3y = -8$$

Nun lassen sich beide Gleichungen wieder addieren und man erhält:
$8y = 112 \Leftrightarrow y = 14$
Daraus folgt, dass x = 25 sein muss.
Die Grundseite des Dreiecks ist also 25 cm lang und die Höhe beträgt 14 cm.

### Lösung 17.10

A, C, D, E. *Die Bürgschaft* von Friedrich Schiller und der *Erlkönig* von Johann Wolfgang von Goethe sind lyrische Werke und gehören zur Gattung der Ballade. Im romanischen Sprachraum ist die Ballade seit dem 12. Jahrhundert ein Tanzlied (ital. „ballata"), in Frankreich während des Mittelalters ein streng gestaltetes, kunstvolles Lied, in England ein getragenes Lied mit dramatisch tragischem Inhalt. In Deutschland fußt die Ballade auf dem Heldenepos, das althochdeutsche *Hildebrandslied* (um 800) gilt als früheste Ballade im Deutschen. Sie ist im 14. und 15. Jahrhundert als Volksballade (erzählendes Heldenlied) populär, im 16. und 17. Jahrhundert als Bänkellied und Moritat. Die ersten deutschen Kunstballaden entstehen gegen Ende des 18. Jahrhunderts, vor allem im so genannten Balladenjahr 1797: Johann Wolfgang von Goethe und Friederich Schiller setzen ihre Theorien zu deren Form und Inhalt in die Praxis um (von Goethe u. a. *Die Braut von Korinth, Der Zauberlehrling;* von Schiller u. a.: *Die Kraniche des Ibykus*). Fortan ist die „deutsche Ballade" kein Lied mehr, sondern eine kunstvolle Gedichtform. Sie gilt als Mischform zwischen literarischen Gattungen: Eine Handlung repräsentiert das Epische, ein Konflikt das Dramatische und Strophen, Verse und Reime das Lyrische. In knapper Form berichtet die Ballade von Naturgewalten, Geistern, göttlichen Gestalten, Schicksalen, aber auch von historischen Geschehnissen und sozialen Problemen.

## Lösung 17.11

C. Das Element mit dem metallischsten Charakter steht unten links; es handelt sich dabei um das Element Cäsium.

## Lösung 17.12

Zunächst berechnen wir die benötigte Sandmenge: $65\,\text{cm} \cdot 40\,\text{cm} \cdot 4\,\text{cm} = 10.400\,\text{cm}^3$.

Die Schüler und Schülerinnen brauchen als 10.400 cm$^3$ Sand.

Zur Berechnung der benötigten Wassermenge sollte man die Längeneinheiten in dm umrechnen, denn es gilt: 1l Wasser = 1dm$^3$. Außerdem muss man von der Höhe 10 cm (4 cm Sand und 6 cm am oberen Rand) abziehen, um die korrekte Wasserhöhe zu ermitteln. Die Rechnung sieht dann so aus: $6{,}5\,\text{dm} \cdot 4\,\text{dm} \cdot 4\,\text{dm} = 104\,\text{dm}^3$. Zur Befüllung des Aquariums werden also 104 Liter Wasser benötigt.

## Lösung 17.13

Möglicherweise treffen alle genannten Punkte zu. Der Nominalstil gilt vielen als fortschrittlich, analytisch und daher intellektuell hoch stehend. Die Verwendung nominaler Konstruktionen bringt gewöhnlich eine klare Gliederung mit sich, erst die Häufung von Substantiven gleicher Bildung macht einen Text schwer verständlich. Bringt ein Verfasser seine Gedanken naturgetreu und linear zu Papier, erscheinen sie oft nicht in gewichteter, geordneter und für den Leser verständlich aufbereiteter Form. Die verbale Ausdrucksweise ist zwar anschaulicher und lebendiger, muss unter Zeitdruck aber oft der leichter zu formulierenden, nominalen Ausdrucksweise weichen.

## Lösung 17.14

Siehe Zeichnung rechts oben.

## Lösung 17.15

Volumen: Das Volumen der Säule berechnet sich aus dem Produkt der Grundfläche mit der Höhe. Die Grundfläche kann man wie die Fläche eines normalen Dreiecks berechnen.

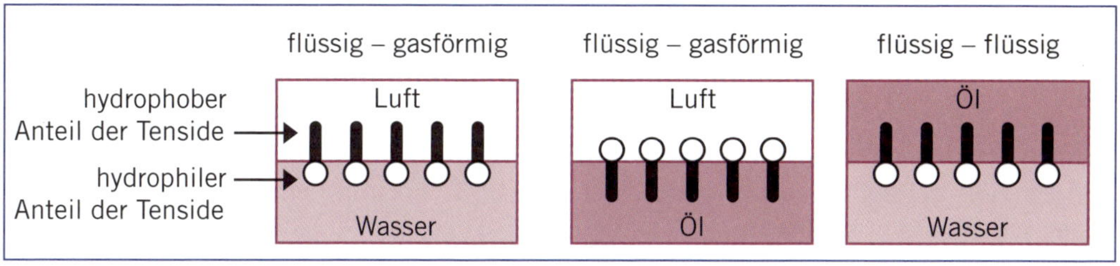


Oberfläche: Zur Berechnung der Oberfläche bestimmt man zunächst den Umfang der Dreiecke und multipliziert diesen dann mit der Höhe der Säule. Nun müssen noch die Flächen des Deckels und des Bodens addiert werden.

## Lösung 17.16

Das Selbstgespräch bzw. die Rede einer einzelnen Person erscheint in der epischen Literatur meist als innerer Monolog. Dabei tritt der Erzähler völlig hinter die Figur zurück, sie skizziert ihre Gedanken und Gefühle unmittelbar und ohne Distanz.

## Lösung 17.17

B. Beim Schütteln der Nussdose entsteht eine Art Konvektionsfluss bei der die Nüsse in der Mitte der Dose nach oben steigen, dann zu den Seiten und anschließend nach unten wandern. Die großen Nüsse können jedoch nicht durch die engen Zwischenräume nach unten sinken, sodass sie sich mit der Zeit als oberste Schicht in der Dose sammeln.

## Lösung 17.18

Zu berechnen sind die Volumina von drei Zylindern, jeweils nach der Formel:

$V = \pi \cdot r^2 \cdot h$

Für das Gesamtvolumen ergibt sich also:

$V = \pi \cdot 2^2 \cdot 8 + \pi \cdot 4^2 \cdot 4 + \pi \cdot 2^2 \cdot 6{,}8$

$= 123{,}2 \cdot \pi = 387{,}04$

Das Volumen des Werkstücks beträgt 387,04 $cm^3$.

## Lösung 17.19

B. Alle anderen Wörter gehören zu einem Wortfeld, das man unter dem Begriff „Wirkung“ zusammenfassen könnte.

## Lösung 17.20

B. Beim Verschließen von Einmachgläsern werden diese mittels eines Gummirings und Deckels verschlossen. Der Deckel wird noch mithilfe eines Bügels fixiert. Anschließend werden die Gläser samt Inhalt in ein Wasserbad gestellt. Hierbei erhitzt sich die Luft im Glas und dehnt sich aus. Sie entweicht z. T. durch die Gummidichtung nach außen. Während des Abkühlprozesses entsteht im Glasinneren durch die Volumenverringerung der Luft ein luftverdünnter Raum, sodass der äußere Luftdruck den Deckel auf den Glasrand presst. Der Bügel kann dann entfernt werden.

## Lösung 17.21

Fertigen wir uns zunächst eine kleine Skizze an:

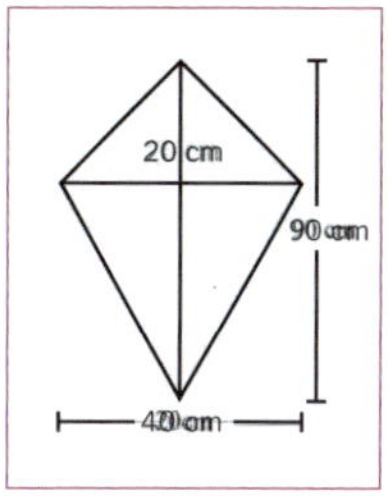


Die Höhe des unteren Dreiecks beträgt also – wie man der Skizze entnehmen kann – 70 cm. Nun lassen sich die

Längen der kurzen und langen Seiten mit dem Satz des Pythagoras berechnen:

$$a = \sqrt{20^2 + 20^2} = 28{,}3\,\text{cm}$$

$$b = \sqrt{70^2 + 20^2} = 72{,}8\,\text{cm}$$

Der Umfang beträgt also 202,2 cm. Der Faden muss 2,02 m lang sein.

## Lösung 17.22

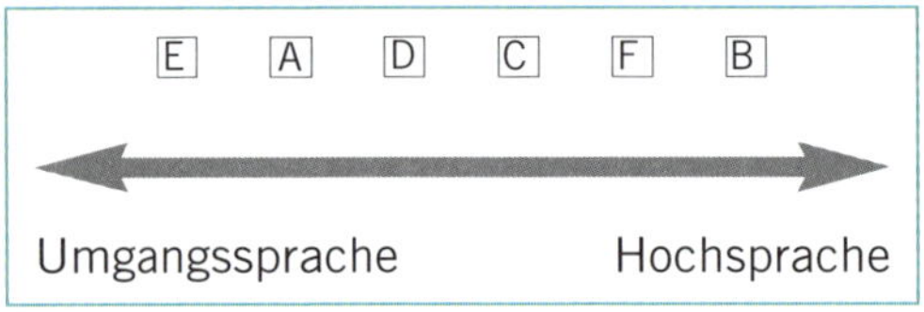


## Lösung 17.23

C. Der Kühlschrank verbraucht jede Menge Energie, die in Form von Wärme über den Kühlschrankmotor an die Umgebung abgegeben wird. Damit steigt die Temperatur in dem geschlossenen Raum an. Dies erklärt sich auch durch die Funktionsweise eines Kühlschrankes: Dieser transportiert mithilfe des Kühlaggregats Wärme aus dem Inneren des Schrankes nach außen. Dadurch wird der Innenraum gekühlt und der Außenraum erwärmt.

## Lösung 17.24

Folgende acht Fälle können wir unterscheiden (W = Wappen, Z = Zahl):
WWW, WWZ, WZW, WZZ, ZWW, ZWZ, ZZW, ZZZ.
Nur in einem Fall liegt das Wappen häufiger als zweimal oben. In sieben Fällen liegt es zweimal oder seltener oben. Die Wahrscheinlichkeit beträgt also $\frac{7}{8}$.

## Lösung 17.25

Modewörter: megastark, zappig
Kunstwörter: sich einen noggern, Geldleben, durchschnupfsicher, Nass-Haftkraft
Begriffe der Umgangssprache: Genuss, Geschmack, Lust
wissenschaftliche, halbwissenschaftliche Kreationen und Fachbegriffe: Protein-Vitalizer, 3-Wirkstoff-Formel

## Lösung 17.26

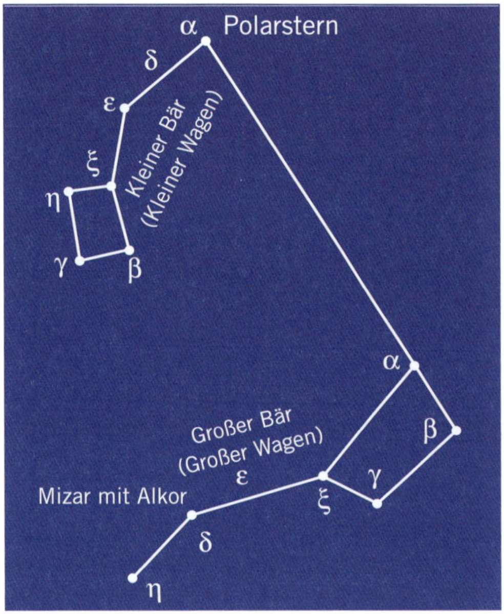


## Lösung 17.27

Wir betrachten das Problem aus der Sicht des Schweins. Dann gibt es genau zwei Alternativen: Entweder es wird ausgewählt oder nicht. Dabei ist die Wahrscheinlichkeit gewählt zu werden 0,1, denn es gibt ja 10 Schweine. Die Wahrscheinlichkeit, nicht ausgewählt zu werden, liegt also bei 0,9. Nun gibt es 10 Auswahlverfahren mit jeweils dieser Wahrscheinlichkeit, also mit einer Annahmewahrscheinlichkeit von $0{,}9^{10} = 0{,}3487$. Statistisch gesehen überleben also 35 % der Schweine diese Prozedur.

### Übung 18.1 — 2,5 Min.

Die Umstellung der Buchstaben eines Wortes zu einem neuen Wort mit anderem Sinn bezeichnet man als Anagramm. Die folgenden Wörter sind Anagramme von sechs Ländernamen. Alle Länder sind Mitglied der EU. Wie heißen sie (ä = ae, ö = oe, ü = ue)?

A Litanei: ____________________

B nebelig: ____________________

C Kameraden: ____________________

D Angebotsirrsinn: ____________________

E reiche Sorte: ____________________

F technische: ____________________

### Übung 18.2 — 1 Min.

Das Herz ist ein Hohlmuskel und pumpt durch regelmäßige Kontraktion das Blut in einem Kreislauf über die Lunge in alle Körperteile. Der Blutanteil macht ungefähr acht Prozent aus. D. h. ein 75 kg schwerer Mensch hat ca. sechs Liter Blut. Die Blutgefäße, die das vom Herzen kommende Blut führen, heißen Arterien. Das Blut fließt über die Venen zurück zu Lunge und Herz. Die Kapillaren in den Körperteilen bzw. in den Lungen ermöglichen den Stoffaustausch zwischen Blut und Zellen bzw. in den Lungen zwischen Blut und Lungen-

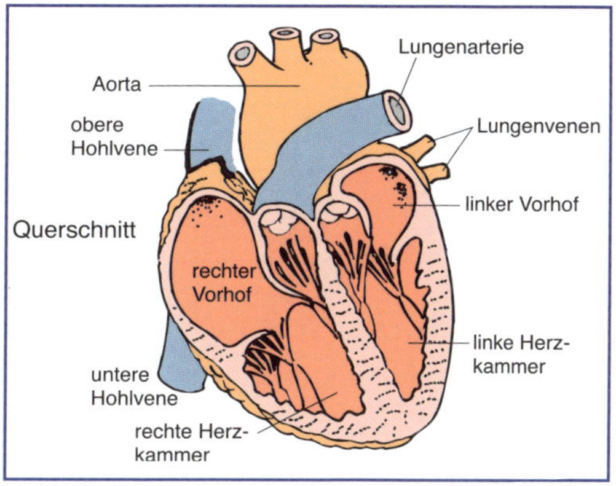

Herz

bläschen. Welche Aderart befördert hauptsächlich das sauerstoffreiche Blut?

A Arterien
B Venen

### Übung 18.3 — 2,5 Min.

Gegeben sind folgende Plättchenmuster:

Wie man sieht, „wachsen" die Figuren regelmäßig. Nun sei n die Anzahl der Plättchen auf der Grundseite und N die Anzahl der Plättchen insgesamt. Welche Beziehung besteht zwischen n und N? Wie viele Plättchen sind in der Grundseite, wenn die ganze Figur aus 68 Plättchen besteht?

______________________________

______________________________

### Übung 18.4 ⏱ 2 Min.

Die folgenden Sätze könnten in ähnlicher Form in deutschen Tageszeitungen zu lesen sein. Was ist Ihrer Meinung nach an diesen Sätzen problematisch?

A Der Redner verweist auf die hoffnungslose Analyse der Situation.
B In Pakistan ist ein ranghohes Mitglied der al-Qaida von Osama bin Laden gefasst worden.
C Ein mutmaßlicher Erpresser der deutschen Lebensmittelfirmen wurde festgenommen.

______________________________

______________________________

______________________________

### Übung 18.5 ⏱ 2 Min.

Vergleichen Sie den Bau einer pflanzlichen mit dem einer tierischen Zelle. Grundsätzlich ähneln sich beide Zelltypen. So besitzen beide u. a. Zellkern, Ribosomen, Mitochondrien, Zellmembran und das Grundplasma. Benennen Sie in der Abbildung die zusätzlichen Bauteile einer pflanzlichen Zelle.

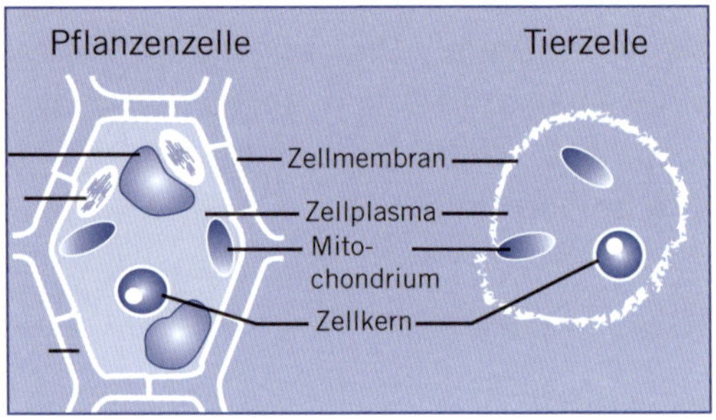


### Übung 18.6 ⏱ 2 Min.

Welches Kapital muss angelegt werden, um bei einem Zinssatz von 8 % in einer Woche 105 € Zinsen zu erhalten?

______________________________

______________________________

______________________________

### Übung 18.7 ⏱ 2 Min.

Es gibt Sprichwörter, Hauptwörter, geflügelte Worte ... – eine Menge Wörter und Worte. Wissen Sie, was der Unterschied zwischen beiden Begriffen – Wörter, Worte – ist? Versuchen Sie sich an den folgenden Sätzen und füllen Sie die Lücken.

A Er sprach ein paar __________ zur Begrüßung.

**B** Viele __________ haben mehr als eine Bedeutung.

**C** In meinem Kreuzworträtsel fehlen mir nur noch wenige __________.

**D** Mein Computer fragt mich nach Pass__________.

**E** Deine __________ überzeugen mich nicht!

**F** Seine lieben __________ haben mich getröstet.

### Übung 18.8 — 1,5 Min.

Glas ist etwas Besonderes. Nicht nur kunstvoll handgefertigte Glaswaren, wie z. B. Weingläser, sondern das Material an sich ist sonderlich. Denn Glas ist kein Festkörper im üblichen Sinne und verhält sich auch anders als Metalle oder Kristalle. Feststoffe entstehen normalerweise aus Flüssigkeiten, die bei einer bestimmten Temperatur in eine kristalline Form übergehen. So auch Wasser, das bei 0 °C zu Eis gefriert. Doch eine Glasschmelze geht – auch bei extrem langsamer Abkühlung – nicht in den kristallinen Zustand über. Sie behält ihre amorphe (ungeordnete) Struktur. Man spricht auch von einer unterkühlten Schmelze. Der Begriff „Glas“ beschreibt diese amorphe Struktur. Ein natürlich vorkommendes, vulkanisches Gesteinsglas ist z. B. der Obsidian. Er entsteht, wenn Laven mit geringem Wassergehalt rasch abkühlen. Was versteht man unter „metallischen Gläsern“?

**A** Glas mit metallischen Eigenschaften.

**B** Glas mit Metall-Ionen, die dem Glas eine charakteristische Färbung verleihen.

**C** Kühlt man eine metallische Schmelze rasch ab, so wird der Prozess der Kristallisation übersprungen und eine amorphe Struktur stellt sich ein.

### Übung 18.9 — 1,5 Min.

Die Summe zweier Zahlen beträgt 15, ihre Differenz −1. Um welche Zahlen handelt es sich?

______________________________

______________________________

### Übung 18.10 — 1 Min.

Als Leser nehmen wir einen unvollständigen Gedankengang selten bewusst wahr. Meist bleibt beim Lesen eines lückenhaften Textes ein Unbehagen, weil der Gedankenfluss ins Stocken geraten ist. Auch dieser Text enthält einen Gedankensprung. Wissen Sie wo?

> „Auf Grund hoher Kosten ist Zahnersatz kaum noch bezahlbar. Zahnersatz aus dem Ausland gilt daher seit langem als kostengünstige Alternative. Für Skandinavien werden z. B. mittlerweile weit über 35 Prozent des gesamten Zahnersatzes im Ausland produziert. Auch in Deutschland setzt sich dieser Trend fort.“

### Übung 18.11 — 2 Min.

Die Feuerwehr kennt fünf festgelegte Brandklassen die mit den Buchstaben A, B, C, D und F bezeichnet werden. Die Brandklasse E ist mit Einführung der europäischen Norm EN2 abgeschafft worden. Sie galt für Brände in elektrischen Niederspannungsanlagen. Die Brandklassen dienen der korrekten Auswahl des einzusetzenden Löschmittels und werden nach den brennbaren Stoffen klassifiziert.

Brandklasse A: Brände fester Stoffe, die unter Glutbildung brennen
Brandklasse B: Brände flüssiger Stoffe
Brandklasse C: Gasbrände
Brandklasse D: Metallbrände
Brandklasse F: Brände von Speisefetten und -ölen in Frittier- und Fettbackgeräten und anderen Kücheneinrichtungen und -geräten.

Ordnen Sie die folgenden Brandmaterialien den entsprechenden Brandklassen zu:

**A** Kohle
**B** Methan
**C** Speiseöl
**D** Aluminium
**E** Alkohol

### Übung 18.12 — 2,5 Min.

Ein Wasserbehälter hat eine Grundfläche von 24 $m^2$. Das Wasser steht 5 m hoch. Es werden 36 $m^3$ Wasser entnommen. Wie hoch steht das Wasser nun im Behälter?

### Übung 18.13 — 2 Min.

Kehren Sie noch einmal zurück zum Thomas-Mann-Text über den Schriftsteller Gustav Aschenbach in Übung 3.7. Was meinen Sie, mit welchen Adjektiven lässt sich Gustav Aschenbach beschreiben – sei es, was seinen Gemütszustand an diesem Tag oder seine Eigenschaften überhaupt angeht?

### Übung 18.14 — 1,5 Min.

Zucker trägt viele Namen. Gerne werden Synonyme für Zucker auf den Zutatenlisten der Hersteller verwendet, um den Verbraucher zu irritieren.

Ordnen Sie die Fachbegriffe ihren Bedeutungen zu.

| | |
|---|---|
| **A** Saccharose | **1** Milchzucker |
| **B** Fructose | **2** Malzzucker |
| **C** Laktose | **3** Haushaltszucker (Raffinade) |
| **D** Dextrose | **4** Traubenzucker |
| **E** Maltrose | **5** Fruchtzucker |

### Übung 18.15 2,5 Min.

Es gibt auch Säulen mit einer quadratischen Grundfläche. Stellen Sie sich vor, Sie haben eine 2,50 m hohe Säule mit einer Seitenlänge vom 0,67 m. Wie groß sind das Volumen und die Oberfläche?

___

___

___

### Übung 18.16 2 Min.

Autoren drücken sich in ihren Texten oft bildhaft aus. Die Bilder sind meist jedoch nicht eindeutig und erlauben es daher dem Leser, sie mithilfe eigener Assoziationen zu interpretieren. Manche Sprachbilder sind leichter zu erkennen und zu deuten als andere. Die Abgrenzung zwischen ihnen ist nicht immer einfach. Versuchen Sie doch einmal, den unten genannten Sprachbildern die folgenden Ausdrücke richtig zuzuordnen:

Rabeneltern, stark wie ein Löwe, Germania, Kreuz, Licht der Wahrheit, Justitia, Rose, ein Mann wie ein Baum, Mauer des Schweigens, Amor, Wasser.

A Allegorie:

___

B Metapher:

___

C Symbol:

___

D Vergleich:

___

### Übung 18.17 1,5 Min.

Stellen Sie sich ein randvolles Glas Wasser mit einem Eiswürfel vor. Das Wasser ist leicht erwärmt, sodass der Eiswürfel langsam schmilzt. Die Beobachtung: Das Glas Wasser läuft nicht über. Warum nicht?

Wasserglas mit Eiswürfel

A Wasser besitzt eine hohe Oberflächenspannung, sodass das Mehr des sich auflösenden Eiswürfels abgefangen wird und das Wasser nicht überläuft.

B Eis hat ein größeres Volumen, da es sich beim Frieren ausdehnt. Schmilzt das Eis, so nimmt das Volumen ab, und die Menge an vorher gefrorenem Eis passt genau in den Raum, den der Eisanteil unterhalb des Wasserspiegels eingenommen hat, hinein.

### Übung 18.18 2,5 Min.

Ein Stahlträger sieht in seinem Querschnitt wie ein großes „H“ aus. Die beiden parallelen Seiten sind je 12 cm lang, das Verbindungsstück misst 10 cm. Die Dicke der Stücke beträgt jeweils 2 cm. Wie schwer ist ein solcher Träger bei einer Länge von 3,50 m?
(1 $cm^3$ Stahl wiegt 7,9 g)

### Übung 18.19 1,5 Min.

Die Verwendung welcher Mittel trägt wohl in der Regel zu einem ansprechenden, verständlichen Werbetext bei? Unterscheiden Sie mithilfe von Plus- und Minus-Zeichen.

| Mittel | +/– |
|---|---|
| aktive Formulierungen | |
| abstrakte Substantive | |
| Füllwörter | |
| Satzlänge mit ca. 30 Wörtern | |
| Stilbrüche | |
| persönliche Ansprache | |
| bildhafte Wörter | |
| passive Formulierungen | |
| Allgemeinplätze | |

### Übung 18.20 1,5 Min.

Der Luftdruck wirkt allseitig. Dies kann man mittels eines kleinen Experiments schnell beweisen: Füllen Sie ein Glas randvoll mit Wasser; legen Sie eine Postkarte plan auf die Wasseroberfläche und drehen sie anschließend das Glas Wasser vorsichtig auf den Kopf (am besten über dem Waschbecken). Das Wasser fließt nicht heraus, sondern wird vom Luftdruck – von unten her – im Glas gehalten. Was ist zu beobachten, wenn statt der Postkarte Frischhaltefolie über die Wasseroberfläche gelegt wird?

**A** Das Wasser fließt heraus, da die Frischhaltefolie nicht dicht genug ist, um das Wasser zurückzuhalten.
**B** Die Folie wird unter Einwirkung des äußeren Luftdrucks in das Glas hineingewölbt.
**C** Die Folie wird unter Einwirkung des inneren Wasserdrucks nach außen gewölbt.

### Übung 18.21 1,5 Min.

Gegeben sei folgende Funktion: $f(x) = x^4 - 8x^3 + 6x^2 + 40x - 4$. Wie lautet die erste Ableitung der Funktion?

**A** $f'(x) = 4x^3 - 24x^2 + 12x + 40$
**B** $f'(x) = 4x^3 + 24x^2 - 12x - 40$
**C** $f'(x) = 12x^2 - 48x + 12$
**D** $f'(x) = 12x^2 + 48x - 12$

### Übung 18.22 2 Min.

Unter „Political Correctness“ versteht man eine Einstellung, die all jene Ausdrücke vermeidet, welche geeignet sind, Menschen auf Grund ihrer Zugehörigkeit zu einer bestimmten Gruppe zu diskriminieren. Hier sehen Sie eine Liste mit Wörtern, die aus Gründen der „Political Correctness" nicht verwendet werden sollten. Durch welche sind sie zu ersetzen?

**A** Zigeuner:

**B** Neger:

**C** Mohammedaner:

**D** Eskimo:

**E** Missbildung:

**F** Liliputaner:

**G** Schwuler:

### Übung 18.23 — 1 Min.

Eine Mikrowelle ist eine klasse Erfindung. Besonders wenn es schnell gehen soll. Bestrahlt man Lebensmittel mit Mikrowellen, so beginnen die Teilchen zu vibrieren, die eine elektrische Asymmetrie – einen Dipol – aufweisen. In der Regel sind das Wassermoleküle. Ihre Schwingungen werden an die benachbarten Moleküle weitergegeben, wodurch alles zusammen in Bewegung gerät und Wärme erzeugt. Warum geht das Erhitzen in der Mikrowelle so viel schneller als mit herkömmlichen Wärmequellen?

**A** Die Mikrowellen dringen, je nach Wellenlänge, in das Gargut ein und erhitzen so auch innere Bereiche.

**B** Die zugeführte Energie ist entsprechend höher.

### Übung 18.24 — 2,5 Min.

Gegeben ist die Menge der natürlichen Zahlen von 1 bis 51. Man zieht nun drei beliebige Zahlen aus dieser Menge. Wie hoch ist die Wahrscheinlichkeit, dass das Produkt dieser drei Zahlen eine ungerade Zahl ist?

### Übung 18.25 — 1,5 Min.

Der folgende Satz weist einen Gedankensprung auf. Wo?

„Überlegen Sie einmal, wer alles auf elektrischen Strom angewiesen ist oder wo wir überall vom Strom abhängig sind. Das ist auch den Elektrizitätswerken bewusst."

______________________________

______________________________

______________________________

Tierkreiszeichen

### Übung 18.26 1,5 Min.

Es existieren 88 Sternbilder. Daneben kennen wir die 12 Tierkreiszeichen Widder, Stier, Zwillinge, Krebs, Löwe, Jungfrau, Waage, Skorpion, Schütze, Steinbock, Wassermann, Fische. Von den 88 Sternbildern heißen 12 genauso wie die Tierkreiszeichen; sie sind jedoch nicht miteinander identisch. Die Tierkreiszeichen liegen alle auf einer festen Kreisbahn (360°), wobei jedem Zeichen 30° zufallen. Von der Erde aus betrachtet, durchwandert die Sonne im Jahr die 12 Tierkreiszeichen. Der Tierkreis beginnt bei 0°, dem so genannten Frühlingspunkt, mit dem Zeichen des Widders. Analog hierzu gibt es den Herbstpunkt. In welchem Zeichen steht die Sonne dann?

**A** Fische
**B** Widder
**C** Waage

### Übung 18.27 2,5 Min.

Karl Schmidt hat ein wenig zu ausgiebig mit seinen Freunden Geburtstag gefeiert. Nun steht er vor seiner Haustür, findet sechs Schlüssel in seiner Hosentasche und weiß nicht mehr, welcher davon sein Hausschlüssel ist. Mit welcher Wahrscheinlichkeit hat er

**A** gleich beim ersten Griff
**B** spätestens beim dritten Griff
**C** genau mit dem vierten Griff

den richtigen Schlüssel, wenn er einen falschen nicht wieder zurück in die Tasche steckt?

______________________________

## Lösung 18.1

A Italien; B Belgien; C Daenemark; D Großbritannien; E Oesterreich; F Tschechien.

## Lösung 18.2

A. Die Arterien befördern das sauerstoffreiche Blut von Lunge und Herz in die Körperteile. Die Venen hingegen transportieren das verbrauchte, sauerstoffarme Blut von den Körperteilen zurück. Das sauerstoffreiche Blut aus der Lunge fließt allerdings ebenfalls über eine Vene zum Herzen.

## Lösung 18.3

N = 4n – 4 = 4 (n – 1)
Für N = 68 ist demzufolge n = 18.

## Lösung 18.4

In allen Beispielen stimmen die Satzbezüge nicht – zumindest nach menschlichem Ermessen. Die Satzkonstruktionen sind unglücklich gewählt, weil sie vermutlich nicht den vom Verfasser beabsichtigten Sinn wiedergeben. Eindeutige Satzbezüge helfen, Missverständnisse zu vermeiden.

A. Gemeint ist wohl eine „Analyse, die keinen Anlass gibt, auf eine Besserung der Situation zu hoffen“.

B. Vermutlich wird der Terrorist Osama bin Laden nicht die Mitglieder seines eigenen Netzwerkes festnehmen.

C. Der Satz suggeriert, die Erpresser seien Angestellte der Lebensmittelfirmen.

**zu Lösung 18.5**

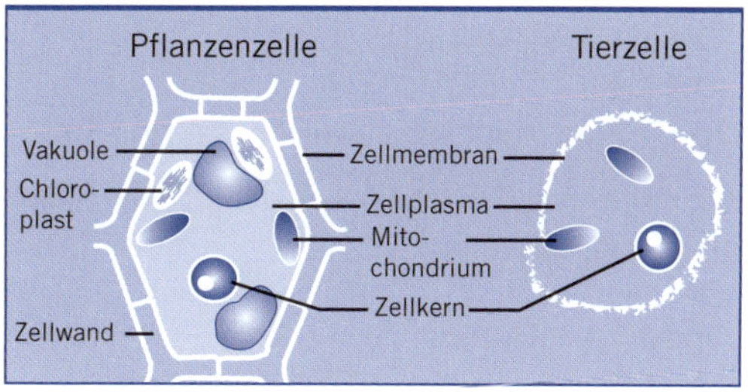


## Lösung 18.5

Plastiden (Chloroplasten, Chromoplasten und Leukoplasten), Zellwand und Vakuole

## Lösung 18.6

Das benötigte Kapital (K) errechnet sich aus:

$$K = \frac{105 \cdot 100 \cdot 52}{8} = 68.250$$

68.250 € müssen also angelegt werden.

## Lösung 18.7

A Worte
B Wörter
C Wörter
D Wörtern
E Worte
F Worte

Das Wort ist die kleinste grammatische Einheit eines Satzes. Ein Satz besteht aus mehreren Wörtern. Man spricht von „Worten“, wenn von Redewendungen, Zitaten oder der ganzen Sprache die Rede ist. Nur „Sprichwörter“, der Plural von „Sprichwort“, und „Stichwörter“, der Plural von „Stichwort“, bilden eine Ausnahme. „Stichworte“ heißt es jedoch nur dann, wenn es sich um ein Einsatzwort für Schauspieler oder eine kurze Passage mit wichtigen Wörtern handelt. Wörter, die man im Wörterbuch oder Lexikon nachschlägt, heißen der Regel entsprechend „Stichwörter“.

## Lösung 18.8

C. Durch schnelles Abkühlen von metallischen Schmelzen kann die Kristallisation unterdrückt werden. Hierbei entsteht die für Gläser typische amorphe Struktur und man spricht von „metallischen Gläsern“.

## Lösung 18.9
Man erhält folgende Gleichungen:

$x + y = 15$
$x - y = -1$

Durch Addition der Gleichungen ergibt sich:

$2x = 14 \Leftrightarrow x = 7$ und $y = 8$

## Lösung 18.10
Obwohl der Leser mit allen nötigen Informationen versorgt werden sollte, um ihm das vollständige Verständnis eines Textes zu ermöglichen, verletzen viele Schreiber das Recht des Lesers auf lückenlose Information. Hier knüpft der letzte Satz in keiner Weise an den vorletzten an, denn es fehlt der verbindende Gedanke: Immer mehr Skandinavier beziehen ihren Zahnersatz aus dem Ausland.

## Lösung 18.11
A Kohle / Brandklasse A
B Methan / Brandklasse C
C Speiseöl / Brandklasse F
D Aluminium / Brandklasse D
E Alkohol / Brandklasse B

## Lösung 18.12
Zunächst befinden sich 120 $m^3$ Wasser in dem Behälter. Entfernt man nun 36 $m^3$, verbleiben noch 84 $m^3$. Bei einer Grundfläche von 24 $m^2$ erhält man durch Division eine Wasserhöhe von 3,50 m.

## Lösung 18.13
Mögliche Adjektive sind z. B.: behutsam, umsichtig, genau, pflichtbewusst, unruhig, belastet.

## Lösung 18.14
A3, B5, C1, D4, E2

## Lösung 18.15
Das Volumen berechnet sich folgendermaßen:

$V = 0{,}67^2 \cdot 2{,}5 = 1{,}12\ m^3$

Die Oberfläche berechnet sich so:

$2 \cdot 0{,}67^2 + (4 \cdot 0{,}67) \cdot 2{,}5 = 7{,}598\,m^2$

## Lösung 18.16
A. Germania (seit den 1840er-Jahren Nationalallegorie auf die deutsche Einheit), Justitia (auf die Gerechtigkeit), Amor (auf die Liebe)
B. Rabeneltern, Licht der Wahrheit, Mauer des Schweigens
C. Kreuz (für das Christentum); Rose (für die Liebe), Wasser (für das Leben)
D. stark wie ein Löwe, ein Mann wie ein Baum.

## Lösung 18.17
B. Schmilzt gefrorenes Eis, so nimmt das Volumen ab, da die kristalline Struktur, die viele Hohlräume enthält, aufgelöst wird. Der Teil des Eiswürfels, der sich unterhalb des Wasserspiegels befindet, nimmt also genauso viel Raum ein, wie die Menge des geschmolzenen Eiswürfels insgesamt.

## Lösung 18.18
Es sind zunächst die Volumina von drei Quadern zu berechnen.
$V = (12 \cdot 2 \cdot 350) \cdot 2 + 10 \cdot 2 \cdot 350$
$= 23.800$
Nun gilt es noch, das Gewicht zu ermitteln:
$x = 23.800 \cdot 7{,}9 = 188.020$ g. Der Träger wiegt also 188,020 kg.

## Lösung 18.19
Ihre Tabelle sollte wie folgt aussehen:

| Mittel | +/– |
|---|---|
| aktive Formulierungen | + |
| abstrakte Substantive | – |
| Füllwörter | – |
| Satzlänge mit ca. 30 Wörtern | – |
| Stilbrüche | – |
| persönliche Ansprache | + |
| bildhafte Wörter | + |
| passive Formulierungen | – |
| Allgemeinplätze | – |

## Lösung 18.20

B. Verschließt man ein randvoll gefülltes Glas Wasser mit Frischhaltefolie, so tropft ein wenig Wasser vom Rand her ab und die Folie wird unter Einwirkung des äußeren Luftdrucks in das Glas hineingewölbt.

## Lösung 18.21

Lösung A ist richtig. Die allgemeine Formel zur Bildung der ersten Ableitung lautet nämlich:

$f(x) = x^n \Rightarrow f'(x) = n \cdot x^{n-1}$

## Lösung 18.22

A Sinti und Roma
B Afrikaner, Schwarze, Afroamerikaner, schwarzer Deutscher, Afrodeutscher
C Moslem
D Inuit (Eskimo bedeutet in der Inuit-Sprache „Fleischfresser")
E Fehlbildung
F Kleinwüchsiger
G Homosexueller

## Lösung 18.23

A. Bei herkömmlichen Wärmequellen findet die Erwärmung an der Oberfläche statt und wird dann durch Wärmeleitung oder Konvektion ins Innere geleitet. Die Mikrowellen dringen – je nach Wellenlänge – etliche Zentimeter in das Gargut ein und erhitzen so auch das Innere.

## Lösung 18.24

Um eine ungerade Zahl zu erhalten, müssen alle drei Zahlen ungerade sein. In der Menge befinden sich 26 ungerade Zahlen. Daher ergibt sich folgende Wahrscheinlichkeit:

$$P = \frac{26}{51} \cdot \frac{25}{50} \cdot \frac{24}{49} = 0{,}1248 \approx 12{,}5\,\%$$

Die Wahrscheinlichkeit, dass das Produkt dreier beliebiger Zahlen aus der Menge ungerade ist, liegt bei 12,5 %.

## Lösung 18.25

Der Gedankensprung ist zwischen den beiden Sätzen. Der zweite knüpft nicht an den ersten an, es fehlt ein verbindender Gedanke in Form einer Feststellung, wie z. B.: „Jeder ist vom Strom abhängig".

## Lösung 18.26

C. Am so genannten Herbstpunkt steht die Sonne im Zeichen der Waage. Da der Tierkreis am 21. März mit dem Zeichen Widder beginnt, steht die Sonne sechs Monate später im Zeichen der Waage.

## Lösung 18.27

A. Die Wahrscheinlichkeit liegt bei $\frac{1}{6}$.

B. $P = \frac{1}{6} + \frac{5}{6} \cdot \frac{1}{5} + \frac{5}{6} \cdot \frac{4}{5} \cdot \frac{1}{4} = \frac{1}{2}$

Die Wahrscheinlichkeit liegt bei $\frac{1}{2}$.

C. $P = \frac{6}{5} \cdot \frac{4}{5} \cdot \frac{3}{4} \cdot \frac{1}{3} = \frac{1}{6}$

Die Wahrscheinlichkeit liegt bei $\frac{1}{6}$.

# Test 19
## Übungen

### Übung 19.1 1,5 Min.

Rhetorische Figuren sind sprachliche Darstellungsformen, die von der üblichen Sprechweise abweichen. Können Sie anhand der Beispiele erklären, was ein Oxymoron ist: bittere Süße, beredtes Schweigen, alter Knabe, individueller Standard, Nobelherberge?

---

---

---

### Übung 19.2 1 Min.

Warum schmeckt das Essen bei einer verstopften Nase (Erkältung) oft fade?

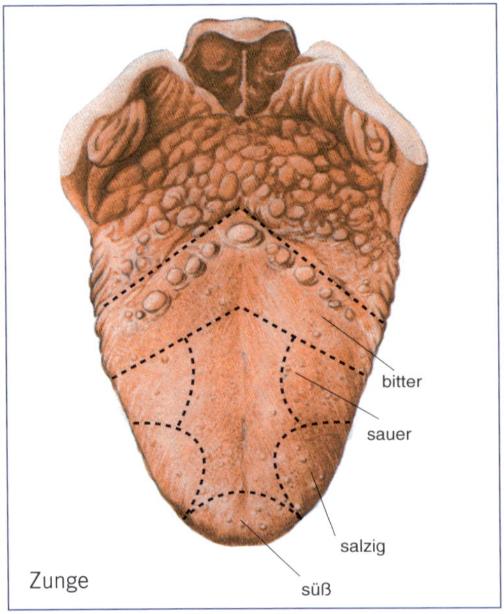


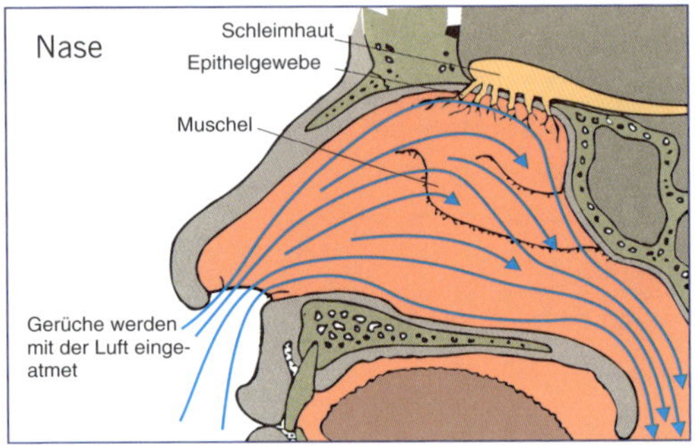


**A** Durch die Erkältung ist die Zunge belegt, wodurch die Geschmacksknospen in ihrer Wahrnehmung beeinträchtigt sind.

**B** Die Zunge kann über die Geschmacksknospen lediglich zwischen süß, sauer, salzig, bitter und umami differenzieren. Die Feinheiten des Geschmacks nehmen wir erst durch den zugehörigen Geruch wahr. Dieser ist durch die verstopfte Nase beeinträchtigt, weshalb das Essen eintönig schmeckt.

### Übung 19.3 2,5 Min.

Frau Kleinschmidt ist Mathematiklehrerin. Sie hat mit ihrer Klasse gerade die binomischen Formeln durchgenommen. Nun schreibt sie einen Test, um herauszufinden, ob die Schüler den Stoff auch verstanden haben. In der vorliegenden Aufgabe fehlten Teile in den mathematischen Ausdrücken. Die Schüler sollten diese ergänzen. Helfen Sie Frau Kleinschmidt bei der Korrektur der Aufgaben von Hendrik. Welcher der folgenden Ausdrücke ist richtig, welcher falsch? (Geben Sie ggf. die richtige Lösung an.)

A $64c^2 - 16cd + d^2$

B $1{,}44f^2 + 4{,}8f + 4$

C $121b^2 - 81c = (11b + 3c) \cdot (11b - 3c)$

---

---

---

## Übung 19.4 — 2,5 Min.

Was fällt Ihnen an den folgenden Sätzen auf?

A Umfragen zufolge nehmen die Befürworter der Verfassung zu.

B Der Konzernchef stellt die Bilanz vor und verweist auf starkes Kundenwachstum.

C Die bankrotte Fluglinie lässt ihre Passagiere regelrecht hängen.

D Wie eine Umfrage zeigt, finden Frauen später einen Job als Männer.

---

---

## Übung 19.5 — 1,5 Min.

Bakterienzellen (prokaryotische Zellen) zählen ebenso wie die pflanzlichen und tierischen Zellen zu den Lebewesen. Bakterien besitzen zumeist eine Zellwand, Cytoplasma und Ribosomen. Ihr Erbgut, die Bakterienchromosomen, liegen als strangförmiges

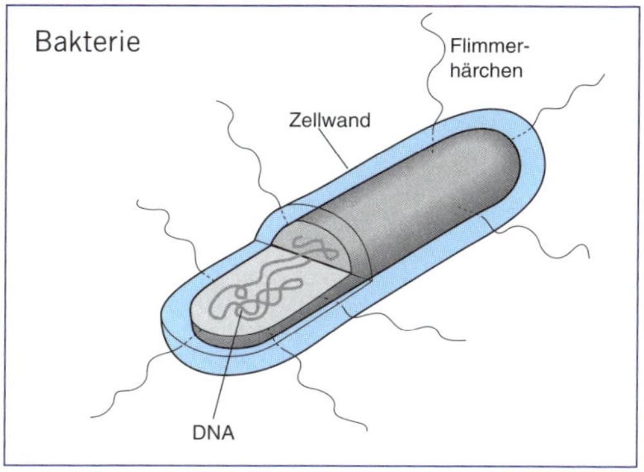


Molekül frei im Plasma vor. Zusätzlich verfügen die Bakterien über DNA-Moleküle, die Plasmide. Die Vermehrung erfolgt durch Zellteilung. Was unterscheidet Bakterien (Prokaryoten) von Pflanzen und Tieren (Eukaryoten)?

A Eukaryotische Zellen verfügen über einen Zellkern, in dem die Erbsubstanz vorliegt.

B Bakterien ernähren sich ausschließlich anaerob (ohne Sauerstoff).

C Bakterien vermehren sich ausschließlich unter aeroben Bedingungen (Sauerstoffabschluss).

## Übung 19.6 — 2,5 Min.

Matthias hat 800 €, Florian 700 € auf 10 Jahre angelegt. Die zwei Guthaben wurden mit je einem festen Zinssatz verzinst. Die Zinsen wurden den Guthaben gutgeschrieben. Nach dem Ablauf der 10 Jahre hat Matthias 1242,38 €, Florian 1140,23 € auf seinem Konto. Wer hatte sein Geld günstiger angelegt?

## Übung 19.7 — 2 Min.

Viele Nachrichtentexte enthalten Fremdwörter oder missverständliche deutsche Ausdrücke. Da berichten Fernsehen und Tageszeitungen z.B. schon mal von „überirdischen Atombombenversuchen“, die selbstverständlich alles andere als himmlisch sind. Ordnen Sie den Ausdrücken im Nachrichtendeutsch die richtigen Begriffe zu:

Nebeneinanderleben, ausgerichtet, Absetzungsverfahren, Regierung, Gleichstellung, Zugeständnis, zweiseitig, Grundsatzerklärung

**A** bilateral = ______________________

**B** Parität = ______________________

**C** Koexistenz = ______________________

**D** Deklaration = ______________________

**E** Administration = ______________________

**F** Impeachment = ______________________

**G** Konzession = ______________________

**H** fokussiert = ______________________

## Übung 19.8 — 1 Min.

Eine Öl-in-Wasser-Emulsion (O/W-Emulsion) besteht aus fein verteilten, kleinsten Tröpfchen eines Öls in Wasser. Bei der Wasser-in-Öl-Emulsion (W/O-Emulsion) ist es genau umgekehrt. Hier „schwimmen“ Wassertröpfchen in dem Öl. Nur die O/W-Emulsion lässt sich mit Wasser verdünnen und abspülen (wassermischbar). Butter ist demnach eine

**A** O/W-Emulsion.
**B** W/O-Emulsion.

## Übung 19.9 — 2,5 Min.

Die Summe aus einer Zahl und ihrer Quadratzahl hat den Wert 306. Wie lautet die Zahl?

______________________

______________________

______________________

## Übung 19.10 — 1,5 Min.

Hier können Sie Ihr erworbenes Wissen testen. In einer der vorherigen Übungen (genauer: Übung 17.10) haben Sie etwas über die Ballade erfahren. Können Sie sich noch erinnern, welche Eigenschaften diese lyrische Gattung u. a. hat?

**A** Die „deutsche Ballade“ vereinigt Elemente des Tanzliedes mit lyrischen Formen.
**B** Die „deutsche Ballade“ vereinigt lyrische, dramatische und epische Elemente.
**C** Die „deutsche Ballade“ fußt auf dem althochdeutschen Heldenepos.

**D** Die „deutsche Ballade" fußt auf dem mittelhochdeutschen Minnesang.

### Übung 19.11 1,5 Min.

Zu Lebzeiten von Dimitri Iwanowitsch Mendelejew (1834–1907) waren noch nicht alle Elemente bekannt. Doch die Ähnlichkeit bei Reaktionen einiger Elemente war den Forschern schon aufgefallen. Es fehlte

Dimitri I. Mendelejew

jedoch noch eine systematische Einteilung der Elemente. Mendelejew setzte die Atommasse als erstes Ordnungsprinzip an. Auch die Periodizität der Elemente war ihm bekannt. So verwendete er als zweites Ordnungsprinzip die Wertigkeit der Elemente, woraus das heute gültige 2-dimensionale Periodensystem der Elemente entstand. Die Wertigkeit eines Elements gibt an, wie viele Einfachbindungen es eingehen müsste, um die nächste Edelgaskonfiguration (Oktett = 8 Elektronen) zu erreichen. Das Element Sauerstoff steht in der 6. Hauptgruppe und besitzt entsprechend 6 Außenelektronen. Sauerstoff hat also die Wertigkeit +2, denn es müsste zwei Bindungen eingehen, um acht Außenelektronen zu besitzen. Welche Wertigkeit hat das Element Stickstoff, das in der 5. Hauptgruppe angesiedelt ist?

**A** +5
**B** +3
**C** –3

### Übung 19.12 2,5 Min.

In einem Park wird ein Beet in Form eines Kreisringes angelegt (s. Skizze). Der innere Durchmesser beträgt 2 m, der äußere 3,20 m. Berechnen Sie den Flächeninhalt des Beetes.

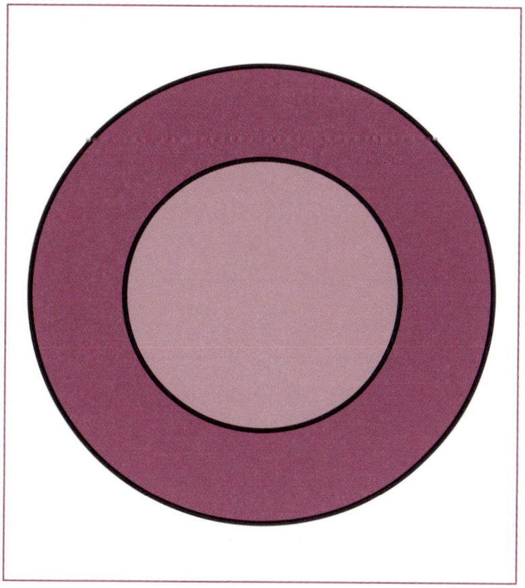

## Übung 19.13 2,5 Min.

In einer der Übungen (genauer: Übung 7.10) haben Sie gelernt, dass z. B. Politiker ihre Sprache bewusst uneindeutig gestalten, um Verhandlungen nicht durch unbedachte Äußerungen zu gefährden. Aber auch die alltägliche Ausdrucksweise ist häufiger mehrdeutig und unpräzise als unmissverständlich und klar. Wie sehr sich eine Ausdrucksweise verbreitet hat, zeigt sich in folgenden Redewendungen. Was ist hier gemeint oder was bleibt im Unklaren?

**A** Ich möchte meinen ...

___

___

___

**B** Man hat berichtet ...

___

___

___

**C** Ich würde sagen ...

___

___

___

**D** Man sollte sich entschließen ...

___

___

___

**E** Ich neige der Ansicht zu ...

___

___

___

## Übung 19.14 1 Min.

Biochemische Reaktionen, wie sie bei der Verdauung von Nahrungsmitteln erfolgen, benötigen hierzu bestimmte Enzyme. Das sind organische Stoffe, die den Ablauf der Reaktion beeinflussen. Bei der Kohlenhydratverdauung erfolgt die Aufspaltung der Kohlenhydrate in ihre Grundbausteine, hier Glucose, durch entsprechende Enzyme im Darmsaft. In welchen Grundbaustein werden Eiweiße von den Enzymen zerlegt?

**A** Aminosäuren
**B** Fettsäuren
**C** Ballaststoffe

### Übung 19.15 ⏱ 1,5 Min.

Eine Fertigsuppe wird in Dosen verkauft, die 11 cm hoch sind und einen Durchmesser von 5 cm aufweisen. Wie viel Suppe (in ml) enthält eine Dose, wenn sie bis oben gefüllt ist. Beachten Sie: 1 $cm^3$ = 1 ml.

______________________________

______________________________

______________________________

### Übung 19.16 ⏱ 2 Min.

Hier kehren Sie noch einmal zurück zur Erzählung *Kalkstein* von Adalbert Stifter (1805–68) in Übung 4.19. Ihre letzten beiden Sätze lauten: „Das einzige Kreuz, das für einen Pfarrer in dem Kirchhofe des Kar steht, steht auf dem Hügel des Gründers dieser Dinge. Es mag manchmal ein Gebet dabei verrichtet werden, und mancher wird mit einem Gefühle davor stehen, das dem Pfarrer nicht gewidmet worden ist, da er noch lebte." Beschreiben Sie, wie der Autor seine Erzählung abschließt.

______________________________

______________________________

______________________________

______________________________

### Übung 19.17 ⏱ 1 Min.

Eis schwimmt auf Wasser, ganz klar. Doch wie verhält sich gefrorene Essigsäure in Essigsäure?

**A** Gefrorene Essigsäure sinkt in Essigsäure zu Boden, da die feste Essigsäure schwerer ist.

**B** Gefrorene Essigsäure schwimmt ebenfalls auf der flüssigen Essigsäure, da sie in festem Zustand ebenso wie Wasser über eine geringer Dichte als im flüssigen Zustand, verfügt.

### Übung 19.18 ⏱ 2,5 Min.

In früherer Zeit bildeten der Reichsapfel, eine Kugel aus Goldblech mit einer Kreuz darauf, das Zepter und die Krone die Reichsinsignien. Angenommen der Durchmesser des Reichsapfels beträgt 10 cm. Wie schwer wäre das Prunkstück, wenn es aus massivem Gold bestünde? (Bei dieser Berechnung ignorieren wir das Kreuz). Gold hat eine Dichte von 19,3 $g/cm^3$.

______________________________

### Übung 19.19 ⏱ 2 Min.

Entfernen Sie aus den folgenden Sätzen Füllwörter und anderen Ballast. Machen Sie Verbesserungsvorschläge.

**A** Das ist geradezu unverschämt, die Sache hat sich wohl erledigt.

**B** Von Staatsseite müssen Geldmittel zur Verfügung gestellt werden.
**C** Dieses Thema hat sich vorläufig nun allerdings auch erledigt.
**D** Die Behörden sollen mehr Bürgernähe betreiben.

____________________________________

____________________________________

____________________________________

____________________________________

### Übung 19.20 — 1 Min.

Durch die Zugabe von Salz (NaCl) kann die Siedetemperatur des Wassers erhöht werden. Die gelösten Ionen machen es dem Wasser schwer in die Dampfphase überzugehen. Funktioniert dieser Vorgang auch mit Zucker?

**A** Ja, prinzipiell funktioniert die Erhöhung der Siedetemperatur von Wasser mit jedem Feststoff, der sich in Wasser löst, also auch mit Zucker.
**B** Nein, nur die Na- und Cl-Ionen sind in der Lage Wasser länger in der flüssigen Phase zu halten.

### Übung 19.21 — 1,5 Min.

Gegeben sei folgende Ableitung: $f'(x) = 30x^2 - 14x + 4$.
Wie heißt die Funktion f (x)?

____________________________________

____________________________________

____________________________________

### Übung 19.22 — 1 Min.

Was versteht man unter Typografie?

**A** das Unterscheiden einzelner Schriften nach definierten Kriterien
**B** die gestalterische Arbeit mit Schriftzeichen, Linien, Punkten, Farben, Kontrasten und Flächenaufteilungen
**C** die Kunst, für Texte richtige Abstände und Proportionen zu finden

### Übung 19.23 — 1,5 Min.

Bei dem so genannten Doppelspaltexperiment lässt man Licht auf eine Blende mit zwei schmalen Schlitzen treffen. Auf einem Beobachtungsschirm hinter der Blende zeigt sich ein Interferenzmuster. Solche Muster sind ein eindeutiger Beweis, dafür, dass das Licht Wellencharakter hat. Führt man nun den Versuch mit Teilchen (z. B. Elektronen) durch, so erhält man ebenfalls ein Interferenzmuster. Welche Schlussfolgerung ist aus den Beobachtungen zu ziehen?

**A** Licht besteht aus Teilchen.
**B** Licht besteht aus Wellen.

**C** Teilchen weisen unter bestimmten Bedingungen Wellencharakter auf.

### Übung 19.24 1,5 Min.

Aus einer Urne mit 73 roten, 72 weißen und 55 gelben Kugeln gleicher Masse und gleicher Größe werden insgesamt 128 Kugeln gezogen (ohne sie wieder zurückzulegen). Wie groß ist die Wahrscheinlichkeit, dass mindestens eine der Kugeln rot ist?

___

___

### Übung 19.25 2,5 Min.

Welche Motive könnten Werbetexte einem potenziellen Kunden für den Kauf nahe legen? Nennen Sie mindestens fünf.

___

___

___

___

___

### Übung 19.26 1 Min.

Eine Rakete kann die Erdanziehungskraft nur überwinden, wenn sie die kosmische Geschwindigkeit von 11,3 km/s erreicht. Warum bleibt uns Menschen die Atmosphäre erhalten und wird nicht ins Weltall zerstreut?

**A** Die Atome bzw. Moleküle schießen nicht alle geradlinig über den Atmosphärenrand hinaus, sondern verteilen sich wirr in der Atmosphärenschicht.

**B** Die Atome bzw. Moleküle der Atmosphäre erreichen die kosmische Geschwindigkeit nicht.

**C** Die Atome bzw. Moleküle sind in der Gasphase aneinander gebunden und halten sich deshalb gegenseitig fest.

### Übung 19.27 3 Min.

Stellen Sie sich vor, Sie haben zwei gleiche sechsseitige Würfel und werfen diese gleichzeitig. Mit welcher Wahrscheinlichkeit

**A** haben beide Würfel die gleiche Augenzahl?

**B** haben beide Würfel eine verschiedene Augenzahl?

**C** hat genau ein Würfel die Augenzahl 5?

___

___

___

___

### Lösung 19.1

Das Oxymoron (aus griech. oxys, „scharf-[sinnig]", und moros, „dumm") ist eine Zusammenfügung entgegengesetzter Begriffe. Diese Sinnfigur drückt einen inneren Widerspruch aus. Ein spezieller Fall des Oxymorons ist die so genannte „Contradictio in adjecto" (lat., „Widerspruch in der Beifügung"), bei der ein Adjektiv, das normalerweise ein Substantiv näher erläutert, in Widerspruch zu diesem steht: sachliche Romanze, schwarze Milch, winziger Riese. Das Gegenteil des Oxymorons ist die Tautologie (griech., „Dasselbe-Sagen"), eine Häufung oder Wiederholung des Gesagten mit einem sinnverwandten Wort: hegen und pflegen, voll und ganz, großer Riese, kleiner Zwerg.

### Lösung 19.2

B. Mit der Zunge kann tatsächlich nur zwischen den vier Geschmacksrichtungen süß, sauer, salzig, bitter sowie umami unterschieden werden. Der letzte Geschmack (umami) wurde erst Anfang des 20. Jahrhunderts identifiziert und soll besonders eiweißreiche Nahrungsmittel anzeigen (Aminosäuren). Der Geschmacksverstärker Mononatriumglutamat (E 621) vermittelt den umami Geschmack sehr konzentriert. Geschmacksrezeptoren sind an unterschiedlichen Orten der Zunge lokalisiert: An der Zungenspitze schmecken wir süß. Für salzig und sauer liegen die Geschmacksknospen links und rechts außen und bitter identifizieren wir im hinteren Zungenbereich. Doch bei einer verstopften Nase sind die Geschmacksknospen in keinerlei Weise beeinträchtigt. Die Information des Geruchs ist jedoch ungenügend. Erst durch die Kombination von Geschmack und Geruch schmeckt das Essen so richtig lecker!

### Lösung 19.3

Die Aussagen A und B sind richtig. In Aufgabe C hätte es aber $9c^2$ und nicht 81c heißen müssen.

### Lösung 19.4

Alle Sätze sind nicht präzise formuliert, sie lassen sich durchaus in zweifacher Weise interpretieren und werfen daher diese Fragen auf:

A. Hat die Anzahl der Befürworter zugenommen oder haben die Befürworter an Gewicht zugelegt?

B. Ist die Anzahl der Kunden gestiegen oder sind die vermutlich erwachsenen Kunden unerwartet gewachsen?

C. Hat die Fluglinie ihre Fluggäste vernachlässigt oder tastsächlich aufgeknüpft?

D. Haben Frauen schlechtere Chancen auf dem Arbeitsmarkt oder ist die Arbeitssuche erst nach einer Geschlechtsumwandlung erfolgreich?

### Lösung 19.5

A. Die Lebensformen unterteilt man in Prokaryoten und Eukaryoten. Prokaryoten (z. B. Bakterien) sind Einzeller und besitzen keinen Zellkern. Eukaryoten können Einzeller oder Vielzeller sein und verfügen über einen „echten" Zellkern.

### Lösung 19.6

Zur Lösung dieser Aufgabe benötigen wir die Zinseszinsformel:

$$K_n = K_0 \cdot \left(1 + \frac{p}{100}\right)^n$$

Im Fall von Matthias sind folgende Werte gegeben:

$K_0 = 800$ €,
$K_{10} = 1242{,}38$ €,
n = 10 Jahre.

Gesucht wird p. (Bei der folgenden Rechnung lassen wir der Übersicht halber die Einheiten weg). Nach Einsetzen der Werte erhalten wir folgende Rechnung:

$$1242{,}38 = 800 \cdot \left(1 + \frac{p}{100}\right)^{10}$$

$$\frac{1242{,}38}{800} = \left(1 + \frac{p}{100}\right)^{10}$$

$$\sqrt[10]{\frac{1242{,}38}{800}} = 1 + \frac{p}{100}$$

$$0{,}045 = \frac{p}{100}$$

$$p = 4{,}5$$

Der Zinssatz von Matthias beträgt also 4,5 %.
Die gleiche Rechnung lässt sich nun für Florian durchführen. Als Ergebnis erhält man dabei einen Zinssatz von 5%. Florian hat sein Geld also günstiger angelegt.

## Lösung 19.7

A bilateral = zweiseitig
B Parität = Gleichstellung
C Koexistenz = Nebeneinanderleben
D Deklaration = Grundsatzerklärung
E Administration = Regierung
F Impeachment = Absetzungsverfahren
G Konzession = Zugeständnis
H fokussiert = ausgerichtet.

## Lösung 19.8

B. Butter ist eine W/O-Emulsion und wasserfest. Hier befinden sich kleinste Wassertröpfchen in dem Öl. Butter lässt sich nicht mit reinem Wasser verdünnen und abspülen.

## Lösung 19.9

Es ergibt sich folgende Gleichung:
$x^2 + x = 306$
In die Normalform gebracht, erhält man schließlich: $x^2 + x - 360 = 0$

Nun müssen die Werte nur noch in die Lösungsformel für quadratische Gleichungen eingesetzt werden und man erhält:

$$x_{1/2} = -\frac{1}{2} \pm \sqrt{\left(\frac{1}{2}\right)^2 + 306}$$

Man erhält als Lösung $x_1 = -18 \vee x_2 = 17$ .

## Lösung 19.10

B, C. Die Begründung finden Sie im Lösungstext zu Übung 17.10.

## Lösung 19.11

B. Stickstoff steht in der 5. Hauptgruppe und verfügt über fünf Außenelektronen. Um Edelgaskonfiguration zu erhalten, müsste Stickstoff 3 Bindungen eingehen. Damit hat Stickstoff die Wertigkeit +3.

## Lösung 19.12

Man erhält die Fläche des Beetes, wenn

man die Fläche des inneren Kreises von der des gesamten Kreises subtrahiert. Achtung: Zur Flächenberechnung benötigt man den Radius eines Kreises, wir haben hier aber den Durchmesser angegeben, müssen ihn also noch durch zwei dividieren.

Die dann folgende Rechnung sieht so aus:

$A = \pi \cdot 1{,}6^2 - \pi = 4{,}90$

Das Beet hat einen Flächeninhalt von 4,90 $m^2$.

## Lösung 19.13

A. Der Sprecher meint das Gesagte nicht wirklich, sondern – sozusagen – nur versuchsweise.

B. Niemand soll wissen, wer berichtet hat, oder es ist unbekannt, wer berichtet hat.

C. Jemand sagt etwas gerade nicht, würde es aber unter besonderen Bedingungen tun.

D. Unklar bleibt, wer sich entschließen soll.

E. Noch hat der Sprecher nicht die Ansicht, wird sie aber später vielleicht übernehmen.

## Lösung 19.14

A. Die Bestandteile der Eiweiße sind Aminosäuren.

## Lösung 19.15

Zunächst berechnen wir die Kreisfläche und multiplizieren sie dann mit der Höhe der Dose. Es ergibt sich also folgende Rechnung:

$V = \pi \cdot 2{,}5^2 \cdot 11 = 215{,}98\ cm^3$

In die Dose passen ungefähr 216 ml Suppe.

## Lösung 19.16

Der Autor wählt ein geschlossenes Ende. Ein solcher Schluss ist typisch für chronologisch aufgebaute Erzähltexte. Es hilft dem Autor, das Thema abzurunden.

## Lösung 19.17

A. Wasser stellt hier die Ausnahme dar. Nur Wasser weist im festen Zustand (Eis) eine geringere Dichte auf als in flüssiger Form. Die feste Essigsäure verhält sich also „normal“, wenn sie in flüssiger Essigsäure zu Boden sinkt.

## Lösung 19.18

Das Volumen des Reichsapfels berechnet sich aus

$V = \frac{4}{3} \cdot \pi \cdot r^3 = \frac{4}{3} \cdot \pi \cdot 125 = 523{,}6\ cm^3$

Das Gewicht beträgt dann also 10,11 kg.

Schwedische Kroninsignien mit dem Reichsapfel

## Lösung 19.19

A. Das ist unverschämt, die Sache hat sich erledigt.

B. Der Staat muss Geld zur Verfügung stellen.
C. Dieses Thema hat sich erst einmal erledigt.
D. Die Behörden sollen mehr Kontakt mit dem Bürger suchen.

### Lösung 19.20

A. Jeder feste Stoff, der sich in Wasser löst, hat den Effekt, dass die Siedetemperatur des Wassers erhöht wird; auch Zucker ist dazu in der Lage.

### Lösung 19.21

Die allgemeine Formel zur Bildung der ersten Ableitung lautet:

$$f(x) = x^n \Rightarrow f'(x) = n \cdot x^{n-1}$$

Daraus lässt sich nun die ursprüngliche Funktion ermitteln. Sie lautet:

$$f(x) = 10x^3 - 7x^2 + 4x + C$$

(C = Integrationskonstante)

### Lösung 19.22

C. (A: Typologie; B: Schriftkunst).

### Lösung 19.23

C. Das Doppelspaltexperiment demonstriert den Wellen-Teilchen-Dualismus. Unter bestimmten Bedingungen verhalten sich auch klassische Teilchen (z. B. Elektronen) wie Wellen.

### Lösung 19.24

Die Wahrscheinlichkeit ist 100 %, denn es sind nur 127 weiße und gelbe Kugeln in der Urne. Selbst, wenn zuerst alle weißen und gelben Kugeln gezogen sind, muss die 128. Kugel rot sein, denn dann befinden sich keine andersfarbigen Kugeln mehr in der Urne.

### Lösung 19.25

Eine Unzahl von Motiven ist denkbar: Bequemlichkeit schaffen, mitreden können, nicht unangenehm auffallen, angeben, beliebt sein, mehr wissen, Erfolg haben, Zeit und Geld sparen ... Die Liste lässt sich beliebig fortsetzen.

### Lösung 19.26

B. Die Atome und Moleküle der Atmosphäre bewegen sich nicht so schnell, als dass sie die kosmische Geschwindigkeit von 11,3 km/s erreichen und so in den Weltraum abdriften könnten.

### Lösung 19.27

A. Es gibt insgesamt 36 verschiedene Würfe, davon haben beide Würfel 6-mal die gleiche Augenzahl. Für die Wahrscheinlichkeit heißt das:

$$P = \frac{6}{36} = \frac{1}{6}$$

B. In Umkehrung der Lösung von A erhalten wir hier als Wahrscheinlichkeit

$$P = \frac{5}{6}.$$

C. Es gibt 10 Würfe, bei denen genau einer der Würfel eine 5 zeigt, die Wahrscheinlichkeit ist also

$$P = \frac{10}{36} = \frac{5}{18}.$$

### Übung 20.1 — 1,5 Min.

Bei dieser Übung sollen Sie eine so genannte Wortkaskade vervollständigen. Tauschen Sie pro Schritt nur einen Buchstaben aus und gelangen Sie so vom Wort „Hummel" zum Wort „Jammer".

Hummel

____________________

____________________

____________________

Jammer

### Übung 20.2 — 1 Min.

Mit Einbruch von Herbst/Winter warnen jedes Jahr Mediziner vor dem Ausbruch einer globalen Grippe-Epidemie. Die körpereigene Abwehr bei Bakterien-, Viren- und Pilzinfektionen funktioniert folgendermaßen: Bei einer Grippeerkrankung wird das Immunsystem aktiv und bringt die Infektion unter Kontrolle. Anschließend sind wir immun gegen eine erneute Infektion durch das gleiche Virus. Ein Beispiel bei dem dies gut gelingt, sind typische Kinderkrankheiten, wie z. B. Masern. Einmal in der Kindheit überstanden, merkt sich das Immunsystem durch so genannte Gedächtniszellen, wie der Erreger aussieht und schützt den Körper vor einer erneuten Erkrankung. Doch warum funktioniert das beim Grippe-Virus nicht?

**A** Das Grippe-Virus ist ein Verwandlungskünstler. Sein Erbgut verändert sich ständig durch Mutationen und wirkt auf das Aussehen seiner äußeren Hülle. Die Viren werden somit vom Immunsystem als unbekannt eingestuft und der Abwehrprozess setzt erneut ein.

**B** Das Grippe-Virus befällt das Immunsystem selbst und zerstört die Gedächtniszellen. Die Erinnerung an die bereits durchstandene Infektion ist somit nicht mehr vorhanden.

### Übung 20.3 — 1 Min.

Auf einem Wochenmarkt werden Äpfel der gleichen Sorte in Beuteln zu 6 kg und 9 kg angeboten. Ein 6-kg-Beutel kostet 7,50 €. Wie teuer ist dann ein 9-kg-Beutel?

____________________

____________________

### Übung 20.4 — 1 Min.

Kommentare haben in Zeitungen oft einen festen Platz, manchmal sogar auf der ersten Seite der Zeitung, meist auf Schlüsselseiten der verschiedenen Ressorts (z. B. Politik, Wirtschaft). Welche der folgenden Eigenschaften treffen auf einen guten Kommentar zu?

A Er sollte immer originell und in einer blumigen Sprache verfasst sein.
B Er sollte klar in Sprache und Meinung sein.
C Er sollte stets als solcher gekennzeichnet sein.
D Er sollte auf Argumente verzichten und prägnant eine Position vertreten.

### Übung 20.5 — 2,5 Min.

Durch Mitose (Zellteilung) erfolgt das Zellteilungswachstum bei Pflanzen und Tieren. Die Mitose läuft in fünf Schritten ab: In der Interphase verdoppelt sich die DNA im Kern. Während der Prophase bilden sich die Chromosomen mit zwei Chromatiden und die Kernmembran löst sich auf. In der Metaphase wird die Kernspindel ausgebildet, die Chromosomen verkürzen sich und ordnen sich in der Äquatorialebene an. Im Verlauf der Anaphase trennen sich die Chromatiden und wandern entlang der Spindelfasern zu den Polen. Mit der Telophase endet die Mitose in der Auflösung der Spindeln, der Bildung einer neuen Kernmembran und der Auflösung der Chromosomenstruktur. Nach Abschluss der Mitose liegen zwei identische Tochterzellen vor. Welche ethisch umstrittene Methode verwendet als Grundlage die Mitose?

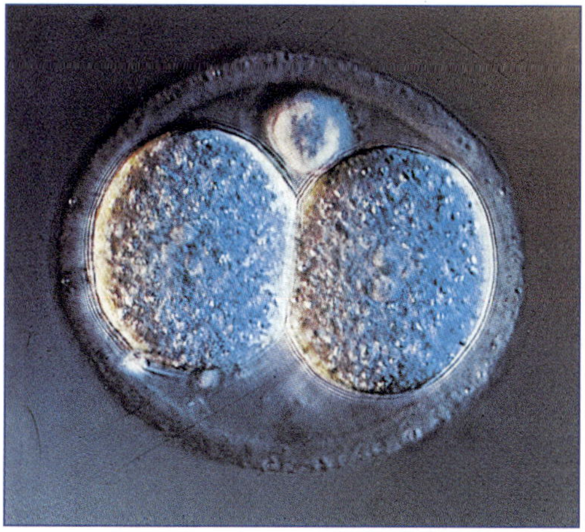
Zellteilung

### Übung 20.6 — 3 Min.

Lösen Sie folgende Gleichungen:

A $12x - 9 = 4x + 15$
B $(2x + 7) - (3x - 3) = (5x + 4) \cdot 3$

### Übung 20.7 — 1,5 Min.

Was meinen Sie, zu welchem Zweck setzen Sprecher rhetorische Fragen wie „Habe ich es dir nicht gesagt?“ ein?

## Übung 20.8 ⏱ 1,5 Min.

Das Verständnis vom Verhalten des Wassers ist eine Grundvoraussetzung für viele Vorgänge.

Die Abbildung zeigt das Phasendiagramm (Zustandsdiagramm) von Wasser. Aus dem Druck-Temperatur-Diagramm ist abzulesen, unter welchen Bedingungen Wasser fest, flüssig oder gasförmig ist. In einem Punkt, dem so genannten Tripelpunkt T, schneiden sich die drei Linien. Was ist die Besonderheit an diesem Punkt?

**A** Hier geht Wasserdampf direkt in Eis über.

**B** An diesem Punkt verflüchtigt sich das Wasser.

**C** Hier existieren alle drei Zustände, Eis, Wasser und Dampf nebeneinander im Gleichgewicht.

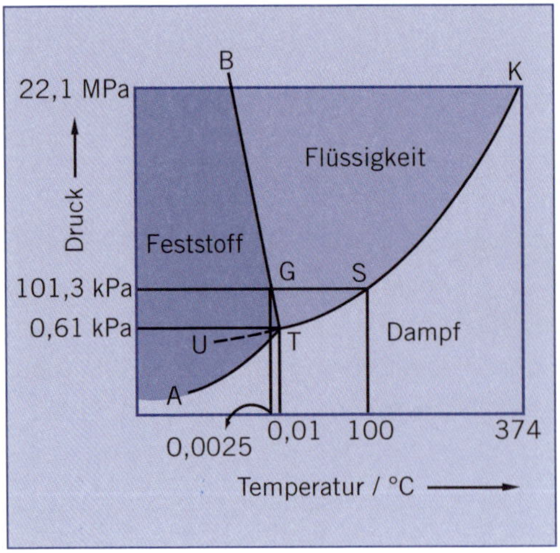


Phasendiagramm von Wasser

## Übung 20.9 ⏱ 3 Min.

In der Leibnizschule sind halb so viele Klassen wie in der Einsteinschule; in jeder Klasse der Leibnizschule sitzen acht Schüler mehr als Klassen vorhanden sind, und in jeder Klasse der Einsteinschule sitzen 14 Schüler weniger als Klassen vorhanden sind. Insgesamt hat die Einsteinschule 480 Schüler mehr als die Leibnizschule. Wie viele Klassen mit wie vielen Schülern besitzt jede Schule?

______________________________

______________________________

______________________________

______________________________

## Übung 20.10 ⏱ 2 Min.

Man schreibt Notizzettel, damit Informationen nicht verloren

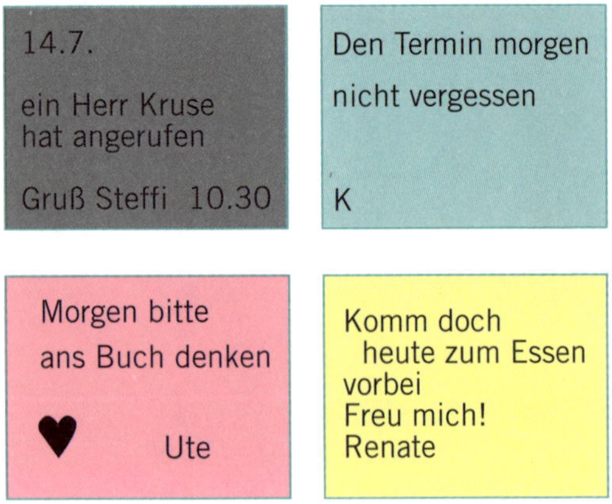

gehen, um Erledigungen nicht zu vergessen oder um eine Nachricht für jemanden zu hinterlassen, der im Moment nicht erreichbar ist. Auf welchen Zetteln vermissen Sie Angaben? Welche?

______________________________

______________________________

______________________________

______________________________

### Übung 20.11 — 2 Min.

Benzol ist für seine typische Ringstruktur bekannt. Sechs Kohlenstoffatome bilden einen Ring. An jedem Kohlenstoff-Atom ist je ein Wasserstoff-Atom gebunden. Seine Summenformel lautet also $C_6H_6$. Theoretisch könnten alle sechs H-Atome durch andere Substanzen substituiert (ersetzt) werden. Um deutlich zu machen, an welchem der sechs C-Atome ein Substituent gebunden ist, werden die C-Atome durchnummeriert. Der Name des Substituenten wird dann vor dem Wort „Benzol" angeführt. Die Abbildung zeigt am Beispiel des 1-Carboxy-2-hydroxybenzol

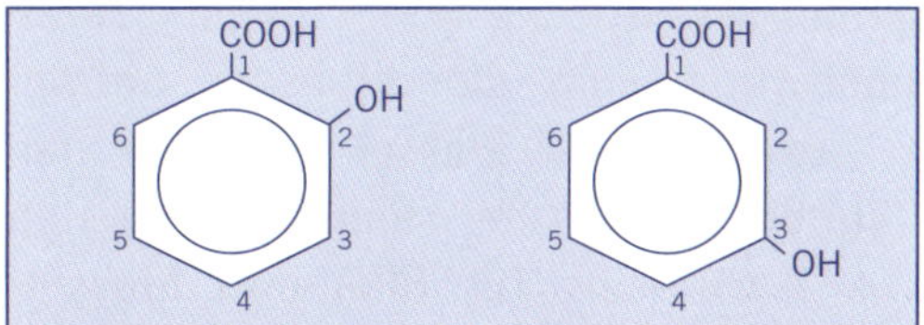


1-Carboxy-2-hydroxybenzol 1-Carboxy-3-hydroxybenzol

bzw. 1-Carboxy-3-hydroxybenzol die Positionen der Carboxylgruppe (COOH) am 1. C-Atom und die Hydroxy-Gruppe (OH) an dem 2. bzw. 3. C-Atom. Wie heißt die Benzol-Verbindung, bei der Brom am 1. C-Atom und die Methyl-Gruppe ($CH_3$) am 3. C-Atom gebunden ist?

**A** 3-Brom-1-methylbenzol
**B** Brom-1-3-methylbenzol
**C** 1-Brom-3-methylbenzol

### Übung 20.12 — 3 Min.

Gegeben sei folgender Flügel einer Spielzeugmühle mit einem Durchmesser von 8 cm:

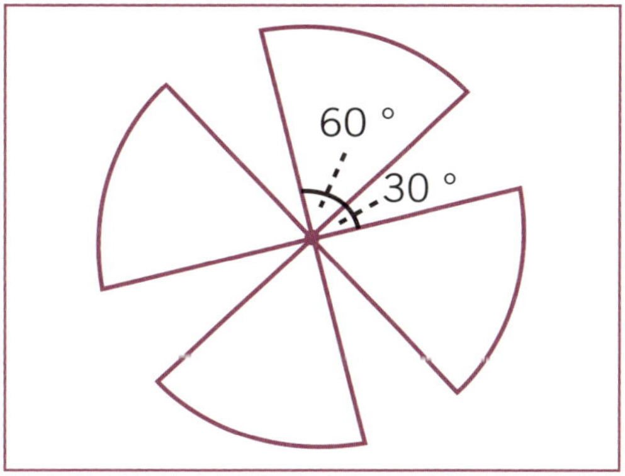


Berechnen Sie die Fläche des Flügels.

______________________________

______________________________

______________________________

______________________________

### Übung 20.13 2,5 Min.

Diese Bestsellerliste mit Literatur der 1920er-Jahre ist fiktiv. Einziges Kriterium für die Anordnung der Titel in der Tabelle ist das Erscheinungsjahr: Jüngere Werke belegen die oberen Plätze. Welche Informationen können Sie solchen Listen, die meist in Zeitschriften erscheinen, entnehmen?

**Bestseller**

**1.** (5) **Emil und die Detective.**
Ein Roman für Kinder
Von Erich Kästner (Williams, Berlin)
**2.** (2) **Berlin Alexanderplatz**
Von Alfred Döblin (S. Fischer, Berlin)
**3.** (-) **Mit 5 PS**
Von Kurt Tucholsky (Rowohlt, Berlin)
**4.** (3) **Der Steppenwolf**
Von Hermann Hesse
(Suhrkamp, Frankfurt/M)
**5.** (1) **Das Schloss**
Von Franz Kafka (Wolff, München)
**6.** (4) **Die Reiterarmee**
Von Isaac Babel (Malik, Berlin)
**7.** (7) **Der rasende Reporter**
Von Egon Erwin Kisch (Reiss, Berlin)
**8.** (6) **Der Prozess**
Von Franz Kafka (Die Schmiede, Berlin)

### Übung 20.14 1,5 Min.

Brot backen ist eine Kunst für sich. Der Grundstoff, Mehl, besteht aus Stärke und Eiweiß, dem Gluten. Gluten ist ein Klebereiweiß. Beim Kneten des Teigs (Mehl mit Wasser) dringt das Wasser auf Grund seiner Kapillarwirkung in die Zwischenräume der Mehlteilchen und benetzt diese. Außerdem wird der Teig durch das Kneten zunehmend elastischer. Das liegt an den gefalteten und verknäulten Eiweiß-Molekülen (Proteine). Durch die mechanische Behandlung wickeln sie sich ab und werden auseinander gezogen. Der Teig wird zäh, aber elastisch, denn die Proteinfäden sind dehnbar. Wenn man den Teig jedoch zu lange knetet oder maschinell zubereitet, besteht die Gefahr, dass er kollabiert, in sich zusammenfällt. Wie kommt es dazu?

**A** Die Proteine sind überdehnt, ähnlich wie ein schlaffer Gummi.

**B** Die Proteine sind zerstört, da durch die hohe Reibung eine zu hohe Temperatur entstanden ist. Sie sind denaturiert.

### Übung 20.15 2,5 Min.

Ein Messbecher wie man ihn in der Küche verwendet, hat eine genau zylindrische Form. Er ist 18 cm hoch und sein Durchmesser beträgt 6 cm. Wie viel Wasser passt in den Zylinder? In welcher Höhe befindet sich die Markierung für 500 $cm^3$ Flüssigkeit?

### Übung 20.16 1,5 Min.

Welche Mittel stehen dem Autor in einem epischen Werk zur Verfügung, um eine Figur direkt zu charakterisieren? Nennen Sie mindestens zwei.

### Übung 20.17 1 Min.

Für Kuchen und Brot verwendet der Bäcker dunkle bzw. schwarze Formen. Für feine Torten und Biskuitteige sind helle Metallformen die Wahl. Warum werden für die verschieden Backprodukte unterschiedliche Formen benötigt?

**A** Die dunklen Formen könnten auf die feinen Backwaren abfärben.

**B** Dunkle Oberflächen absorbieren thermische Strahlung besser als helle Oberflächen. Deshalb erhitzen sich dunkle Kuchenformen schneller und die Kruste des Gebäcks wird schön knusprig.

### Übung 20.18 3 Min.

Die Lunge eines Erwachsenen besitzt 400 Millionen kugelförmiger Lungenbläschen. Jedes einzelne Bläschen hat einen Durchmesser von 0,3 mm. Wie groß ist die Oberfläche aller Lungenbläschen zusammen?

### Übung 20.19 1,5 Min.

Manchmal mindern umständliche Konstruktionen den Lesefluss – so wie hier. Verbessern Sie die folgenden Sätze.

**A** Die Vereinfachung der Darstellung eines Textes bringt Erleichterung beim Lesen.

**B** Er hatte eine gewisse Ahnung vom Geschehen.

**C** Das Publikum wurde von einem Nichts sagenden Vortrag gelangweilt.

**D** Jeder Mensch hat eine gewisse Chance, irgendwie eine Fremdsprache zu erlernen.

### Übung 20.20 1,5 Min.

Tiefseefische sind an den dort herrschenden enorm hohen Wasserdruck angepasst. Holt man sie beispielsweise zu Forschungszwecken in die Nähe der Wasseroberfläche, so sterben sie. Was würde mit einem Menschen geschehen, der ohne Druckanzug ins Weltall reist?

**A** Wegen des sehr geringen Luftdrucks im Weltall, sind die Siedetemperaturen der Körperflüssigkeiten herabgesetzt, sodass diese innerhalb kürzester Zeit verdampfen und der Körper sich unvorstellbar ausdehnen würde.
**B** Wegen des sehr hohen Luftdrucks im Weltall würde der Körper des Menschen zusammengepresst.
**C** Wegen des sehr hohen Luftdrucks werden die Gefriertemperaturen der Körperflüssigkeiten erreicht, sodass diese in den festen Zustand (Eis) übergehen.

## Übung 20.21 — 2,5 Min.

Sie finden folgendes Werkstück:

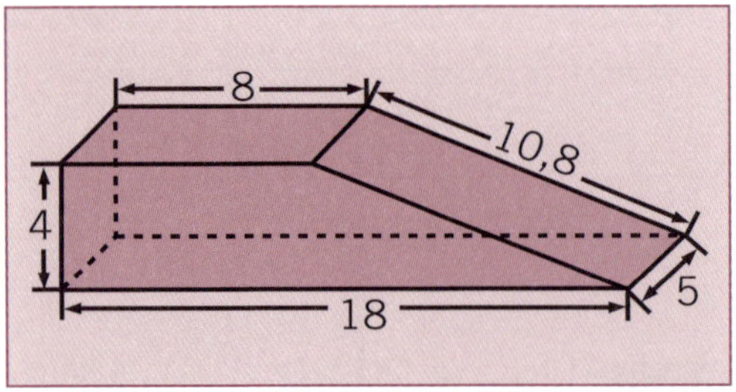


Berechnen Sie das Volumen des Keils (alle angegebenen Werte in cm).

______________________________

______________________________

______________________________

## Übung 20.22 — 1 Min.

Was versteht man unter einem Thesaurus?

**A** ein Wörterbuch, das den gesamten Wortschatz einer Sprache erfasst
**B** ein Zeichen, dessen Bedeutung rätselhaft und schwer zu entschlüsseln ist
**C** einen Sammelbegriff für literarische Werke, in denen Tiere als handelnde Figuren im Zentrum des Geschehens stehen

## Übung 20.23 — 1 Min.

Ein Benzinfleck, der auf einer Wasseroberfläche schwimmt, schillert in allen Farben des sichtbaren Spektrums. Es handelt sich bei diesem Effekt jedoch nicht wie beim Regenbogen um das direkte Spektrum des auffallenden weißen Lichts. Hier beobachtet man den nicht ausgelöschten, reflektierten Teil des Farbspektrums. Wird an einer Stelle des Benzinflecks die „rote“ Welle des Lichts ausgelöscht, so sieht man den Rest, also einen bläulichen Farbton. Das Phänomen bezeichnet man als Interferenz an dünnen Schichten und es ist ein Beweis für den Wellencharakter des Lichts.

Welche Farbe beobachtet man, wenn der „grüne" Teil des Lichts ausgelöscht wird?

**A** rot **B** blau
**C** orange **D** gelb

### Übung 20.24 2,5 Min.

Bei der Produktion von Tassen kommt es immer wieder einmal zu kleineren Unfällen. Die Tassen weisen dann zwar einige Fehler auf, können aber noch benutzt werden. Eine Firma hat sich nun darauf spezialisiert, derartige Tassen im großen Stil aufzukaufen und zu unglaublich günstigen Preisen weiterzuverkaufen. Dabei geraten aber immer wieder auch fehlerfreie Tassen in die Lieferung, sodass schließlich nur zwei Drittel der angebotenen Billigtassen tatsächlich fehlerhaft sind. Wie groß ist nun die Wahrscheinlichkeit, beim Kauf von einem Dutzend solcher Tassen genau vier fehlerfreie zu erhalten?

### Übung 20.25 1,5 Min.

Was meinen Sie, warum sprechen die meisten Werbetexte wohl die emotionale Seite der Menschen an?

### Übung 20.26 1 Min.

Raketen benötigen eine starke Beschleunigung, um die Erdanziehung zu überwinden. Worauf beruht der Raketenantrieb?

**A** Wärmeausdehnung von Gasen
**B** Elektromagnetische Kräfte
**C** Rückstoßprinzip
**D** Thermodynamik

### Übung 20.27 2,5 Min.

Es ist herbstlich draußen. Bei einem heftigen Windstoß werden zehn Herren, die am Flussufer lustwandeln, die Hüte vom Kopf gerissen. Ein hilfsbereiter Junge eilt herbei, sammelt alle zehn Hüte auf und gibt sie, ohne im Einzelnen nachzufragen, den Herren zurück. Wie hoch ist die Wahrscheinlichkeit, dass genau neun von ihnen ihren eigenen Hut zurückerhalten haben?

# Test 20

## Lösungen

### Lösung 20.1
Eine mögliche Reihenfolge lautet: Hummel, Hummer, Kummer, Kammer, Jammer.

### Lösung 20.2
A. Das Grippe-Virus zählt zu den anpassungsfähigen Viren. Es verändert sich ständig durch Mutationen. Somit kann unser Immunsystem nicht auf sein Gedächtnis zurückgreifen und muss jedes Mal von vorn mit der Bekämpfung beginnen. Das Masern-Virus dagegen kommt nur in einer stabilen Form vor und verändert sich so geringfügig, dass die Gedächtnisfunktion des Immunsystems nicht beeinträchtigt wird.

### Lösung 20.3
6 kg Äpfel kosten 7,50 €.
1 kg Äpfel kostet 7,50 € / 6 = 1,25 €.
9 kg kosten also 11,25 €.

### Lösung 20.4
B, C. Ein guter Kommentar lebt von Argumenten, denn der Leser hat Anspruch darauf, vom Kommentator eine Begründung für seine Position zu erfahren. Neue Argumente sollen zum Nachdenken anregen, die klare Argumentation darf nicht unter einem leichtfertigen Umgang mit Sprachbildern leiden. Der Stil, in dem ein Kommentator seine Meinung vorträgt, ist beliebig. Er darf provozieren, zuspitzen, darf Stilmittel des Spottes, der Ironie oder der Polemik verwenden. Nur sollte er nie die Grenze zur Beleidigung überschreiten.

### Lösung 20.5
Das Klonen, die künstliche Erzeugung zweier identischer Zellen, beruht auf dem Vorgang der Mitose.

### Lösung 20.6
A. $x = 3$

B. $x = -\frac{1}{8}$

### Lösung 20.7
Wer beim Argumentieren den anderen manipulieren will, kann dies tun, indem er rhetorische Fragen verwendet. Der Sprecher erwartet auf seine Frage zumeist keine Antwort, denn die (üblicherweise ist nur „Ja" oder „Nein" möglich) wird als selbstverständlich vorausgesetzt. Rhetorische Fragen sollen die eigene Aussage des Sprechers betonen und werden verwendet, um zu provozieren, Aufmerksamkeit zu erregen, Schlussfolgerungen zu ziehen oder das Gegenüber zur Zustimmung zu bewegen.

### Lösung 20.8
C. Am Tripelpunkt von Wasser (0,01°C und 0,61 kPa) existieren die drei Zustände Eis, Wasser und Dampf nebeneinander im Gleichgewicht.

### Lösung 20.9
Zunächst müssen wir die Informationen aus der Aufgabe wieder in eine mathematische Gleichung übersetzen. Wir erhalten dann folgende Gleichung, um die Klassen und Schülerzahl der Leibnizschule zu berechnen:
$x \cdot (x+8) = 2x \cdot (2x-14) - 480$
Nun müssen wir die Gleichung so umformen, dass wir wieder die Normalform erreichen. Die Gleichung sieht dann so aus: $0 = x^2 - 12x - 160$ und lässt sich nun gut in die Lösungsformel für quadratische Gleichungen einsetzen:

$$x_{1/2} = -6 \pm \sqrt{36+160}$$

und man erhält $x_1 = 20 \vee x_2 = -8$.
Den zweiten Fall kann man für diese Aufgabe ignorieren, da er unsinnig wäre. Die Leibnizschule besitzt also 20 Klassen mit je 28 Schülern. Daraus folgt, dass die Einsteinschule über 40 Klassen mit je 26 Schülern verfügt.

### Lösung 20.10
Notizen helfen dann, wenn sie Auskunft geben über den Absender der Notiz, den Empfänger, den Grund, bei Terminen das

Datum, die Uhrzeit und den Ort des Treffens. Zwar sind alle Notizen vergleichsweise eindeutig, jedoch nicht vollständig:
Warum hat Herr Kruse angerufen? Soll man ihn anrufen? Wann? Seine Telefonnummer fehlt.
Wann genau ist der Termin? Welcher?
Um welches Buch geht es?
Wann soll das gemeinsame Essen stattfinden?
Meistens ergibt sich jedoch aus dem Zusammenhang, was gemeint ist, wenn Schreiber und Empfänger der Kurzbotschaften über die Dinge Bescheid wissen.

## Lösung 20.11

C. Bei der Verbindung 1-Brom-3-methylbenzol ist das Brom am 1. C-Atom und die Methyl-Gruppe am 3. C-Atom gebunden.

## Lösung 20.12

Es reicht, die Fläche eines Segments (man sagt dazu auch Kreisausschnitt) zu berechnen und das Ergebnis mit 4 zu multiplizieren, um die Gesamtfläche zu erhalten. Die Formel zur Berechnung der Fläche eines Kreisausschnitts lässt sich aus der Formel zur Berechnung der Fläche eines Kreises herleiten. Die Gesamtfläche muss lediglich mit einem bestimmten Bruchteil multipliziert werden. In unserem Fall ist dies $\frac{1}{6}$, da der Winkel von 60° auch $\frac{1}{6}$ von 360° darstellt. Man erhält also für die Fläche eines Segments:

$$A = \frac{1}{6} \cdot \pi \cdot r^2 = 8{,}377 \text{ cm}^2$$

Das bedeutet, dass der komplette Flügel eine Fläche von 33,508 $cm^2$ besitzt.

## Lösung 20.13

In einer Bestsellerliste nennt man gewöhnlich den Autor, den Titel des Buches, die aktuelle Platzierung, die letzte Platzierung und den Namen des Verlages, bei dem das Buch erschienen ist. Bestseller haben von sich aus keinen höheren literarischen Wert als andere Bücher. Es sind Bücher, die sich überdurchschnittlich gut verkaufen. Heute erscheinen in den Zeitschriften meist Bestsellerlisten für Sachbücher, Belletristik und Taschenbücher. Die Listen basieren auf den Verkaufszahlen ausgewählter Buchhandlungen, die mit ihren Umsätzen und Standorten die Gesamtheit des Buchhandels in Deutschland repräsentieren. Die Auflagenhöhe, ab der ein Buch generell als Bestseller bezeichnet wird, richtet sich dabei auch nach dem Buchtyp. Übrigens, die Erscheinungsjahre der genannten Titel sind hier: *Emil und die Detektive* (1929), *Berlin Alexanderplatz* (1929), *Mit 5 PS* (1928), *Der Steppenwolf* (1927), *Das Schloss* (1926), *Die Reiterarmee* (1926), *Der rasende Reporter* (1925), *Der Prozess* (1925).

## Lösung 20.14

A. Wenn die Proteine durch zu langes Kneten überdehnt wurden, fehlt ihnen die Elastizität und das Brot fällt in sich zusammen.

## Lösung 20.15

Das Volumen des Messbechers berechnet man folgendermaßen:

$$V = \pi \cdot 3^2 \cdot 18 = 508{,}94 \text{ cm}^3.$$

Es lässt sich 508,93 $cm^3$ Flüssigkeit in den Messbecher einfüllen.
Die Höhe x der Markierung ergibt sich aus folgender Gleichung:

$$\pi \cdot 3^2 \cdot x - 500$$

$$x = \frac{500}{9 \cdot \pi} = 17{,}68$$

Die Markierung muss in einer Höhe von 17,68 cm angebracht werden.

## Lösung 20.16

Im Wesentlichen stehen dem Autor vier Möglichkeiten der direkten Charakterisierung zur Verfügung:
a) Der Erzähler stellt die Figur vor, beschreibt und bewertet.
b) Der Autor lässt andere Figuren über sie sprechen.
c) Der Autor beschreibt Selbstäußerungen

der Figur in Form von Worten oder Gedankenwiedergabe, z. B. mittels eines so genannten inneren Monologs.
d) Der Autor charakterisiert eine Figur durch die Darstellung ihres Äußeren.

## Lösung 20.17

B. Ebenso wie sich dunkel Autos – im Gegensatz zu hellen Autos – im Sommer stärker aufheizen, wird auch die thermische Strahlung des Ofens von den dunkleren Formen besser absorbiert. Diese Formen werden heißer, was optimal für die Krustenbildung des Gebäcks ist.

## Lösung 20.18

Die Oberfläche eines Bläschens errechnet sich aus der Formel

$A = 4 \cdot \pi \cdot r^2 = 4 \cdot \pi \cdot 0{,}0225 = 0{,}28\ mm^2$

400 Millionen dieser Bläschen haben dann ein Volumen von 113,097 $m^2$.

## Lösung 20.19

A. Einfach dargestellt ist der Text leichter zu lesen.
B. Er ahnte, was passierte.
C. Der Vortrag langweilte das Publikum.
D. Jeder Mensch kann eine Fremdsprache erlernen.

## Lösung 20.20

A. Der sehr niedrige Luftdruck (Vakuum) im Weltall, führt dazu, dass die Siedetemperaturen der Körperflüssigkeiten herabgesetzt sind. Sie würden innerhalb kürzester Zeit verdampfen und der Körper würde sich ausdehnen.

## Lösung 20.21

Zunächst einmal können wir das Volumen des linken Quaders berechnen:

$V = 8 \cdot 4 \cdot 5 = 160\ cm^2$.

Der rechte Teil des Werkstücks stellt nun nichts anderes dar, als einen halben Quader. Wir rechnen also:

$$V = \frac{1}{2} \cdot 10 \cdot 5 \cdot 4 = 100\ cm^2$$

Das Gesamtvolumen des Werkstücks beträgt 260 $cm^2$.

## Lösung 20.22

A. (B: Chiffre; C: Tierdichtung, mit Fabel als populärer Gattung). Mit Thesaurus (aus griech. thesauros, „Schatz, Schatzhaus") bezeichnet man auch eine alphabetisch und systematisch geordnete Stichwortsammlung, z. B. zu einem Fachbereich.

## Lösung 20.23

C. Wird der „grüne" Teil des weißen Lichts ausgelöscht, so sieht der Betrachter den Rest, welcher orange erscheint.

## Lösung 20.24

Von 12 Tassen sind 4 fehlerfrei. Die Wahrscheinlichkeit, genau vier fehlerfreie zu erhalten, ist:

$$P = \frac{4}{12} \cdot \frac{3}{11} \cdot \frac{2}{10} \cdot \frac{1}{9} = 0{,}002 = 2\,\%$$

## Lösung 20.25

Die meisten Kaufentscheidungen finden auf der Gefühlsebene statt.

## Lösung 20.26

C. Der Raketenantrieb beruht auf dem Rückstoßprinzip. Genauso wie Tintenfische sich durch Wasserausstoß entgegen ihrer normalen Bewegungsrichtung mit hoher Geschwindigkeit entfernen können, wird die Rakete mit der gleichen Kraft nach vorn getrieben, mit der sie die Produkte ihres Triebwerks nach hinten schleudert. Großer Vorteil des Rückstoßprinzips ist, dass kein Medium benötigt wird, von dem sich das Objekt abstößt. D. h. das Prinzip eignet sich besonders gut für das Vakuum.

## Lösung 20.27

Die Wahrscheinlichkeit ist Null. Wenn neun Hüte passend übergeben worden sind, passt der Zehnte auch. Das Schwierige ist nur, die ersten neun richtig zu verteilen.

### Übung 21.1 · 2 Min.

In dieser Übung können Sie mit Wörtern jonglieren. Welches Wort könnte jeweils das Ende des ersten und den Anfang des zweiten Wortes bilden?

A Wasser-________________-sprache

B Geh-________________-papier

C Land-________________-traum

D Hand-________________-zeug

### Übung 21.2 · 1 Min.

Bei der Alkoholgärung lässt man die Hefepilze unter Sauerstoffabschluss arbeiten. Das entstehende, hier eher unwichtige, Kohlenstoffdioxid perlt aus. Beim Brotbacken hingegen ist das Kohlendioxidgas durchaus erwünscht. Denn das entstehende Gas formt kleine Löcher im Brotgerüst und macht es dadurch „luftig und locker“. Hefepilze werden industriell gezüchtet und entweder in getrockneter Form (Trockenhefe) oder in gepressten stärkehaltigen Frischhefewürfeln im Handel angeboten. Was geschieht mit den Hefepilzen, wenn sie ihre Arbeit verrichtet haben?

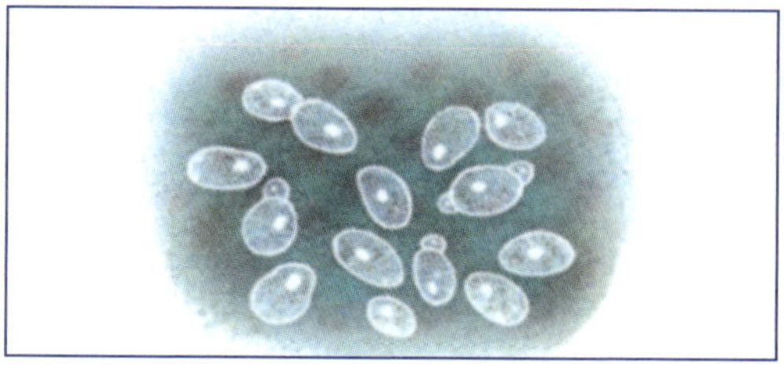
Hefepilze

A Hefepilze sind für den Menschen unschädlich.

B Die Hefepilze werden sozusagen verbraucht. Ist der Prozess der Gärung abgeschlossen, gibt es auch keine Hefepilze mehr im Teig.

C Beim Backen mit Temperaturen von mehr als 60 °C sterben die Hefepilze ab.

### Übung 21.3 · 4 Min.

Gegeben ist folgendes Zahlenquadrat:

| | | | | |
|---|---|---|---|---|
| 24 | 4 | 16 | 6 | 4 |
| 17 | 17 | 11 | 18 | 12 |
| 19 | 1 | 5 | 2 | 9 |
| 8 | 23 | 4 | 50 | 7 |
| 7 | 3 | 25 | 8 | 14 |

Gesucht sind nun Aufgaben, die aus zwei Zahlen bestehen, die direkt nebeneinander stehen (waagerecht, senkrecht, diagonal) und die Ergebnisse 1, 10, 17, 25, 29, 30 und 32 haben. Benutzen Sie die vier Grundrechenarten.

1 = ________________________

________________________

10 = ______________________________

______________________________

17 = ______________________________

______________________________

25 = ______________________________

______________________________

29 = ______________________________

______________________________

30 = ______________________________

______________________________

32 = ______________________________

______________________________

### Übung 21.4 — 1,5 Min.

Folgende Schlagzeilen könnten in einer deutschen Zeitung zu lesen sein. Welchen Fehler hat der Verfasser gemacht?

**A** Es bleibt bei 16 %: Kanzlerkandidatin schließt aus, dass es keine höhere Mehrwertsteuer gibt!

**B** Deutsche wollen keine Kinder mehr: Immer weniger Paare verlieren die Lust auf Nachwuchs!

**C** Der Rat seines Parteifreundes bewahrte ihn offensichtlich davor, in der Angelegenheit keinen falschen Schritt zu tun.

______________________________

______________________________

______________________________

______________________________

### Übung 21.5 — 1 Min.

Die Zwillingsforschung untersucht die Wechselwirkung von Erbgut und Umwelteinflüssen bei der Ausbildung von Merkmalen. Hierzu eignen sich eineiige Zwillinge, da ihr Erbgut identisch ist, ihr Verhalten jedoch von den speziellen Umwelteinflüssen abhängt.
Welche Aussage ist korrekt?

**A** Eineiige Zwillinge sind aus einer einzigen befruchteten Zelle entstanden.

**B** Eineiige Zwillinge haben identische Fingerabdrücke.

### Übung 21.6 — 4 Min.

Lösen Sie folgende Gleichungen:

**A** $\frac{x}{3}+\frac{x}{4}-\frac{x}{6}-8=\frac{3}{8}x+4$

**B** $\frac{7+x}{3+x}=\frac{51-x}{47-x}$

### Übung 21.7 2,5 Min.

Lesen Sie den folgenden Text des Presse- und Informationsamtes der Bundesregierung (von 1971) und streichen Sie alle unnötigen Informationen und Ausdrücke. Welche Informationen sind ausreichend, um den Inhalt des Textes zu erfassen?

„Wenn es also darum geht, festzustellen, was für die Menschen dieses Landes gut sei, so werden wir uns darauf verlassen müssen, daß die freie Diskussion zwar zu keinem perfekten, wohl aber zu brauchbaren Ergebnissen führt. Auch auf die Gefahr hin, daß die Ergebnisse manchmal reichlich spat kommen. Natürlich bleibt ein Risiko, natürlich gibt es theoretisch immer bessere Lösungen. Daß der einzelne dabei das Recht hat, andere von seinen Einsichten zu überzeugen, versteht sich von selbst. Eine Regierung hat hierzu gelegentlich nicht nur das Recht, sondern die Pflicht. Sie hat besonders die Pflicht, durch Bildung und Information den einzelnen Menschen zu befähigen, seine wirklichen Bedürfnisse deutlicher zu erkennen."

### Übung 21.8 1 Min.

Die Haarentfernung erfolgt meist aus ästhetischen Gründen. Hierbei kann man unterschiedliche Methoden nutzen: Bei der Epilation wird das Haar mitsamt der Haarwurzel entfernt. Bei der Depilation wird lediglich das sichtbare Haar beseitigt. Welche Enthaarungsmethode ist eine Epilation?

**A** Nass-Rasur
**B** Wachs (Heiß- oder Kaltwachs)
**C** Enthaarungscremes

### Übung 21.9 3,5 Min.

Finden Sie eine quadratische Gleichung mit den Lösungen $x_1 = -3$ und $x_2 = 2,5$.

### Übung 21.10 2,5 Min.

Oft enthalten Texte solche Wörter und Redewendungen, die mehr verschleiern als deutlich machen.

Suchen Sie den Sinn der folgenden Ausdrücke.

A negative Spartätigkeit

B ein Gebäude zurückbauen

C Regendefizit

D Personen, die sich aus dem Arbeitsprozess ausgliedern

E Exitus

F familiäres Kommunikationssystem

G militärische Auseinandersetzung

H rückläufiges Kinderaufkommen

### Übung 21.11 — 1 Min.

Knoblauch ist geruchlos – bis man die Knoblauchzellen zerstört. Die Knoblauchzwiebel enthält Alliin und ein Enzym, die Allinase, welches das Alliin in Allicin umwandelt. Aus dem Allicin bildet sich dann Dipropyl-disulfid, also eine Schwefelverbindung. Diese sind bekannt für intensive Geruchsbildung (Stinkbomben). Aus der Schwefelverbindung entsteht dann eine leicht flüchtige Substanz, welche den typischen Knoblauchgeruch ausmacht. Warum kann man trotzdem stark knoblauchhaltige Suppen oder Eintöpfe essen ohne anschließend starken Mundgeruch zu fürchten?

A Beim Kochen von Suppen und Eintöpfen verflüchtigt sich die übel riechende Substanz.

B In Suppen oder Eintöpfen verwendet man gepressten Knoblauch und nicht gehackten. Dadurch ist der Geruch nicht so stark.

### Übung 21.12 — 2,5 Min.

Die Räder eines Fahrrades haben mit Reifen einen Durchmesser von 68 cm. Wie lang ist die Strecke, die das Rad bei einer Umdrehung zurücklegt und wie viele Umdrehungen des Rades sind nötig, bis man 1 km zurückgelegt hat?

### Übung 21.13 1,5 Min.

Der Autor eines erzählenden Textes hat die Freiheit, ausgewählte Ereignisse so anzuordnen, wie es ihm sinnvoll erscheint. Oft verwenden Autoren die so genannte Rückblende als stilistisches Mittel. Was könnte die Funktion dieses Mittels sein?

**A** Der Autor will das Handeln der dargestellten Personen erläutern.
**B** Der Autor will zum Verständnis des erzählenden Textes beitragen.
**C** Der Autor will die Handlung auf ein bestimmtes Ereignis hin ausrichten.
**D** Der Autor will ein früheres Geschehen nachtragen.

### Übung 21.14 1,5 Min.

Enzyme arbeiten nach dem Schlüssel-Schloss-Prinzip. D. h. sie besitzen so genannte aktive Zentren, an denen bestimmte Substanzen andocken können. Das Enzym bewirkt dann eine chemische Reaktion. Bei dieser Reaktion erstellt das Enzym aus zwei Substanzen ein neues Produkt.
Was verursacht wohl die Wirksubstanz des Aspirins, die Acetylsalicylsäure (ACC)?

**A** ACC blockiert das aktive Zentrum eines Enzyms und hemmt damit die Ausschüttung eines Produkts.
**B** ACC dockt wie ein Substrat an dem Enzym an. Das Enzym erzeugt mehr Endprodukte, da mehr Ausgangssubstanz vorhanden ist.

### Übung 21.15 2 Min.

Stellen Sie sich ein Zelt vor, das die Form einer Pyramide mit quadratischer Grundfläche hat. Die Grundseiten sind je 2,80 m lang, das Zelt ist 1,90 m hoch. Wie viele Quadratmeter Zeltplane wurden zur Herstellung des Zelts benötigt? Für den Boden hat man keine Zeltplane verwendet.

### Übung 21.16 2 Min.

Überlegen Sie doch einmal, mit welchen verschiedenen Textsorten Sie im Alltag zu tun haben. Wodurch unterscheiden sie sich im Allgemeinen voneinander?

# Test 21
## Übungen

### Übung 21.17 ◷ 1,5 Min.

Wirkt eine Kraft auf einen Körper, so kann er brechen oder aber sich elastisch oder plastisch verformen. Ist die Verformung plastisch, so gelangt der Körper nicht mehr in seine Ursprungsform zurück. Ist die Verformung jedoch elastischer Natur, so nimmt der Körper von allein seine ursprüngliche Form wieder an. Ordnen Sie die nachstehenden Verformungen dem richtigen Typ zu: elastisch (1) oder plastisch (2).

**A** Töpfern einer Vase
**B** mechanisches Biegen eines Rohres
**C** Verformung der metallischen Zungen einer Mundharmonika
**D** Windeinwirkung auf einen Ast

### Übung 21.18 ◷ 2 Min.

Überlegen Sie, wie Sie den folgenden Buchstaben maßstabsgetreu vergrößern können. Fertigen Sie eine kurze Skizze an.

### Übung 21.19 ◷ 1,5 Min.

In welchen Sätzen können Sie einen Stilbruch entdecken?

**A** Hab' mir gestern eine echt coole Scheibe geholt.
**B** Als die Sonne glühend rot im Meer versank, machten wir uns vom Acker.
**C** War echt cool als wir beim Wandern den Buchenwald durchstreiften.
**D** Er hat's völlig verbockt, sein Engagement reichte doch nicht aus.

### Übung 21.20 ◷ 1,5 Min.

Ein kleines Experiment: Tropft man blaue Tinte in Leitungswasser, so bilden sich blaue Schlieren und mit der Zeit verteilt sich die Tinte in dem Wasser. Tropft man dagegen die Tinte in Öl, so sinken die Tintentröpfchen langsam bis zum Grund. Doch warum mischt sich die Tinte nicht mit dem Öl?

**A** Öl besitzt eine höhere Dichte. Die Tinte schwimmt deshalb im Öl.
**B** Die Tinte ist nicht mit Öl mischbar und bildet deshalb einen Tropfen, welches die Form mit der kleinsten Angriffsfläche darstellt.
**C** Die Oberflächenspannung der Tintentropfen ist so groß, dass die Tropfenform erhalten bleibt.

### Übung 21.21 ◷ 1,5 Min.

In der Wahrscheinlichkeitsrechnung redet man gerne von

Zufallsexperimenten. Eine besondere Sorte von Zufallsexperimenten sind die Laplace-Experimente. Sind sind so gekennzeichnet: Ein Zufallsexperiment heißt Laplace-Experiment, wenn es nur endlich viele Elementarereignisse gibt und diese jeweils dieselbe Wahrscheinlichkeit haben. Entscheiden Sie vor diesem Hintergrund, ob es sich bei folgenden Experimenten um Laplace-Experimente handelt:

**A** Der Wurf einer Münze
**B** Das Würfeln eines Würfels
**C** Drehen eines Glücksrades mit 7 weißen, drei blauen und zwei schwarzen Gewinnfeldern (Felder gleicher Farbe bedeuten hier auch gleiche Gewinne)

______________________________

______________________________

______________________________

## Übung 21.22 — 1,5 Min.

Woran könnte es liegen, dass Zeitungs- und Zeitschriftenverlage für die Veröffentlichung gleich großer Anzeigen im linken unteren Teil und im rechten oberen Teil einer Doppelseite meist unterschiedliche Preise verlangen?

______________________________

______________________________

Kernkraftwerk

## Übung 21.23 — 1 Min.

Bei der Kernumwandlung von Atomen wird Energie freigesetzt. Bei der Kernspaltung in Kernkraftwerken wird Kernspaltung betrieben, während die Sonne Energie durch die Kernfusion von Wasserstoff-Atomen freisetzt. Welche Art der Kernumwandlung wird bei den beiden Bombentypen genutzt, Kernspaltung (1) oder Kernfusion (2)?

**A** Wasserstoffbombe
**B** Atombombe

## Übung 21.24 — 2 Min.

An dieser Stelle wollen wir uns einmal das Prinzip der Wahrscheinlichkeit ganz allgemein anschauen. Stellen Sie sich eine bestimmte Lage vor, in der es n mögliche Fälle gibt. Wie hoch ist die Wahrscheinlichkeit, dass einer dieser Fälle eintritt?

### Übung 21.25 — 2 Min.

Welche der folgenden Werbetexte verwenden dieselben rhetorischen Tricks? Welche sind es?

A Der Tag geht. Johnny Walker kommt.
B Alle Jahre VISA.
C Der Stärkere gibt nach.
D Kleine Ursache – große Wirkung.

### Übung 21.26 — 1,5 Min.

Als einen Satelliten bezeichnet man in der Raumfahrt einen künstlichen Flugkörper, der ein Objekt (Planeten, Monde) auf einer elliptischen oder kreisförmigen Bahn umrundet. Ist eine Raumstation auch ein Satellit?

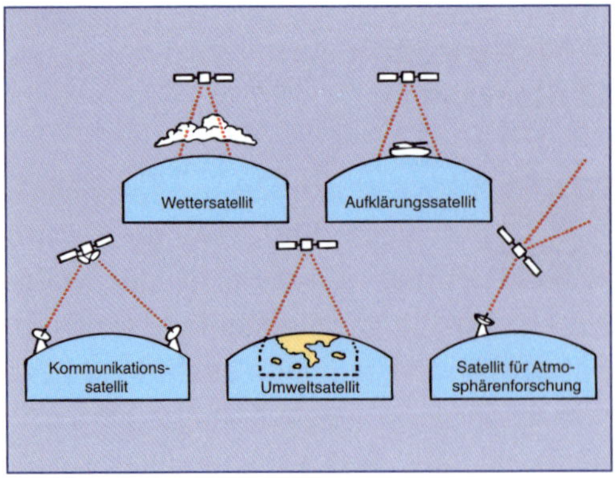


Satelliten

A Ja, denn die Raumstation umkreist die Erde auf einer geostationären Umlaufbahn.
B Nein, denn die Raumstation ist um die Erde frei beweglich.

### Übung 21.27 — 3 Min.

Ein Käsewürfel sei in 27 gleich große Teilwürfel unterteilt (3 Ebenen mit jeweils 3 Zeilen und 3 Spalten). Eine Maus beginnt in einer Ecke und frisst nacheinander die kleinen Teilwürfel auf, wobei sie sich nur von einem Würfel direkt zu einem Nachbarwürfel fortbewegen kann (als Nachbarwürfel verstehen wir 2 Würfel mit einer gemeinsamen Fläche).
Die Frage ist nun: Kann die Maus ihre Tour so gestalten, dass sie den mittleren Würfel zuletzt fressen kann?

### Lösung 21.1

A: Wasser-ZEICHEN-sprache; B: Geh-ALT-papier; C: Land-TAG-traum; D: Hand-WERK-zeug.

### Lösung 21.2

C. Während des eigentlichen Backvorgangs bei Temperaturen von mehr als 60 °C sterben die Hefepilze.

### Lösung 21.3

Hier sind mehrere Lösungen möglich. Eine dieser Lösungen ist:

| | |
|---|---|
| 1 = 17 : 17 | 29 =25 + 4 |
| 10 = 5 · 2 | 30 = 18 + 12 |
| 17 = 11 + 6 | 32 = 4 · 8 |
| 25 = 50 – 25 | |

### Lösung 21.4

Verben des Unterlassens, Verhinderns, und Ausbleibens, des Abratens oder Verbietens enthalten bereits eine negative Aussage. Steht in einem Nebensatz oder erweiterten Infinitiv, der von einem solchen Verb abhängig ist, ein Negationswort (z. B. nicht, kein), handelt es sich um eine doppelte Verneinung. Und eine doppelte Verneinung ist eine Bejahung. „Etwas ausschließen", „die Lust verlieren" und „vor etwas bewahren" enthalten bereits eine Verneinung. Übrigens: Kommt eine doppelte Verneinung nicht als Gedankenfehler, sondern als Stilmittel vor, bezeichnet man sie als Litotes (Bejahung als doppelte Verneinung): Die Schüler sind nicht unwillig.

### Lösung 21.5

A. Eineiige Zwillinge sind aus einer einzigen befruchteten Zelle entstanden und verfügen über identisches Erbmaterial. Deshalb können aus der Zwillingsforschung Rückschlüsse auf den Einfluss von Umweltfaktoren gezogen werden. Der Fingerabdruck eines jeden Menschen – auch der von eineiigen Zwillingen – ist einmalig. Denn das unverwechselbare Hautleistenmuster entsteht während er ersten vier Lebensmonate im Mutterleib.

### Lösung 21.6

A. x = 288 (hier müssen zuerst die Brüche entfernt werden, indem man beide Seiten mit dem Hauptnenner – in diesem Fall 24 – multipliziert)

B. x = 22 [hier ist der Hauptnenner (3 + x) · (47 – x)]

### Lösung 21.7

Bedeutend ist im ersten Satz nur die Information, dass eine freie Diskussion zu brauchbaren Ergebnissen führt. Die Tatsache, dass die freie Diskussion für die Menschen gut ist und keine perfekten Ergebnisse liefert, ist hier für das Verständnis unerheblich. Im dritten Satz verwendet der Verfasser zweimal das Wort „natürlich", offenbar im Sinne von „selbstverständlich". Doch was selbstverständlich ist, wissen alle Leser ohnehin. Für sie ist der Satz also eine überflüssige Doppelinformation. Auch etwas, das sich „von selbst versteht" bedarf nicht der Erwähnung. Dem vorletzten Satz braucht der Leser nur zu entnehmen, dass von der Regierung die Rede ist, denn deren Pflichten werden im letzten Satz ohnehin noch genau dargestellt.

### Lösung 21.8

B. Bei dem Epilationsverfahren mit Wachs wird das Haar mitsamt seiner Wurzel aus der Haut herausgezogen. Bei der Nassrasur wird das Haar oberhalb der Haarwurzel abgeschnitten; damit bezeichnet man diese Haarentfernungsmethode als Depilation.

# Test 21
## Lösungen

Genauso verhält es sich mit Enthaarungscremes. Hierbei werden die Haare in ihrer Struktur zerstört und können anschließend abgeschabt werden.

### Lösung 21.9

Zur Lösung benötigt man den Satz von Vieta. Der lautet: Falls die quadratische Gleichung $x^2 + p\,x + q = 0$ zwei reelle Lösungen $x_1$ und $x_2$ hat, so ist die Summe der beiden Lösungen $-p$, und ihr Produkt ist q. Für unseren Fall heißt das also:

$x_1 + x_2 = -p$, also $-3 + 2{,}5 = -p = 0{,}5$
$x_1 \cdot x_2 = q$, also $-3 \cdot 2{,}5 = q = -7{,}5$

Die gesuchte quadratische Gleichung lautet also: $x^2 + 0{,}5x - 7{,}5 = 0$

### Lösung 21.10

A Schulden machen
B ein Gebäude abreißen
C zu wenig Regen
D Leute, die zu faul sind zum Arbeiten
E Tod
F wie die Mitglieder einer Familie miteinander reden
G Krieg
H weniger Geburten

### Lösung 21.11

A. Isst man rohen Knoblauch, so nimmt man viel Dipropyl-disulfid auf. Diese Substanz erzeugt den typischen Knoblauchgeruch. Beim Kochen entweich jedoch der größte Teil der übel riechenden Substanz. Suppen oder Eintöpfe rufen also nicht so starken Mundgeruch hervor, wie roh verzehrter Knoblauch.

### Lösung 21.12

Der Umfang eines Kreises berechnet sich nach $U = 2 \cdot \pi \cdot r$. In unserem Fall beträgt er 213,63 cm (dieser Wert ist gerundet). Wenn man einen Kilometer zurücklegt, dreht sich das Rad 468 Mal (auch dieser Wert ist gerundet).

### Lösung 21.13

A, B, C, D.

### Lösung 21.14

A. Acetylsalicylsäure (ACC) blockiert das aktive Zentrum des Enzyms Cyclooxygenase, welches an der Bildung eines entzündungsverstärkenden Hormons, dem Prostaglandin, beteiligt ist. Daraus resultiert die schmerzlindernde Wirkung von Aspirin.

### Lösung 21.15

Zu berechnen sind die Flächen der vier Dreiecke, die die Seitenwände bilden. Dafür ist es nötig, die Höhe dieser Dreiecke zu bestimmen. Das kann man mit dem Satz des Pythagoras bewerkstelligen.

$$h^2 = 1{,}4^4 + 1{,}9^2$$

$$h = \sqrt{1{,}4^4 + 1{,}9^2} = 2{,}36$$

Jedes Dreieck ist also 2,36 m hoch. Nun lässt sich die Gesamtfläche der vier Dreiecke berechnen:

$$A = 4 \cdot \frac{2{,}36 \cdot 2{,}8}{2} = 13{,}216$$

Man benötigt ungefähr 13,22 $m^2$ Stoff, um das Zelt herzustellen.

### Lösung 21.16

Texte unterscheiden sich z. B. durch den Stil, durch ihren Aufbau oder durch die Wortwahl voneinander. Meist unterscheidet man Texte nach ihrer Funktion, die sie haben sollen. Auch Zeichen und Symbole haben eine Aussage und können im weitesten Sinne als Texte bezeichnet werden.

### Lösung 21.17

A2, B2, C1, D1

## Lösung 21.18

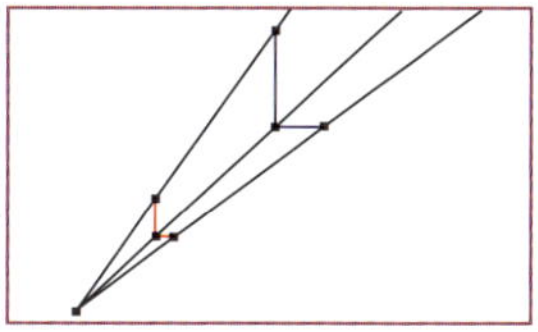

Das Verfahren, das Sie in dieser Skizze sehen, nennt man auch „zentrische Streckung“.

## Lösung 21.19

B, C, D.

## Lösung 21.20

B. Tinte und Öl sind zwei nicht mischbare Flüssigkeiten. So wie sich Regentropfen von der sie umgebenden Luft abgrenzen, so grenzen sich auch die Tintentropfen vom umgebenden Öl ab. Die Tropfen- bzw. Kreisform stellt die kleinste Angriffsfläche dar.

## Lösung 21.21

A Der Wurf der Münze ist ein Laplace-Experiment, denn es gibt nur zwei Elementarereignisse – Kopf oder Zahl (die Möglichkeit, dass die Münze auf dem Rand stehen bleibt, lassen wir außer Acht) –, die mit derselben Wahrscheinlichkeit auftreten können.

B Auch das Würfeln mit einem Würfel stellt ein Laplace-Experiment dar. Es gibt 6 mögliche Elementarereignisse, ihre Wahrscheinlichkeit ist gleich.

C Bei diesem Glücksrad handelt es sich nicht um ein Laplace-Experiment. Es gibt zwar nur drei Elementarereignisse (jede Farbe), aber die Wahrscheinlichkeit, dass sie eintreten, ist unterschiedlich groß.

## Lösung 21.22

Der Blick des Lesers fällt gewöhnlich zuerst auf die rechte Hälfte einer Doppelseite. Der linke untere Teil der Doppelseite steht wesentlich seltener im Blickpunkt seiner Aufmerksamkeit. Die Platzierung einer Anzeige auf der rechten Seite ist daher teurer.

## Lösung 21.23

A2, B1. Bei der Wasserstoffbombe werden Wasserstoffkerne miteinander verschmolzen (Kernfusion), während bei der Atombombe Kernspaltung betrieben wird.

## Lösung 21.24

Wenn es n mögliche Falle gibt und keine weiteren Informationen vorliegen, ist die beste Näherung die Annahme, alle Ereignisse seien gleich wahrscheinlich. Daraus ergibt sich dann die Einzelwahrscheinlichkeit pro Ereignis von $\frac{1}{n}$.

## Lösung 21.25

A und D (Wortgegensatz, so genannte Antithese); B und C (Anspielung).

## Lösung 21.26

A. Auch eine Raumstation ist ein Satellit. Die Raumstation befindet sich auf einer geostationären Umlaufbahn um die Erde, d. h. sie bewegt sich ständig mit gleicher Winkelgeschwindigkeit, mit der auch die Erde um ihre eigene Achse rotiert.

## Lösung 21.27

Die Maus kann ihre Tour nicht so gestalten. Stellen wir uns vor, dass der Käsewürfel wie ein Schachbrett gemustert ist. Die acht Eckwürfel sind dabei schwarz, ihre benachbarten Würfel dann natürlich weiß usw. Auf diese Weise erhalten wir 14 schwarze und 13 weiße Würfel. Die Maus fängt mit einem schwarzen Würfel an und frisst sich dann durch den Würfel. Der letzte Würfel ist die Nummer 27, eine ungerade Zahl. Alle ungeraden Würfel müssen aber schwarz sein, da die Maus mit einem schwarzen Würfel begonnen hat. Nun ist der mittlere Würfel aber leider weiß, somit kann die Maus ihre Tour nicht dort beenden.

# Test 22
## Übungen

### Übung 22.1 — 1,5 Min.

Den Wörtern der folgenden Wortliste fehlt jeweils ein identischer Wortteil. Wie lautet dieser und wie lauten die kompletten Wörter?

Kasch _ _ _ e

S _ _ _ el

Kl _ _ _ e

M _ _ _ e

Schl _ _ _ en

### Übung 22.2 — 1 Min.

Antibiotika bedeutet wörtlich übersetzt „gegen etwas Lebendes“. Gemeint sind Stoffwechselprodukte von Mikroorganismen, die Bakterien bekämpfen. Die Entdeckung von Antibiotika zählt zu den bedeutendsten in der Medizingeschichte.

Das erste Antibiotikum, das Penicillin, wurde 1928 von dem Bakteriologen Alexander Fleming (1881–1955) entdeckt. Penicillin ist das Produkt von

Sir Alexander Fleming

**A** Schimmelpilzen
**B** Läusen
**C** Algen

### Übung 22.3 — 3,5 Min.

Ein magisches Zahlenquadrat ist eine Anordnung von Zahlen, in dem die Summe aller Zahlen jeder Zeile, Spalte und der Diagonalen jeweils gleich ist. Konstruieren Sie ein magisches Quadrat der Größe 3 x 3 mit der Zeilen-, Spalten- und Diagonalensumme 15. Zur Vereinfachung sind die Zahlen 1 und 2 bereits vorgegeben.

| | | |
|---|---|---|
| | 1 | |
| | | |
| | | 2 |

### Übung 22.4 — 2 Min.

In einer der Übungen haben Sie sich mit dem Pleonasmus beschäftigt, der überflüssigen Häufung sinnverwandter oder bedeutungsähnlicher Wörter, wie sie z. B. in den Ausdrücken „meistens immer“, „wieder von Neuem“ oder in einer Kombination von Adjektiv und Substantiv wie in „schwarzer Rappe“, „weißer Schimmel“ erscheint. Können Sie erklären, warum die folgenden Ausdrücke keine Pleonasmen sind?

**A** radioaktive Strahlung
**B** politische Parteien

## Übung 22.5 – 2 Min.

Das Schicksal von siamesischen Zwillingen berührt uns jedes Mal tief. Die Methodiken zur chirurgischen Trennung werden zwar immer ausgereifter, doch wenn das Zwillingspaar beispielsweise am Kopf zusammengewachsen ist, bleibt das Risiko recht hoch. Die Häufigkeit von siamesischen Zwillingsgeburten weltweit ist unbekannt. Allein in den USA kommen jährlich ca. 50 siamesische Zwillinge zur Welt, von denen etwa 12 Paare die ersten 24 Stunden überleben.

Siamesische Zwillinge sind immer auch eineiige Zwillinge. Wie kommt es zur Ausbildung von siamesischen Zwillingen?

## Übung 22.6 – 3 Min.

Lösen Sie folgende Gleichungen nach y auf:

**A** $-x + y + 1 = 0$

**B** $3x + \frac{1}{2}y = 0$

**C** $2x + 4y - 5 = 0$

## Übung 22.7 – 2,5 Min.

Kehren Sie noch einmal zum Text aus Übung 21.7 zurück. Nachdem Sie ihn bereits auf seine wesentlichen Aussagen reduziert haben, versuchen Sie nun, eine Liste mit Stichwörtern anzufertigen. Die Stichwörter sollen den Inhalt des Textes wiedergeben.

## Übung 22.8 – 1 Min.

Mit Hilfe der (Papier-)Chromatografie können Stoffgemische in ihre Bestandteile zerlegt werden. Ein einfaches Beispiel: Nehmen Sie ein Filterpapier und malen Sie einen Punkt mit einem schwarzen, wasserlöslichen Stift in die Mitte des Papiers. Tropfen Sie anschließend mit einer Pipette Wassertropfen auf den Farbpunkt. Sie werden beobachten, dass das Wasser als Lösungsmittel fungiert und die schwarze Farbe mitnimmt. Es bilden sich Ringe unterschiedlicher Farben vom Mittelpunkt aus. Mit diesem Experiment haben Sie gezeigt, dass die Farbe „Schwarz“

ein Farbgemisch aus anderen Farben ist. Welche Kraft bewirkt die Farbwanderung in dem porösen Filterpapier?

A Kapillarkraft
B Oberflächenspannung des Wassers
C Zentrifugalkraft

### Übung 22.9 2 Min.

Wie heißt der Funktionsterm für die gezeichnete Gerade?

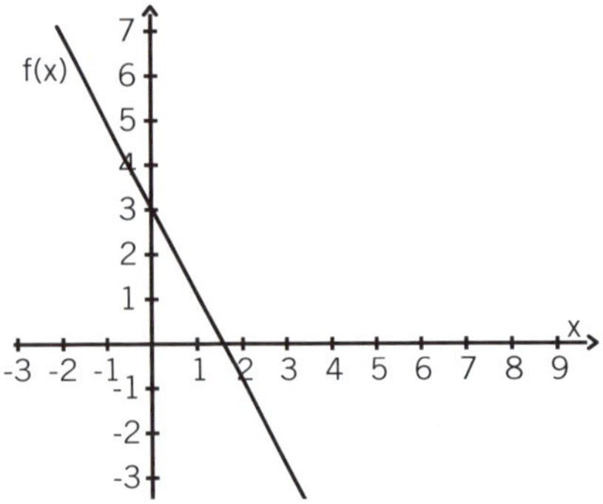


A f(x) = 2x + 3
B f(x) = 2x − 3
C f(x) = −2x + 3
D f(x) = −2x − 3

### Übung 22.10 2,5 Min.

Hier sehen Sie eine Grafik zum so genannten Lead-Stil, nach dem Nachrichten und Berichte typischerweise aufgebaut sind. Ein Lead, der erste Absatz, soll die wichtigsten Fakten enthalten, weitere Details erfährt und ergänzende Informationen erhält der Leser in den weiteren Absätzen. Was stellt diese Grafik dar, welche Aussagen können Sie machen?

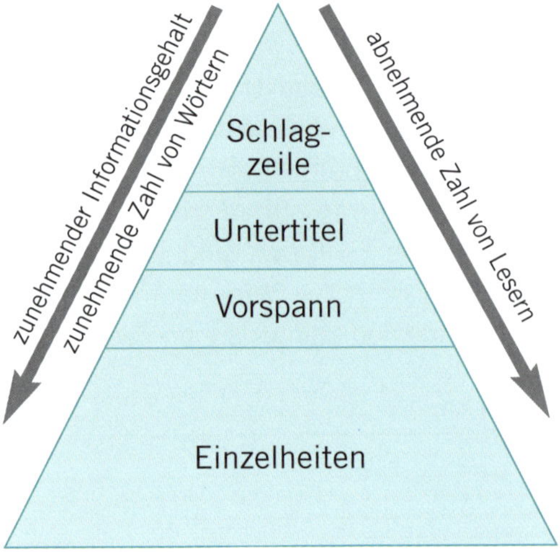


### Übung 22.11 1,5 Min.

Die Edelgase (Helium, Neon, Argon, Krypton und Xenon) sind relativ spät entdeckt worden, da sie sehr reaktionsträge sind. Bis kurz vor 1900 fehlte die komplette Gruppe im Periodensystem der Elemente. Ihren Namen

„Edelgase" haben sie auf Grund ihrer Reaktionsträgheit; sie sind zu „edel" um sich mit „gemeinen" Elementen zu verbinden. Warum fällt es den Edelgasen so schwer, Verbindungen einzugehen?

**A** Edelgase besitzen Edelgaskonfiguration, d. h. ihre äußerste Elektronenschale ist mit acht Elektronen voll besetzt.

**B** Edelgase sind so selten in der Atmosphäre, dass sie für andere Elemente keine Reaktionspartner darstellen.

**C** Edelgase sind, wie der Name schon sagt, gasförmig bei Raumtemperatur und Gase sind immer reaktionsträge.

### Übung 22.12 2,5 Min.

Frau Krause schickt ihren Sohn Uwe in den Supermarkt. Er soll ihr einen Tortenboden kaufen. Normalerweise hat ein solches Gebäck einen Durchmesser von 26 cm. Uwe kann einen solchen Boden jedoch nicht findet und bringt statt dessen zwei kleinere Böden mit einem Durchmesser von je 16 cm mit. Als Frau Krause sich wenig amüsiert zeigt, behauptet Uwe, die Fläche der beiden kleineren Böden sei zusammen sogar noch größer als die eines großen Bodens. Hat Uwe Recht?

### Übung 22.13 1,5 Min.

In erzählenden Texten weichen Autoren oft von einer chronologischen Darstellung der Ereignisse ab. Ein stilistisches Mittel, mit dem ein Autor die natürliche Zeitfolge unterbrechen kann, ist die Vorausdeutung. Welche Funktion könnte sie wohl innerhalb eines Textes haben?

**A** Der Autor will die Erwartung des Lesers steuern.

**B** Der Autor will die Spannung des Lesers erhöhen.

**C** Der Autor will einen Ausblick auf den weiteren Handlungsverlauf geben.

**D** Der Autor will den Blick des Lesers auf eine bestimmte Handlung lenken.

### Übung 22.14 2,5 Min.

Enzyme werden auch als Biokatalysatoren bezeichnet. Das liegt daran, dass sie die Stoffumwandlungen in der Zelle überhaupt erst ermöglichen oder beschleunigen, indem sie die Aktivierungsenergie der entsprechenden Reaktion herabsetzen. Enzyme sind nur in geringer Konzentration erforderlich, da sie aus einer Reaktion unverändert hervorgehen und sofort die nächste Reaktion eingehen können. Die Enzyme verfügen über so genannte aktive Zentren, an denen die Substrate angelagert werden. Sind alle aktiven Zentren besetzt, so ist die maximale Reaktionsgeschwindigkeit erreicht. Zeichnen Sie in das Koordinatensystem die Sättigungskurve einer enzymatischen katalytischen Reaktion ein.

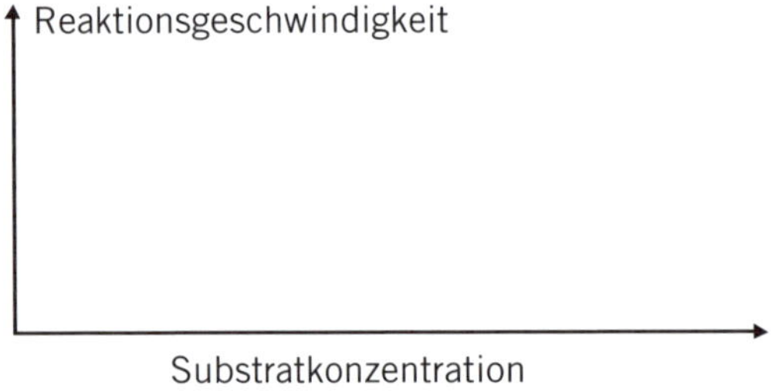


## Übung 22.15 — 3 Min.

Jonas hat vor sich auf dem Tisch zwei Pyramiden mit der gleichen quadratischen Grundfläche (Seitenlänge 6 cm) stehen. Die größere der Pyramiden ist 10 cm hoch, die kleinere misst genau die Hälfte. Jonas stellt sich nun die Frage, ob die kleinere Pyramide auch das halbe Volumen hat. Helfen Sie ihm dabei, das herauszufinden.

______________________________

______________________________

______________________________

______________________________

## Übung 22.16 — 2 Min.

Bücher enthalten nicht nur den eigentlichen Text. Welche anderen Textsorten finden Sie normalerweise noch in einem Buch?

______________________________

______________________________

______________________________

______________________________

## Übung 22.17 — 1,5 Min.

Die Schallgeschwindigkeit ist die Geschwindigkeit, mit der sich Schallwellen in einem beliebigen Medium (üblicherweise in Luft) ausbreiten. Sie ist abhängig von der Dichte der Luft und die Dichte ist wiederum abhängig von der herrschenden Temperatur. Mit zunehmender Temperatur nimmt die Schallgeschwindigkeit in Luft ebenfalls zu. Die Schallgeschwindigkeit in Luft ist unabhängig von dem Luftdruck, da dieser und die Dichte bei gleicher Temperatur zueinander proportional sind.

Wo ist der Schall demzufolge schneller, auf einer Bergspitze oder auf Meereshöhe?

**A** Der Schall auf dem Berg ist schneller.
**B** Der Schall auf Meereshöhe ist schneller.
**C** Der Schall auf dem Berg ist genauso schnell wie auf Meereshöhe.

### Übung 22.18 — 1 Min.

Der erste Strahlensatz besagt: Wenn zwei Strahlen, die von einem Punkt S ausgehen, von zwei parallelen Geraden geschnitten werden, so verhalten sich die Streckenabschnitte des einen Strahls wie die entsprechenden Streckenabschnitte des anderen Strahls. Betrachten Sie nun folgende Figur:

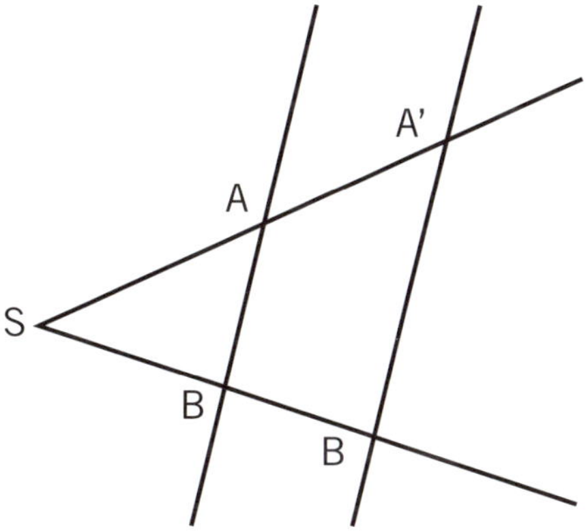


Vervollständigen Sie folgende Gleichungen:

**A** $\frac{SA}{SA'} = \_\_$

**B** $\frac{\_\_}{AA'} = \frac{\_\_}{BB'}$

### Übung 22.19 — 2,5 Min.

Die Namen einiger in den Übungen erwähnten Schriftsteller und Denker erscheinen hier als Anagramme. Wie heißen die Schriftsteller tatsächlich (ä = ae, ö = oe, ü = ue)?

**A** Astoel: ______________________

**B** Strom: ______________________

**C** Reise: ______________________

**D** Manan hupt: ______________________

**E** Stoffes holde Uhr: ______________________

**F** Veto links: ______________________

### Übung 22.20 — 1,5 Min.

Legierungen sind Metallmischungen. Der innere Aufbau von Legierungen besteht aus Atomen von unterschiedlichen Elementen. Es handelt sich jedoch um keine chemischen Verbindungen, da die verwendeten Legierungspartner nicht in einem festen Zahlenverhältnis vorliegen. Erzeugt werden Legierungen durch das Zusammenschmelzen zweier oder mehrerer Metalle (z. B. Messing aus Kupfer und Zink). Durch Variation der Zusammensetzung können die Werkstoffeigenschaften der Legierungen beeinflusst werden. Welche Aussagen zu den Eigenschaften lassen sich vom atomaren Aufbau der Legierungen ableiten?

**A** Legierungen weisen eine schlechtere Wärme- und elektrische Leitfähigkeit auf als die Metalle aus denen sie bestehen.

**B** Legierungen sind weicher als die Metalle aus denen sie bestehen.

### Übung 22.21 1 Min.

Klaus und Anna vertreiben sich die Zeit mir einem ganz einfachen Glücksspiel, dem Münzwurf. Wenn die Münze mit dem Kopf nach oben liegen bleibt, erhält Klaus 10 Cent, bei Zahl ist Anna die glückliche Gewinnerin. Wie hoch ist die Wahrscheinlichkeit für jedes dieser Ereignisse?

### Übung 22.22 2 Min.

Betrachten Sie einmal diese Abkürzungen. Was fällt Ihnen auf?

**A** LCD-Display
**B** ISBN-Nummer
**C** ABM-Maßnahme

### Übung 22.23 1,5 Min.

Die Erdatmosphäre bewirkt eine Lichtbrechung (atmosphärische Refraktion) der Sonnenstrahlen. Deshalb befinden sich Sterne nicht genau an dem Ort, an dem wir sie beobachten. Die Refraktion hängt vom Einfallswinkel des Lichts ab. Bei Sternen, die sich nahe dem Horizont befinden, ist dieser Effekt besonders stark. Zu beobachten ist dies beim Auf- oder Untergang der Sonne, wobei diese gestaucht erscheint. Das kommt daher, dass durch die Lichtbrechung der untere Sonnenstand stärker als der obere angehoben wird. Wie groß ist die Lichtbrechung, wenn die Sonne im Zenit steht?

**A** vernachlässigbar, da hier das Licht nahezu senkrecht auf die Erdatmosphäre trifft und keine Brechung erfolgt.
**B** am größten, da hier die stärkste Ablenkung der Lichtstrahlen erfolgt. Diese werden fast horizontal abgelenkt, so dass kaum ein Strahl die Erdoberfläche erreicht.

### Übung 22.24 3 Min.

In einer Schulklasse sitzen 7 Mädchen und 5 Jungen. Durch das Ziehen von Losen werden Schüler und Schülerinnen bestimmt, die früher heimgehen dürfen. Wie hoch ist die Wahrscheinlichkeit,

**A** dass als Dritten einen Jungen das Los trifft?

**B** dass als Dritter ein Junge gelost wird, wenn zuerst zwei Mädchen gelost wurden?

**C** dass als Erste ein Mädchen gelost wurde, wenn als Zweiter ein Junge heimgehen darf?

______________________________

______________________________

______________________________

______________________________

## Übung 22.25 — 1,5 Min.

Die Schlagzeile eines Werbetextes sorgt dafür, dass die gewünschte Aussage ihre Zielgruppe erreicht. Schlagzeilen können Kundenvorteile kommunizieren, unterhalten ... Fallen Ihnen noch drei weitere Funktionen ein?

______________________________

______________________________

______________________________

## Übung 22.26 — 1 Min.

Geostationäre Satelliten fliegen auf einer Höhe von 35.800 km über dem Äquator. Sie bewegen sich mit derselben Winkelgeschwindigkeit, mit der sich auch die Erde um ihre eigene Achse dreht. Polumlaufende Satelliten fliegen auf einer polaren Bahn in 600–1500 km Höhe. Mit beiden Satellitentypen zusammen kann die Erde lückenlos beobachtet werden. Bei welchem der beiden Satellitentypen scheint der Satellit über der Erde an einem festen Punkt zu stehen?

**A** Geostationärer Satellit

**B** Polumlaufender Satellit

## Übung 22.27 — 2 Min.

Es gibt ein berühmtes Buch, das 973 Seiten hat, die von 1 bis 973 durchnummeriert sind. Auf jeder Seite steht nur ein einziger Satz. Auf Seite 1 steht: Dieses Buch enthält nur eine einzige falsche Behauptung. Auf Seite 2 steht: Dieses Buch enthält genau zwei falsche Behauptungen usw. durch das ganze Buch. Auf jeder Seite steht nur der eine Satz, dass das Buch genauso viele falsche Behauptungen enthält wie die Zahl, die diese Seite trägt. Auf welcher Seite, wenn überhaupt, steht die Wahrheit?

______________________________

______________________________

______________________________

______________________________

# Test 22
## Lösungen

### Lösung 22.1
Der fehlende Wortteil lautet „emm“ und die Wörter daher: Kaschemme, Semmel, Klemme, Memme, Schlemmen.

### Lösung 22.2
A. Penicillin wird von dem Schimmelpilz „Penicillium chrysogenum“ produziert. Es tötet eine Reihe von Bakterienarten erfolgreich ab.

### Lösung 22.3

| | | |
|---|---|---|
| 8 | 1 | 6 |
| 3 | 5 | 7 |
| 4 | 9 | 2 |

### Lösung 22.4
Bei den Beispielen handelt es sich um Konkretisierungen:
A. Neben radioaktiver Strahlung gibt es z. B. Wärmestrahlung, Röntgenstrahlung.
B. Außer in der Politik spricht man auch im Zusammenhang mit Gerichtsverhandlungen oder Diskussionen von Parteien.

### Lösung 22.5
Die Teilung der befruchteten Eizelle vollzieht sich nicht vollständig.
Meist erfolgt die Teilung der Eizelle erst nach dem 13. Tag der Befruchtung. Die Embryonen teilen sich dann eine Fruchtblase und siamesische Zwillinge können entstehen.
Bei vollständiger Teilung der Eizelle nisten sich beide befruchteten Eier getrennt in der Gebärmutter ein und besitzen jede für sich eine Fruchtblase, sodass eineiige Zwillinge heranwachsen.

### Lösung 22.6

A $y = x - 1$

B $y = -6x$

C $y = -\frac{1}{2}x + \frac{5}{4}$

### Lösung 22.7
Mögliche wichtige Stichwörter des Textes sind in der Reihenfolge ihres Erscheinens: freie Diskussion, brauchbare Ergebnisse, manchmal spät, Pflicht der Regierung zu Bildung und Information, Menschen befähigen, Bedürfnisse erkennen.

### Lösung 22.8
A. Durch die Kapillarkraft wandert das Lösungsmittel, hier Wasser, durch das Material (Filterpapier) und nimmt die einzelnen Stoffe unterschiedlich weit mit.

### Lösung 22.9
C. Der Graf ist um 3 nach oben verschoben, seine Steigung ist –2 und er verläuft (wegen dem negativen Vorzeichen) von links oben nach rechts unten.

### Lösung 22.10
Möglicherweise kennen Sie das aus der US-amerikanischen Publizistik stammende Modell der umgekehrten Pyramide, das sich auf den Informationsgehalt von Nachrichten bezieht: Der Informationskern steht am Anfang, weniger wichtige Einzelheiten schließen sich in der nach unten verjüngenden Dreiecksstruktur. Die vorliegende Grafik veranschaulicht jedoch das Verhältnis zwischen Informationsvergabe an den Leser und der Informationsentnahme durch den Leser. Sie zeigt, wie der Leser die ihm

angebotenen Informationen annimmt: mit der Textlänge nimmt logischerweise die Anzahl der Wörter, aber auch die Anzahl der Informationen zu, gleichzeitig nimmt die Anzahl der Leser zum Textende hin ab. Anders ausgedrückt: Die Zahl derer, die den Nachrichtentext nicht vollständig lesen, nimmt zu.

## Lösung 22.11

A. Die Edelgase verfügen über eine abgeschlossene äußere Elektronenschale, die mit acht Elektronen voll besetzt ist. Ihre Reaktionsbereitschaft ist daher gering.

## Lösung 22.12

Die Fläche des großen Tortenbodens beträgt $A = \pi \cdot 169\,cm^2 = 530{,}93\,cm^2$.
Die Fläche eines kleinen Tortenbodens beträgt $A = \pi \cdot 64\,cm^2 = 201{,}06\,cm^2$.
Uwe hat also nicht Recht, denn die Fläche beider kleinen Böden beträgt lediglich 402,12 $cm^2$.

## Lösung 22.13

A, B, C, D.

## Lösung 22.14

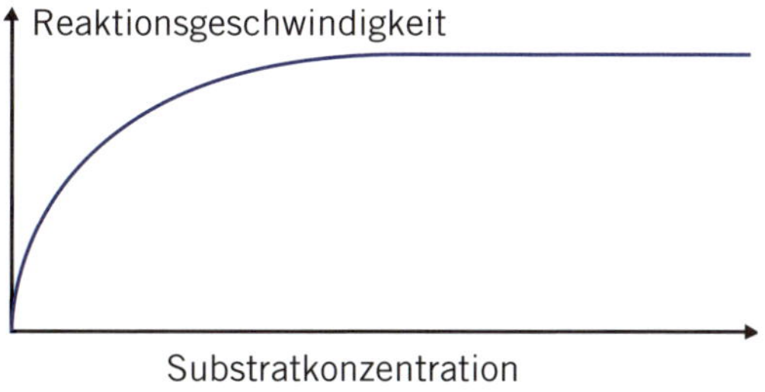


## Lösung 22.15

Das Volumen einer Pyramide berechnet sich aus $V = \frac{G \cdot h}{3}$, wobei G die Grundfläche und h die Höhe darstellt. Da sich in unserem Fall der Wert von h halbiert, alle anderen Werte aber unverändert bleiben, liegt die Vermutung nahe, dass auch das Volumen der kleineren Pyramide halb so groß ist. Rechnet man nun beide Volumina aus, wird diese Vermutung bestätigt. Das Volumen der großen Pyramide beträgt 120 $cm^3$, das der kleinen 60 $cm^3$.

## Lösung 22.16

Vor allem der Name des Autors und der Titel, die für das Verständnis eines Textes von Bedeutung sein können, sowie Klappentext, Widmung, Motto und Vorwort. Die Gesamtheit solcher Texte, die nicht zum eigentlichen literarischen Werk gehören, bezeichnet man auch als Paratext.

## Lösung 22.17

B. Auf Meereshöhe ist der Schall schneller unterwegs, da hier i. d. R. eine höhere Temperatur herrscht. Die Dichte hat jedoch keinen Einfluss auf die Schallgeschwindigkeit.

## Lösung 22.18

A $\frac{SA}{SA'} = \frac{SB}{SB'}$

B $\frac{SA}{AA'} = \frac{SB}{BB'}$

## Lösung 22.19

A Laotse
B Storm
C Riese
D Hauptmann

E Droste-Huelshoff
F von Kleist.

## Lösung 22.20

A. Die Teilchen des Zusatzmetalls stören die Wärme- und elektrische Leitfähigkeit der Legierungen, sodass diese Eigenschaft schlechter ausgeprägt ist, als bei den reinen Metallen. Gleichzeitig erzeugen diese Teilchen ein „Aufrauen“ des Grundmetalls. Die einzelnen Schichten des Metalls lassen sich nicht mehr so einfach gegeneinander verschieben, sodass die Legierung eine hohe Härte aufweist.

## Lösung 22.21

Die Wahrscheinlichkeit ist $\frac{1}{2}$. Es gibt zwei mögliche Fälle, aber nur einer führt für den jeweiligen Spieler zum Gewinn.

## Lösung 22.22

Bei den Zusammensetzungen wird das letzte abgekürzte Wort noch einmal ausgeschrieben:

A „Liquid Crystal Display“ (Flüssigkristallanzeige)
B internationale Standardbuchnummer
C Arbeitsbeschaffungsmaßnahme

Es ist in der geschriebenen Sprache hilfreich, entweder nur die Abkürzung zu verwenden oder sie aufzulösen.

## Lösung 22.23

A. Steht die Sonne im Zenit, treffen die Lichtstrahlen senkrecht auf die Erdatmosphäre. Es kommt zu keiner scheinbaren Positionsverschiebung, da hier die Lichtbrechung kaum eine Rolle spielt.

## Lösung 22.24

A. Bei der Aufgabe ist zu berücksichtigen, dass die Wahrscheinlichkeiten nicht bei jeder Wiederholung konstant bleiben (wie z. B. bei einem Würfel). Man muss die beiden vorangegangenen Auslosungen berücksichtigen und alle möglichen Kombinationen addieren, also:

P (Mädchen, Mädchen, Junge) + P (M, J, J) + P (J, M, J) + P (J, J, J) =

$$\frac{7}{12}\cdot\frac{6}{11}\cdot\frac{5}{10}+\frac{7}{12}\cdot\frac{5}{11}\cdot\frac{4}{10}+\frac{5}{12}\cdot\frac{7}{11}\cdot\frac{4}{10}+\frac{5}{12}\cdot\frac{4}{11}\cdot\frac{3}{10}$$

= 0,4167 = 41,67 %.

B. Zwei Mädchen sind bereits gegangen, es sind noch 10 Kinder da, unter ihnen fünf Jungen. Die Wahrscheinlichkeit beträgt also $\frac{5}{10}=\frac{1}{2}$.

C. Für das zweite Losen ist festgelegt, dass ein Junge heimgehen darf. Also gibt es für das erste Losen nur noch 11 Fälle. Sieben Mädchen sind zu diesem Zeitpunkt noch in der Klasse, die Lösung lautet also $\frac{7}{11}$.

## Lösung 22.25

… informieren, Aufmerksamkeit erregen, ein bestimmtes Lebensgefühl erzeugen, neugierig machen, Denkanstöße geben etc.

## Lösung 22.26

A. Dadurch dass sich der geostationäre Satellit mit derselben Winkelgeschwindigkeit, mit der sich auch die Erde um ihre eigene Achse dreht, fortbewegt, erscheint der Satellit an einem fixen Punkt über der Erde.

## Lösung 22.27

Auf Seite 972 steht die Wahrheit. Wenn alle Behauptungen auf den Seiten 1 bis 971 und die Behauptung auf Seite 973 falsch sind, dann sind das genau 972 falsche Behauptungen – wie auf Seite 972 behauptet.

### Übung 23.1 — 1,5 Min.

Was haben die folgenden Wörter gemeinsam:
Spanner, Totenkopf, Admiral, Schwan, Trauermantel, Mondvogel, Nonne, Monarch.

### Übung 23.2 — 1 Min.

Antibiotika werden zur Behandlung von Infektionskrankheiten, also dem Abtöten von Bakterienstämmen, eingesetzt. Doch der Einsatz von Antibiotika birgt auch Gefahren. Bakterien vermehren sich sehr viel schneller als der Mensch; sie haben eine höhere Evolutionsrate. D. h. Bakterien können in kurzer Zeit Mutationen erleben, die zu einer Resistenz gegen die eingesetzten Antibiotika führen. In der Konsequenz führt dies dazu, dass irgendwann nur noch Bakterienstämme existieren, die resistent gegen Antibiotika sind. Wo greift der Mensch noch in die Evolution ein und bewirkt eine ähnlich unerwünschte Folgereaktion?

**A** Beim Einsatz von Pestiziden gegen Schadinsekten
**B** Beim Klonen von Masttieren

### Übung 23.3 — 2 Min.

Familie Bach will ein Eigenheim bauen. Zunächst muss natürlich die Baugrube ausgehoben werden. Mit 5 Baggern schaffen sie das in 13 Tagen. Mit wie vielen Tagen sollten die Bachs rechnen, wenn nur 4 Bagger verfügbar sind?

### Übung 23.4 — 1,5 Min.

Wissen Sie, wie man die folgende Art von Fragen nennt?

**A** Glauben Sie tatsächlich, dass Schwarzfahren ein Kavaliersdelikt ist?
**B** Sind Sie etwa wirklich der Ansicht, dass Ladendiebstahl ein Kavaliersdelikt ist?
**C** Gibt es hier denn wirklich niemanden, der mal sagt, was er denkt?
**D** Sie meinen doch nicht allen Ernstes, dass ich mir das gefallen lasse?

### Übung 23.5 — 1 Min.

Eva und Maria sind zweieiige Zwillinge. Da zwei Männer als

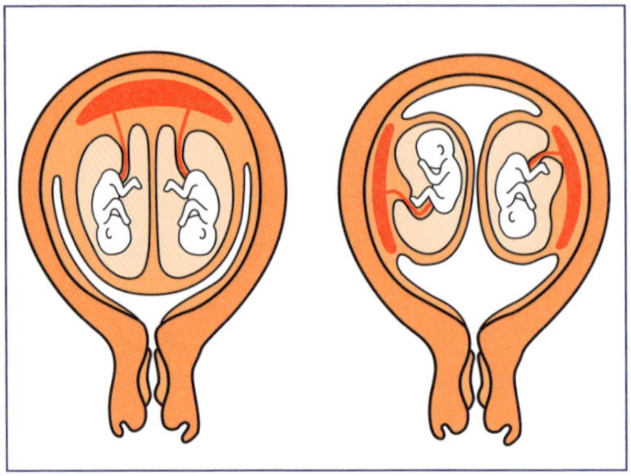

Zwillinge

Vater für die Zwillinge in Betracht kommen, soll eine Genanalyse Aufschluss bringen. Kann es auch sein, dass beide Mädchen einen anderen Vater haben?

**A** Ja, da sich zweieiige Zwillinge aus zwei Eizellen, die gleichzeitig heranreifen, entwickeln, kann jedes Mädchen einen anderen Vater haben.

**B** Nein, zweieiige Zwillinge entstehen durch die Teilung einer befruchteten Eizelle. Somit kann es nur einen Vater geben.

### Übung 23.6 — 2,5 Min.

Beim Ballspiel mit ihrem Verlobten, Prinz Werner von den Heisenstein, zerriss der reizenden Prinzessin Albertine vom Einberg die kostbare Perlenkette. Sofort machten sich beide auf die Suche nach den verstreuten Perlen. Die Prinzessin fand den achten Teil, Prinz Werner den sechsten Teil und eine herbeigeeilte Dienerin den dritten Teil der Perlen. 21 Perlen las der Haushofmeister auf, während der zwölfte Teil der Perlen trotz intensiver Suche nicht mehr gefunden werden konnte. Wie viele Perlen enthielt die Kette?

______________________________

______________________________

______________________________

### Übung 23.7 — 2 Min.

Der Unterschied zwischen manchen Wörtern ist bisweilen schwer zu erfassen. Versuchen Sie sich an den folgenden Übungssätzen und setzen Sie die Wörter „gleichzeitig“, „zeitgleich“, „dasselbe“, „das Gleiche“ oder deren Ableitungen in die Lücken ein.

**A** Obwohl die beiden Läufer __________ im Ziel eintreffen, erreichen sie das Ziel nicht __________.

**B** Die Mitarbeiter der Abteilung fahren einen Wagen __________ Fabrikats.

**C** Heute trage ich __________ Hemd wie du.

**D** Die Mitarbeiter der Abteilung nutzen __________ Wagen, sie fahren ihn abwechselnd.

### Übung 23.8 — 2 Min.

Das Periodensystem der Elemente (PSE) gibt auf viele Fragen eine Antwort. Die Elemente sind

nach steigender Atommasse sortiert. Die Ordnungszahl (auch Atomnummer oder Kernladungszahl) nummeriert die Elemente von eins beginnend und bestimmt somit ihre Position im PSE. Gleichzeitig gibt sie die Zahl der Protonen (Kernladungszahl) und die Anzahl der Elektronen an. Weiterhin ist das PSE in Perioden und (Haupt-)Gruppen unterteilt. Die Periode gibt Auskunft über die Anzahl der besetzten Elektronenschalen und die Hauptgruppennummer ist gleich der Anzahl der Außenelektronen.
Stickstoff, mit der Ordnungszahl 7, steht in der 2. Periode und der 5. Hauptgruppe. Wie viele Elektronen besitzt Stickstoff insgesamt und wie viele davon sind Außenelektronen, die sich an Reaktionen beteiligen?

**Übung 23.9** 2,5 Min.

Welche der Punkte P (2/3), Q (3/-2) und R (0/1) liegen auf der Geraden mit der Gleichung
$2y + 3x = 5$?

**Übung 23.10** 2,5 Min.

Gebrauchstexte lassen sich nach der Absicht des Autors, die er mit dem Text verfolgt, grob in vier Kategorien unterscheiden. Die meisten der Textarten kommen kaum in reiner Form, sondern meistens in einer Mischform vor. Können Sie die in der unten abgebildeten Tabelle bereits eingetragenen Textsorten um jeweils zwei weitere ergänzen?

**Übung 23.11** 1 Min.

Beim Camping werden oft blaue Butanbrenner zum Heizen ein-

| Textarten | Inhalt | Textsorten |
|---|---|---|
| mitteilend (informativ) | Fakten, Daten | Berichte |
| auffordernd (appellativ) | Informationen, Beweise, Vergleiche | Aufrufe |
| belehrend (argumentativ) | Behauptungen, Beweise, Vergleiche | Stellungnahmen |
| regelnd (normativ) | Erklärungen, Strafen, Festlegungen | Anweisungen |

gesetzt. Schüttelt man den Behälter, so kann man feststellen, dass sich eine Flüssigkeit im Innern befinden muss. Öffnet man hingegen den Hahn, so entströmt dem Behältnis ein Gas, das Butangas. Wie funktioniert dieser Effekt?

**A** Butan wurde unter Druck verflüssigt. Beim Aufdrehen des Hahns sinkt der Druck, sodass es als Gas ausströmt.
**B** Butan wurde stark unterkühlt, um es in den flüssigen Zustand zu überführen. Beim Öffnen des Hahns erwärmt es sich und wird wieder zu einem Gas.

### Übung 23.12 — 2 Min.

Eine Firma bietet runde Gartentische mit den Durchmessern 1,10 m und 1,30 m an. Um wie viel Prozent übertrifft die Fläche des größeren Gartentisches die des Kleineren?

______________________________

______________________________

______________________________

### Übung 23.13 — 1,5 Min.

Ein Leser ist stets aktiv am Lesen beteiligt. Er entdeckt nicht nur etwas Neues oder erlebt das Erzählte mit, sondern denkt im Text auch immer schon ein Stück voraus. Das geschieht meist unbewusst. Beim Vorausdenken aktiviert er sein Vorwissen und entwickelt bestimmte Erwartungen an den folgenden Text. Das hilft, ihn schneller zu verstehen. Probieren Sie es doch einmal aus.

**A** Wenn man mit dem Zug fahren will, muss man vorher eine __________ __________.
**B** Ich habe Kaffee gekocht, möchtest du __________.
**C** Zieh dir eine warme Jacke an, draußen ist __________.
**D** Machst du bitte das Fenster zu, __________.

### Übung 23.14 — 1 Min.

Proteine (Eiweiße) werden nach ihrer Struktur und ihrer Löslichkeit in Wasser unterschieden. Die kugeligen oder birnenförmigen globulären Proteine sind wasserlöslich, während die faden- oder schraubenförmigen fibrillären Proteine wasserunlöslich sind und zu den Stütz- und Gerüstsubstanzen (z. B. Keratin, Myosin, Kollagen) gehören. Eiweiße sind also für den Körper unverzichtbar. Was kann ein Anzeichen für Eiweißmangel sein?

**A** Abnahme der Sehstärke
**B** Juckreiz
**C** Haarausfall

### Übung 23.15 — 2,5 Min.

Schloss Bergfried muss dringend renoviert werden.

Zunächst will man sich um den großen Turm kümmern. Dessen Spitze muss neu gedeckt werden. Sie hat die Form eines Kegels mit einem Durchmesser von 12,50 m. Die Höhe des Dachs beträgt 11,50 m. Wie viele Quadratmeter Dachfläche müssen gedeckt werden?

______________________________

______________________________

______________________________

### Übung 23.16 — 1 Min.

Was ist ein Pseudonym?

**A** der fingierte Name eines Künstlers
**B** der Arbeitstitel eines Werkes
**C** der unerlaubte Nachdruck eines Werkes

### Übung 23.17 — 1 Min.

Der Schall ist eine Welle. Die Geschwindigkeit der Schallausbreitung ist von der Temperatur abhängig, dagegen jedoch nicht vom herrschenden Druck. Die Frequenz bezeichnet die Anzahl der Schwingungen pro Sekunde und wird in der Einheit Hertz (Hz) angegeben. Sie bestimmt die Tonhöhe bzw. -tiefe. Die Amplitude beschreibt die Stärke der Auslenkung einer Schwingung oder Welle. Die Amplitude bestimmt die

Heinrich Rudolph Hertz

**A** Tonlänge
**B** Tonlage
**C** Lautstärke

### Übung 23.18 — 2,5 Min.

Man kann mithilfe der Strahlensätze (und ganz ohne trigonometrische Funktionen) die Höhe eines Hauses bestimmen. Die folgende Skizze zeigt das Prinzip:

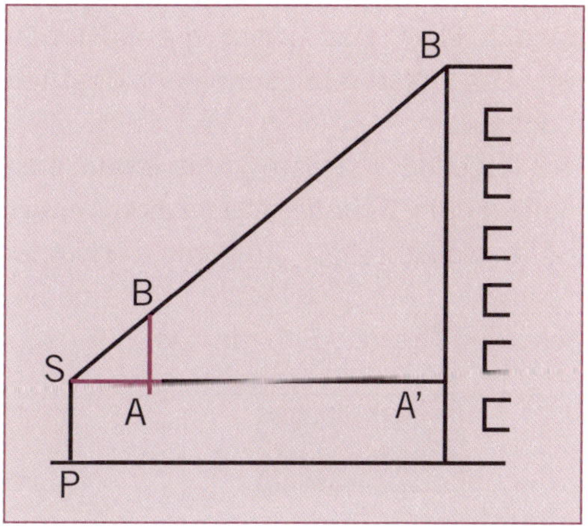


Bestimmen Sie nun die Höhe des Hauses, wenn folgende Strecken bekannt sind:

SA = 40 cm
AB = 25 cm
SA' = 15 m
SP = 1,80 m

## Übung 23.19 — 3 Min.

In den bisherigen Übungen haben Sie immer wieder etwas über die literarischen Grundformen und deren Gattungen gelesen. Versuchen Sie, mithilfe des von Ihnen erarbeiteten Wissens die folgende Grafik zu vervollständigen. Sicher, es gibt mehr Gattungen als in dieser Grafik Felder vorhanden sind. Das sollen die Kästchen mit den Auslassungspunkten deutlich machen.

Die folgende Wortliste kann Ihnen eine Hilfestellung geben, ist aber bei Weitem nicht vollständig: Tragödie, Hymne, Parabel, Kurzgeschichte, Komödie, absurdes Theater, Ballade, Lyrik, Prosa.

## Übung 23.20 — 1,5 Min.

Legieren kommt aus dem Lateinischen und bedeutet „vereinigen“. Legierungen bestehen also, wie der Name schon sagt, aus verschiedenen Metallen. Kupfer wird oft als eine Komponente für Legierungen verwendet. Aber man kann Legierungen auch aus einem Metall und einem Nichtmetall erhalten. Stahl ist hierfür ein Beispiel. Aus welchen Elementen setzt Stahl sich zusammen?

**A** Eisen und Kohlenstoff
**B** Eisen und Silizium
**C** Kupfer und Kohlenstoff

## Übung 23.21 — 1,5 Min.

Martina spielt mit ihren Freunden „Mensch ärgere dich nicht“. Sie ist am Zug und muss eine 3 oder eine 4 würfeln, um einen Spielstein von Helmut, ihrem ärgsten Konkurrenten beim Kampf um den Sieg, aus dem Spiel

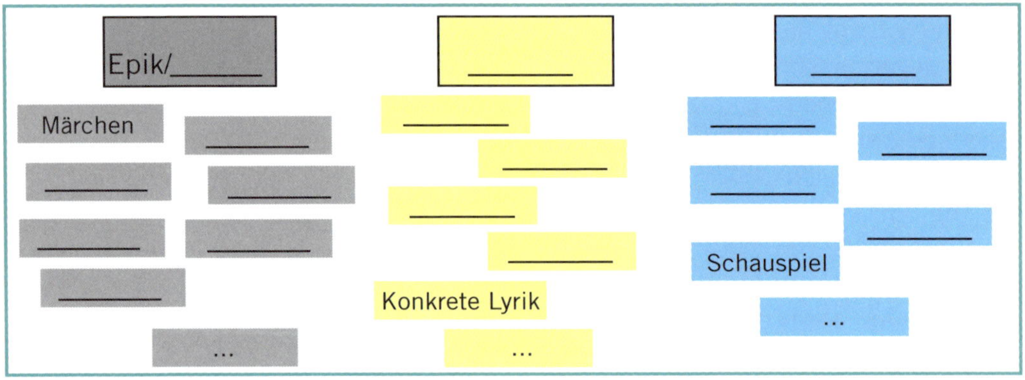


Gattungen der Literatur

werfen zu können. Wie hoch ist die Wahrscheinlichkeit, dass dieses Ereignis auch eintritt?

________________________________

________________________________

________________________________

### Übung 23.22 — 1,5 Min.

Abtönungspartikel, auch Modalpartikel genannt, sind Wörter, die für das Verständnis eines Satzes nicht erforderlich sind, aber helfen, dem Gesagten eine bestimmte Tönung zu geben. Sie können z. B. Ablehnung, Zustimmung, Erstaunen oder Interesse ausdrücken. Stellen Sie fest, in welchen der Beispielsätze abtönender Gebrauch vorliegt.

**A** Das ist doch blanker Unsinn.
Er sagte es höflich und doch bestimmt.

**B** Wir blieben zu Hause, denn es regnete.
Wie konnte denn das passieren?

**C** Zu unserem Vorschlag hat er Ja gesagt.
Das ist ja furchtbar!

**D** Ich möchte eigentlich keinen Kaffee mehr.
Sein eigentlicher Name lautet anders.

### Übung 23.23 — 1 Min.

Erdatmosphäre

Die Erdatmosphäre schützt uns Menschen und alle Organismen, indem sie nicht das gesamte Spektrum der Wellenlängen durchlässt. So werden z. B. Röntgenstrahlen und Gammastrahlen ganz oder teilweise absorbiert und gelangen nicht auf die Erdoberfläche. Für welche Wellenlänge ist die Erdatmosphäre neben dem sichtbaren Licht völlig durchlässig?

**A** Infrarote Strahlung (Wärmestrahlung)
**B** Radiowellen
**C** Ultraviolette Strahlung

### Übung 23.24 — 2 Min.

Die Regierung hat ein wichtiges Forschungsproblem zu lösen, daher setzt sie drei Forschergruppen auf dieses Problem an. Dummerweise ist dieses Problem höchst geheim, sodass die Forschergruppen vollkommen unabhängig voneinander arbeiten müssen. Die Wahrscheinlichkeiten eines Erfolges werden folgendermaßen eingeschätzt:

Für Gruppe A: $P(A) = \frac{1}{2}$

Für Gruppe B: $P(B) = \frac{1}{4}$

Für Gruppe C: $P(C) = \frac{1}{4}$

Wie hoch ist die Wahrscheinlichkeit, dass zumindest eine der Gruppen das Problem lösen wird?

---

---

---

## Übung 23.25 2 Min.

Versuchen Sie die verschlüsselten Ausdrücke in ein klares Deutsch zu übertragen.

**A** flexibler, transportabler Schnittgutbehälter
**B** rauhfutterverzehrende Großvieheinheit
**C** Haushälterin gesucht, die am Arbeitsplatz schläft
**D** Preisbereinigung auf der Verbraucherseite vornehmen

---

---

---

---

## Übung 23.26 1,5 Min.

Als erdähnliche oder auch terrestrische Planeten bezeichnet man solche, die in ihrem inneren Aufbau der Erde gleichen. Sie bestehen ganz oder zum Teil aus festem Material und weisen einen Schalenaufbau auf. Dieser ist im Idealfall gegliedert in Kern – Mantel – Kruste. Welche Planeten unseres Sonnensystems zählen zu den erdähnlichen Planeten?

**A** Merkur, Venus, Mars
**B** Saturn, Jupiter, Uranus, Neptun

## Übung 23.27 2,5 Min.

Kirstin und Lars stellen sich zusammen mit 2005 weiteren Kindern im Kreis auf, wobei Kirstin nicht neben Lars steht. Abwechselnd berühren die beiden dann jeweils einen ihrer direkten Nachbarn, worauf dieser Nachbar den Kreis verlassen muss. Gewonnen hat, wer von den beiden als Letztes im Kreis steht. Wenn Kirstin beginnt, wer von beiden kann bei klugem Spiel gewinnen?

---

---

---

---

## Lösung 23.1
Alle Begriffe sind Namen von Schmetterlingen, eine mit ca. 150.000 Arten ausgesprochen artenreiche Ordnung der Insekten.

## Lösung 23.2
A. Auch beim Einsatz von Pestiziden bewirkt der Mensch einen Eingriff in die Evolution. Die Schadinsekten bilden mit der Zeit ebenfalls Resistenzen gegen das eingesetzte Pestizid.

## Lösung 23.3
Wenn man mit 5 Baggern 13 Tage benötigt, braucht man die Arbeit mit nur einem Bagger die fünffache Zeit, also 65 Tage. 4 Bagger schaffen den Aushub dann in $65 \div 4 = 16{,}25$ Tagen. Die Grube ist also nach 17 Tagen fertig.

## Lösung 23.4
Diese Art von Fragen nennt man rhetorische Fragen. Der Sprecher stellt sie nicht, um Informationen zu erhalten, sondern um sein Gegenüber zu manipulieren.

## Lösung 23.5
A. Ja, es kann vorkommen, dass zweieiige Zwillinge von zwei unterschiedlichen Vätern gezeugt werden. Zweieiige Zwillinge entstehen, wenn innerhalb eines Zyklus zwei Eizellen heranreifen und befruchtet werden. Diese Eizellen müssen nicht zwangsläufig im selben Geschlechtsakt befruchtet werden.

## Lösung 23.6
Die Anzahl der Perlen sei x. Dann gilt es, folgende Gleichung zu lösen:

$$x = \frac{x}{8} + \frac{x}{6} + \frac{x}{3} + \frac{x}{12} + 21$$

Die Kette enthielt 72 Perlen.

## Lösung 23.7
A zeitgleich, gleichzeitig
B desselben
C das Gleiche
D denselben

Der Ausdruck „zeitgleich“ bezieht sich auf die Dauer eines Ereignisses, er macht keine Aussagen über den Zeitpunkt des Ereignisses. Erreichen zwei Läufer zeitgleich ihr Ziel, bedeutet das nicht zwangsläufig, dass sie im gleichen Moment die Ziellinie erreichen. Sie haben für die gleiche Strecke nur genau dieselbe Zeit gebraucht. Erreichen die Läufer exakt im selben Moment die Ziellinie, erreichen sie das Ziel gleichzeitig.
Man verwendet die Ausdrücke „der-, die-, dasselbe“, wenn von einer einzigen Person oder einem einzigen Gegenstand die Rede ist, die Ausdrücke „der, die, das Gleiche“, wenn zwei oder mehr identische, sich aufs Haar gleichende Gegenstände gemeint sind.

## Lösung 23.8
Stickstoff besitzt insgesamt 7 Elektronen, davon sind 5 Außenelektronen.

**Stickstoff:**
Ordnungszahl 7 = 7 Protonen, 7 Elektronen
2. Periode = 2 besetzte Elektronenschalen
5. Hauptgruppe = 5 Außenelektronen

## Lösung 23.9
Für P: $2 \cdot 3 + 3 \cdot 2 = 5$ falsch
Für Q: $2 \cdot (-2) + 3 \cdot 3 = 5$ richtig
Für R: $1 + 3 \cdot 0 = 5$ falsch

Nur der Punkt Q liegt auf der Geraden.

## Lösung 23.10
(s. Tabelle S. 274).

## Lösung 23.11
A. Butan lässt sich durch Druck verflüssigen.

## Lösung 23.12
Der große Tisch hat eine Fläche von $A = \pi \cdot 0{,}65^2 = 1{,}33\,m^2$, der kleinere von $A = \pi \cdot 0{,}55^2 = 0{,}95\,m^2$.

zu Lösung 23.10

| Textarten | Textsorten |
|---|---|
| mitteilend (informativ) | Berichte, Nachrichten, Meldungen, Bedienungsanleitungen |
| auffordernd (appellativ) | Aufrufe, Schlagworte, Propagandatexte, Werbetexte |
| belehrend (argumentativ) | Kommentar, Stellungnahmen, Leserbriefe, wissenschaftliche Texte |
| regelnd (normativ) | Anweisungen, Verordnungen, Gesetze, Verträge |

Die Fläche des größeren Tisches ist also um 40 % größer als die des kleineren.

## Lösung 23.13

A ... Fahrkarte kaufen.
B ... eine Tasse mittrinken?
C ... es kalt.
D ... mir ist kalt.

## Lösung 23.14

C. Haarausfall kann ein Anzeichen für Eiweißmangel sein. Haare bestehen zu 97–100 % aus Keratin, einer Gerüstsubstanz aus Proteinen.

## Lösung 23.15

Zunächst müssen wir die Länge der Seitenlinie s des Kegels errechnen. Das geht mit dem Satz des Pythagoras:

$$s = \sqrt{6{,}25^2 + 11{,}5^2} = 13{,}09 \text{ m.}$$

Die Oberfläche des Kegels (ohne Boden) errechnet sich nun aus $\pi \cdot r \cdot s$. Die zu deckende Fläche beträgt 257,02 m².

## Lösung 23.16

A. Pseudonyme werden vor allem von Künstlern und Schriftstellern verwendet. Meist handelt es sich um Fantasienamen oder so genannte Anagramme (die Umstellung der Buchstaben des Namens zu einem neuen Wort). Pseudonyme sind heute namensrechtlich geschützt. Die Träger eines Pseudonyms bleiben oft unbekannt.

## Lösung 23.17

C. Die Amplitude des Schalls bestimmt die Lautstärke. Ist die Auslenkung der Amplitude groß, ist der Ton laut.

## Lösung 23.18

Zunächst suchen wir die Länge der Strecke A'B'. Dazu nutzen wir den zweiten Strahlensatz:

$$\frac{SA}{AB} = \frac{SA'}{A'B'}$$

$$A'B' = \frac{SA' \cdot AB}{SA} = \frac{1500\,\text{cm} \cdot 25\,\text{cm}}{40\,\text{cm}} = 937{,}5\,\text{cm}$$

Nun müssen wir noch die Strecke SP hinzuaddieren und kommen auf eine Gesamthöhe des Hauses von 11,175 m.

## Lösung 23.19

**Epik**

Als so genannte Großformen der Epik gelten Epos und Roman, als mittlere Formen Erzählung, Novelle und Sage, als kleine Formen Anekdote, Kurzgeschichte, Fabel, Parabel, Märchen, Schwank, Legende und Kalendergeschichte.

**Lyrik**

Gattungen der Lyrik sind Ballade, Hymne, Lied, Elegie, Epigramm, konkrete Lyrik, Sonett und Ode. Bisweilen unterscheidet man die lyrischen Gattungen auch nach inhaltlichen Gesichtspunkten: politische Lyrik, religiöse Lyrik, Gebrauchslyrik (Festgedichte oder Gedichte, die in der Werbung verwendet werden), Kinderlyrik (Abzählverse), Liebeslyrik, Gedankenlyrik (philosophische Gedichte, die Gedanken über die Welt thematisieren), Mundartlyrik (Dialektgedichte), Arbeiterlyrik und Bildgedichte.

**Drama**
Zu den dramatischen Gattungen gehören Tragödie, Komödie, Tragikomödie, bürgerliches Trauerspiel, klassisches Drama und das Schauspiel. Als moderne Dramenformen gelten das epische, das experimentelle, das absurde, das Dokumentartheater und das kritische Volksstück. Den Begriff „Schauspiel“ verwendet man zum einen für alle Gattungen des Dramas, zum anderen bisweilen auch für ein ernstes Stück mit gehobenem Anspruch, das zwar tragisch angelegt ist, jedoch ohne tragischen Ausgang endet.

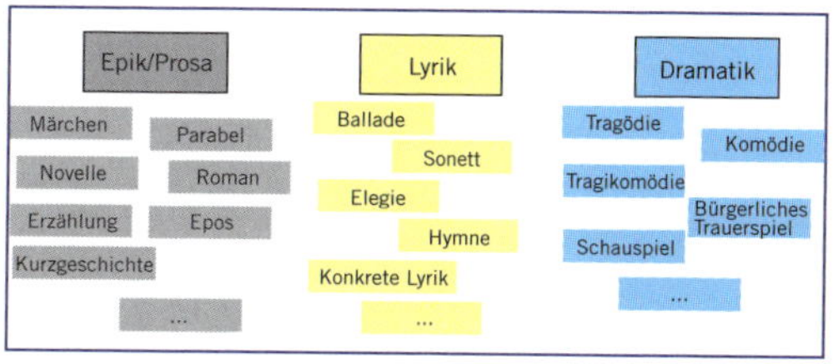


## Lösung 23.20
A. Stahl besteht aus dem Metall Eisen und dem Nichtmetall Kohlenstoff.

## Lösung 23.21
Die Wahrscheinlichkeit, eine bestimmte Zahl zu würfeln, ist $\frac{1}{6}$. Wenn man nun zwei dieser Ereignisse kombiniert, erhält man eine Wahrscheinlichkeit von $\frac{1}{6}+\frac{1}{6}=\frac{1}{3}$.

## Lösung 23.22
Abtönender Gebrauch:
A Das ist doch blanker Unsinn.
B Wie konnte denn das passieren?
C Das ist ja furchtbar!
D Ich möchte eigentlich keinen Kaffee mehr.

## Lösung 23.23
B. Die Erdatmosphäre lässt neben dem sichtbaren Licht Radiowellen in vollem Umfang durch. Infrarote und ultraviolette Strahlen werden ebenso wie Gammastrahlen ganz oder teilweise absorbiert und gelangen nur begrenzt auf die Erdoberfläche.

## Lösung 23.24
Gesucht ist folgende Wahrscheinlichkeit: $P(A+B+C)$. Nun wäre es schön, wenn wir einfach die drei Werte addieren könnten und dann das Ergebnis hätten. Ganz so einfach ist es aber doch nicht. Die korrekte Formel lautet:

$$P(A+B+C)=P(A)+P(B)+P(C)-P(AB)-P(AC)-P(BC)+P(ABC)$$

$$=\frac{1}{2}+\frac{1}{4}+\frac{1}{4}-\frac{1}{8}-\frac{1}{8}-\frac{1}{16}+\frac{1}{32}=\frac{23}{32}$$

Die Wahrscheinlichkeit beträgt $\frac{23}{32}$.

## Lösung 23.25
A Sack
B Kuh
C … am selben Ort wohnt, … mit im Haus wohnt
D Waren verteuern

## Lösung 23.26
A. Lediglich die inneren Planeten Merkur, Venus und Mars gleichen im Aufbau dem der Erde. Saturn, Jupiter, Uranus und Neptun zählen zu den so genannten Gasriesen.

## Lösung 23.27
Kirstin gewinnt, wenn sie klug spielt. Zwischen Kirstin und Lars stehen insgesamt 2005 Kinder, davon eine gerade Anzahl links von Kirstin und eine ungerade Anzahl rechts oder umgekehrt. Kirstin gewinnt, wenn sie dafür sorgt, dass immer, wenn Lars am Zug ist, auf beiden Seiten eine ungerade Anzahl von Kindern, mindestens also eines zwischen ihnen steht. Folglich wird sie zu Anfang auf der Seite ein Kind berühren, wo die gerade Anzahl von Kindern steht. So geht es immer weiter, und da in jedem Schritt ein Kind den Kreis verlässt, muss nach spätestens 2004 Schritten Lars einen von Kirstins Nachbarn berühren, woraufhin Kirstin Lars berührt und so das Spiel gewinnt.

### Übung A.1 — 1,5 Min.

Eine Möglichkeit, Verben des Sagens zu unterscheiden, besteht darin, sie nach den Kategorien „wahr" und „unwahr" zu ordnen. Tragen sie die Kennziffern der folgenden Verben in die Grafik ein:
berichten (1), mutmaßen (2), zugeben (3), finden (4), einräumen (5).

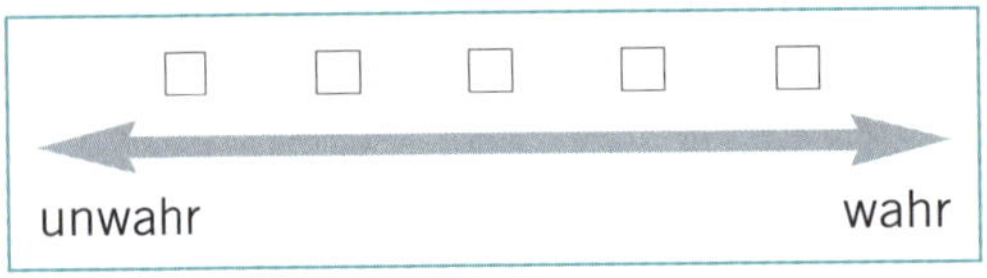


### Übung A.2 — 1 Min.

Nächtliche Wadenkrämpfe hatte wohl jeder schon einmal. Treten sie gelegentlich auf, sind sie in der Regel harmlos. In den meisten Fällen sind Wadenkämpfe eine Mangelerscheinung. Fehlt dem Muskel dieser Mineralstoff, so kommt es zu der ungewollten Muskelkontraktion. Um welchen Stoff handelt es sich?

**A** Magnesium. Es ist im Muskel für die Erschlaffungs- und Erholungsphasen zuständig.

**B** Eisen. Es ist für die Sauerstoffversorgung der Muskelzelle zuständig.

### Übung A.3 — 2 Min.

Herr Ries ist erkältet. Er will sich aus echtem Jamaikarum mit einem Alkoholgehalt von 40 % einen kräftigen Grog brauen, denn er glaubt, damit erfolgreich gegen seine Erkältung ankämpfen zu können. Er nimmt 0,05 l Rum und gießt 0,2 l heißes Wasser dazu. Wie viel Prozent Alkohol enthält der Grog?

### Übung A.4 — 1,5 Min.

Der englische Philosoph John Locke (1632–1704) wandte sich gegen die Unsitte, „Wörter auf Treu und Glauben hinzunehmen", weil sie von Vätern, Lehrern und Pfarrern nun mal verwendet werden. Auch heute ist der Widerstand gegen bestimmte Wörter begrenzt: gegen so genannte sprachliche „Nebelkerzen", die Politiker abbrennen, weil sie vielleicht manches selbst nicht wissen, gegen Amtsdeutsch, das in oft umständlicher Weise einfache Dinge benennt, gegen Anglizismen, die Weltoffenheit und Fortschrittlichkeit vorgaukeln. Solche Wörter zu erkennen, kann der rhetorischen Sinnesschärfung dienen, aber auch helfen, diese Wörter zu vermeiden und insgesamt verständlicher zu formulieren. Ordnen Sie folgende Wörter den drei Kategorien zu:

John Locke

Lichtbild, Stretching, Entsorgungspark, Postwertzeichen, Busch-Administration, Lichtzeichenanlage, Freisetzung von Arbeitskräften, Nachrüstung, Inauguraladresse, Verunfallung, Einvernahme, soziale Gerechtigkeit, All-in-one-Gerät, Mietanpassung, Nullwachstum.

Worthülsen: ________________________

__________________________________

__________________________________

Amtsdeutsch: ________________________

__________________________________

__________________________________

Anglizismen: ________________________

__________________________________

__________________________________

### Übung A.5 — 1,5 Min.

Wie trinken Sie Ihren Kaffee? Mit Zucker? Auch wenn der gezuckerte Kaffee nicht mit dem Löffel umgerührt wird, schmeckt er nach einiger Zeit trotzdem gleichmäßig süß. Der Grund hierfür liegt in der Diffusion, der Teilchenwanderung. Die Teilchen streben einer gleichmäßigen Verteilung in einem flüssigen Medium zu. Eine spezielle Art der Diffusion ist die Osmose, eine einseitig gerichtete Diffusion eines Lösungsmittels durch eine semipermeable (teildurchlässige) Wand. Das semipermeable Medium ist für das Lösungsmittel (meist Wasser) durchlässig, nicht aber für den gelösten Stoff. Auch beim Kochen macht man sich diesen Effekt zu nutze. So gibt man Salz zu Gemüse, um einen osmotischen Wassereinstrom zu erzeugen. Hierdurch quillt das Gemüse auf und die Geschmacksstoffe bleiben erhalten. Wie verhält es sich mit Fleischbrühe?

**A** Zu Fleischbrühe gibt man ebenfalls Salz, damit die Brühe einen ordentlichen Geschmack bekommt.

**B** Fleischbrühe kocht man ohne die Zugabe von Salz, da hier die Geschmacksstoffe des Fleisches in das umgebende Wasser, die Brühe, übergehen sollen.

### Übung A.6 — 2 Min.

Eine Gerade besitzt den y-Achsenabschnitt n = –3 und verläuft durch den Punkt P (–4/–1).
Wie lautet die zugehörige Funktionsgleichung?

________________________

________________________

________________________

### Übung A.7 — 1,5 Min.

In der Werbesprache unterscheidet man so genannte Schlüsselwörter und Plastikwörter. Schlüsselwörter sind positiv besetzt und sollen die Gefühlswelt des potenziellen Kunden ansprechen und seine persönliche Vorstellungskraft anregen. Plastikwörter sollen keine Gefühle hervorrufen, sondern den Eindruck wissenschaftlicher Qualität und Fundiertheit vermitteln – auch wenn sie meist nichts anderes sind als Luftblasen. Versuchen Sie eine Zuordnung der folgenden Wörter: Dynamik, probiotisch, Komfort, Substanz, Strategie, leicht, Entwicklung, natürlich, leben, Lust, schmecken, Prozess, genießen, Sicherheit.

Schlüsselwörter: ________________

________________________

________________________

Plastikwörter: ________________

________________________

________________________

### Übung A.8 — 1,5 Min.

Der Siegeszug der elektrischen Beleuchtung begann etwa 1880 mit der Entwicklung der 1. Glühlampe durch den amerikanischen Erfinder Thomas Alva Edison (1847–1931).
Eine solche Glühbirne heizt mittels elektrischen Stroms einen Leiter (Glühfaden aus Wolfram) auf und bringt ihn zum Leuchten. Früher wurde der Glaskolben evakuiert; heute ist er mit einem Stickstoff-Argon-Gemisch gefüllt. Dies verhindert, dass der Wolframfaden verdampft. Solche Glühlampen wandeln aber nur einen kleinen Teil der Energie in Licht um. Deshalb nutzt man heute oft Energiesparlampen, die bei

Thomas A. Edison

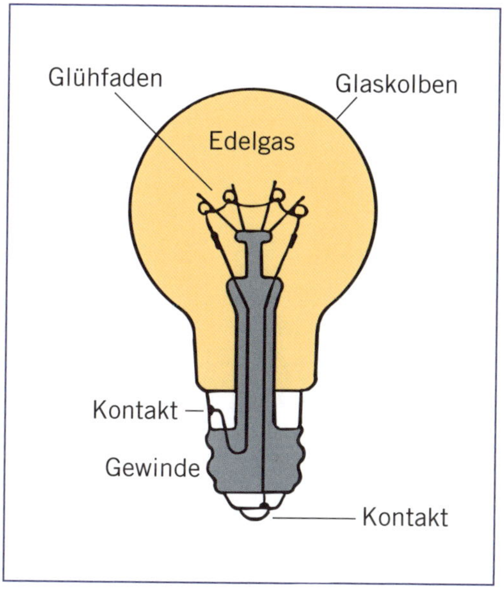


Glühlampe

gleicher Lichtausbeute weniger Energie verbrauchen. Was genau sind Energiesparlampen?

**A** Halogenleuchten
**B** Leuchtstoffröhren
**C** Wolframlampen

### Übung A.9 — 2 Min.

Der zentrale Dorfplatz des Dorfes Kleinhausen ist 342 $m^2$ groß. Der Platz wurde genau rechteckig angelegt. Eine Seite ist 19 m lang. Im Rahmen des Programms „Unser Dorf soll schöner werden" wollen die Bewohner den Platz mit Kantsteinen einfassen. Einer dieser Steine misst 50 cm x 50 cm. Wie viele Steine benötigen sie?

________________________________

________________________________

________________________________

________________________________

### Übung A.10 — 1,5 Min.

Die folgenden Wörter sollen jeweils mit den gleichen zwei Buchstaben beginnen. Welche sind es?

_ _ eichung
_ _ osse
_ _ ucke
_ _ eis
_ _ eich

### Übung A.11 — 1,5 Min.

Das Eiweiß im Hühnerei wird beim Erhitzen fest, da sich der räumliche Aufbau der Proteinmoleküle verändert hat. Dieser Prozess heißt Denaturierung. Hierbei ändert sich die Struktur der Proteinketten (Sekundär-, Tertiär- und Quartärstruktur), nicht jedoch die Reihenfolge der einzelnen Aminosäuren (Primärstruktur). Durch den Prozess der Denaturierung ändern sich die Eigenschaften der Proteine. Die Denaturierung ist irreversibel, d. h. das feste Hühnereiweiß kann nicht mehr flüssig werden. Können Sie sagen, warum hohes Fieber beim Menschen tödlich sein kann?

**A** Bei einer zu hohen Körpertemperatur platzen die Zellen.
**B** Durch die hohe Körpertemperatur, schwitzt der Mensch soviel Wasser aus, dass er „vertrocknet".
**C** Bei hohen Temperaturen werden körpereigene Proteine zerstört.

### Übung A.12 — 2 Min.

Eine Wallfahrtskirche besitzt eine Kuppel, die wie eine Halbkugel geformt ist. Nach einem Unwetter ist Wasser eingedrungen. Nun muss die Kuppel neu gestrichen werden. Wie viele Quadratmeter Fläche sind zu streichen, wenn die Kuppel einen Radius von 3,80 m hat?

### Übung A.13 — 1,5 Min.

Was meinen Sie, aus welchen Gründen wählen Autoren wohl ein Pseudonym?

### Übung A.14 — 1 Min.

In der Elektronik, einem Teilbereich der Elektrotechnik, werden Bauelemente mit elektrischer Steuerung verwendet. Erläutern Sie die Funktionsweise einer Diode.

**A** Eine Diode bewirkt eine Gleichrichtung des Stroms.
**B** Eine Diode bewirkt ein Leuchten.
**C** Eine Diode bewirkt eine Wechselrichtung des Stroms.

### Übung A.15 — 2,5 Min.

Wie hoch ist ein Baum, der einen 12 m langen Schatten wirft, wenn gleichzeitig ein neben ihm stehendes Kind, das 1,50 m groß ist, einen Schatten von 1 m wirft? Tipp: Machen Sie sich eine kleine Skizze.

### Übung A.16 — 1,5 Min.

Welche logischen Verstöße können Sie im folgenden Text erkennen?
„Das Unternehmen gilt als starker Partner des örtlichen Sportvereins. Er ver-

steht sich als Sponsor für die jungen Fußballer, weil er die Nachwuchsförderung unterstützt."

______________________________________

______________________________________

______________________________________

______________________________________

## Übung A.17 — 2 Min.

Die Abb. zeigt das Phasendiagramm für eine Blei-Zinn-Legierung. Oberhalb der Liquiduslinie liegt die Schmelze vor. Besteht das Schmelzgemisch aus 30 % Zinn und 70 % Blei, so kristallisieren beim Abkühlen Blei-Kristalle aus. Die Schmelze wird durch die Kristallite zunehmend breiig. Dies geschieht solange, bis die so genannte eutektische Temperatur (hier 183 °C erreicht ist. Bei dieser Temperatur erstarrt die gesamte Schmelze. Setzt sich die Schmelze aus 30 % Blei und 70 % Zinn zusammen, so kristallisieren beim Abkühlen Zinn-Kristalle aus. Was geschieht folglich am eutektischen Punkt, also wenn die Schmelze aus 63 % Zinn und 37 % Blei besteht? Ordnen Sie die drei mikroskopischen Kristall-Gefüge den drei beschriebenen Abkühlungsprozessen zu.

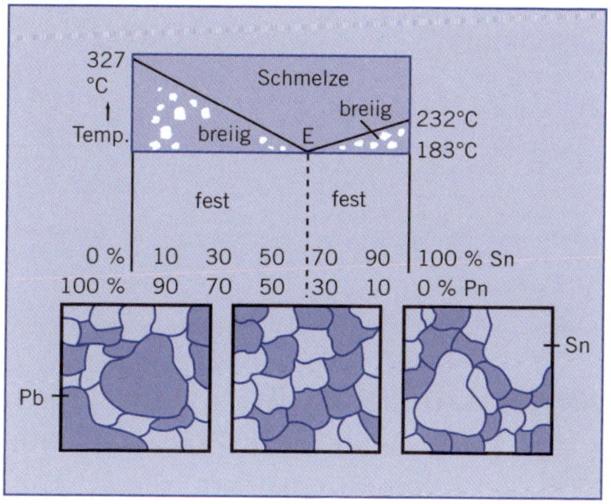


## Übung A.18 — 2 Min.

Auf einen Jahrmarkt befindet sich ein Glücksrad mit zwölf gleich großen Sektoren. Von ihnen sind 7 weiß, 3 blau und zwei schwarz. Wie hoch sind die Wahrscheinlichkeiten für jede einzelne Farbe, dass das Glücksrad auf ihr stehen bleibt?

______________________________________

______________________________________

______________________________________

______________________________________

## Übung A.19 — 1,5 Min.

Welches Wort muss in dieser Reihe folgen?

Obst, Publikum, Flotte, Getreide, ...

A Apfel
B Schiff

C Herde
D Zuschauer

### Übung A.20 — 1,5 Min.

Eigentlich ist Mittag nicht gleich Mittag. Denn der wahre Mittag trifft nur auf Orten zu, die sich auf einem Längenkreis der Erde befinden. Die Zeitangabe müsste also für jeden Längenkreis gesondert erfolgen. Man spricht deshalb auch von der Ortszeit, welche die auf den Längenkreis bezogene Zeit meint. Aus praktischen Gründen hat man die Erde in 24 Zeitzonen eingeteilt, wobei die Zeitdifferenz zwischen zwei Zonen immer eine Stunde beträgt. Die korrekte Zeitdifferenz ist berechenbar. So beträgt die Differenz zwischen zwei um 1° auseinander liegenden Längenkreisen 4 Minuten, denn: 24 Stunden / 360° = 0,06666 Stunden = 4 Minuten. Wie groß ist die Zeitdifferenz zwischen der Insel Bornholm (0 Minuten) mit der geografischen Länge 15° und der Stadt Rostock, welche sich auf dem 12. Längengrad befindet?

A 4 Minuten
B 8 Minuten
C 12 Minuten

### Übung A.21 — 2,5 Min.

In einigen Gegenden ist die Fasanenjagd eine beliebte Beschäftigung. Zwei Jäger, Hans Scharfblick und Franz Triffmanchmal, gehen auch Vögel jagen. Hans ist der bessere Schütze und hat eine Trefferquote von stolzen 80 %. Bei Franz ist hingegen nur jeder fünfte Schuss ein Treffer (sehr zur Freude der Vögel). Als Ausgleich benutzt Franz ein dreiläufiges Gewehr, bei dem jeder Schuss einzeln erfolgt. Plötzlich flattern Fasane auf, beide schießen ihre Waffen leer. Wie groß ist die Wahrscheinlichkeit, dass ein Vogel getroffen wird?

______________________________

______________________________

______________________________

### Übung A.22 — 2 Min.

Ordnen Sie die Wörter der Liste paarweise und sinnvoll an. Um welche Art von Paaren handelt es sich?

| | |
|---|---|
| zänkisch | anspruchslos |
| arrogant | verwegen |
| dreist | streichsüchtig |
| kühn | anmaßend |
| bescheiden | unverschämt |

______________________________

______________________________

______________________________

### Übung A.23 — 1,5 Min.

Venus und Mars besitzen eine stabile Atmosphäre, die im chemischen Gleichgewicht ist und einen hohen Gehalt an dem eher reaktionsträgen Kohlendioxid aufweist. Warum würden Außerirdische, die nach Leben suchen, den Mars und die Venus links liegen lassen und direkt die Erde ansteuern?

### Übung A.24 — 2,5 Min.

Vor einem amerikanischen Bezirksgericht findet eine Gerichtsverhandlung statt. Es geht um einen Verkehrsunfall. Ein Zeuge behauptet, er habe nach dem nächtlichen Unfall ein blaues Taxi davonfahren sehen. Um die Zuverlässigkeit des Zeugen zu prüfen, lässt ihn die Richterin testen. Das Ergebnis des Tests lautet: Der Zeuge erkennt bei Dunkelheit in 80 % der Fälle die Farbe korrekt. Eine Erhebung ergab außerdem, dass in der Stadt 85 % der Taxis grün und 15 % der Taxis blau sind. Mit welcher Wahrscheinlichkeit ist das Taxi tatsächlich blau?

### Übung A.25 — 1,5 Min.

Was haben diese Wörter gemeinsam: Musikalien, Einkünfte, Ferien, Shorts, Kinkerlitzchen, Memoiren?

### Übung A.26 — 1 Min.

Was versteht man unter einem schwarzen Loch?

**A** interstellare Materie, die sich zusammenzieht

**B** den Endzustand eines kollabierten Sternes

**C** Antimaterie, die sich sehr schnell dreht

### Übung A.27 — 2 Min.

Hans wird von seiner Mutter einkaufen geschickt. Er soll beim Metzger drei Sorten Wurst kaufen. Die Metzgerei hat zehn Sorten Wurst im Angebot. Wie viele Möglichkeiten hat Hans?

### Lösung A.1

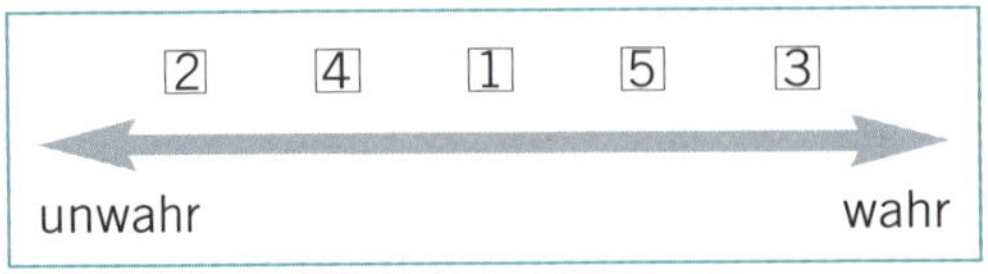


### Lösung A.2

A. Magnesium ist im Muskel für die Erschlaffungs- und Erholungsphasen zuständig. Fehlt dieser Mineralstoff in der Muskelzelle, so kommt es zum Krampf. Eisen wirkt vor allem auf die Sauerstoffversorgung des Körpers und ist Bestandteil des roten Blutfarbstoffes (Hämoglobin).

### Lösung A.3

Der Grog enthalte x % Alkohol. 0,05 l Rum haben einen Alkoholgehalt von 40 %, also.

$$0{,}05 \cdot \frac{40}{100}$$

Herr Ries braut sich insgesamt 0,25 l Grog mit x% Alkohol. Da sich die Menge an Alkohol durch Zuschütten von Wasser nicht ändert, muss die Menge an reinem Alkohol in den 0,05 l Rum gleich der Menge an reinem Alkohol in den 0,25 Grog sein. Man kann also folgende Gleichung aufstellen:

$$0{,}05 \cdot \frac{40}{100} = 0{,}25 \cdot \frac{x}{100}$$

Der Grog enthält also 8 % Alkohol.

### Lösung A.4

Worthülsen: Entsorgungspark, Freisetzung von Arbeitskräften, Nachrüstung, soziale Gerechtigkeit, Mietanpassung, Nullwachstum
Amtsdeutsch: Lichtbild, Postwertzeichen, Lichtzeichenanlage, Verunfallung, Einvernahme
Anglizismen: Stretching, Bush-Administration, Inauguraladresse, All-in-one-Gerät

### Lösung A.5

B. Bei der Zubereitung einer Fleischbrühe verwendet man, im Gegensatz zum Kochen von Gemüse, kein Salz. Der osmotische Strom soll ja gerade die Geschmacksstoffe des Fleisches in die Brühe transportieren. Eine Zugabe von Salz würde bewirken, dass Wasser in das Fleisch eindringt und die Geschmacksstoffe nicht in die Brühe übergehen können.

### Lösung A.6

Die allgemeine Funktionalgleichung für lineare Funktionen lautet $y = mx + n$. Nach Einsetzen der bekannten Werte ergibt sich also:

$$-1 = m \cdot (-4) - 3$$

$$\Leftrightarrow m = -\frac{1}{2}$$

Die Funktionsgleichung lautet also:

$$y = -\frac{1}{2}x - 3$$

### Lösung A.7

Schlüsselwörter: probiotisch, Komfort, leicht, natürlich, leben, Lust, schmecken, genießen, Sicherheit.
Plastikwörter: Dynamik, Substanz, Strategie, Entwicklung, Prozess.

### Lösung A.8

B. Bei Energiesparlampen handelt es sich um Leuchtstofflampen (auch Leuchtstoff-

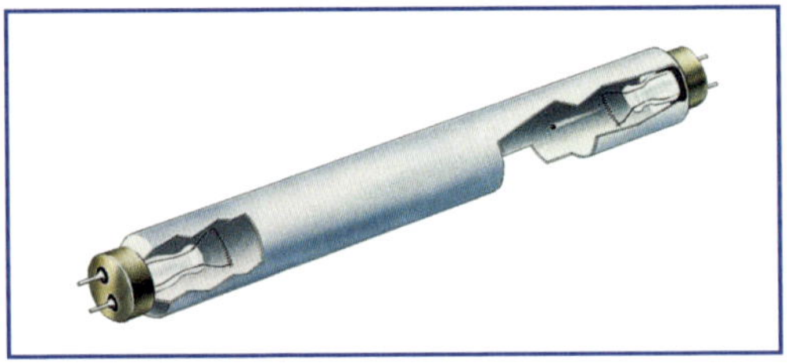

Leuchtstoffröhre

röhren). Die Röhre, in der sich das Plasma ausbreitet, ist bei diesen Lampen oft mehrfach gebogen, um Platz zu sparen. In den Leuchtstofflampen wird ultraviolettes Licht, das durch Gasentladung in der mit Quecksilberdampf gefüllten Röhre erzeugt wird, in sichtbares Licht umgewandelt.

### Lösung A.9
Aus der Fläche des Platzes und der einen Seite lässt sich die Länge der zweiten Seite (18 m) berechnen. Da er rechteckig ist, haben die Bewohner es also mit zwei 18 m langen und zwei 19 m langen Seiten zu tun. Um diese Seiten einzufassen, benötigen sie 148 Kantsteine. Es fehlen dann allerdings noch die vier Ecken. Insgesamt sind also 152 Kantsteine nötig.

### Lösung A.10
Die fehlenden Buchstaben sind „G“ und „L“: Gleichung, Glosse, Glucke, Gleis, gleich

### Lösung A.11
C. Bei einer zu hohen Körpertemperatur denaturieren die körpereigenen Proteine. Einige Proteine der roten Blutkörperchen werden bereits bei 42 °C zerstört.

### Lösung A.12

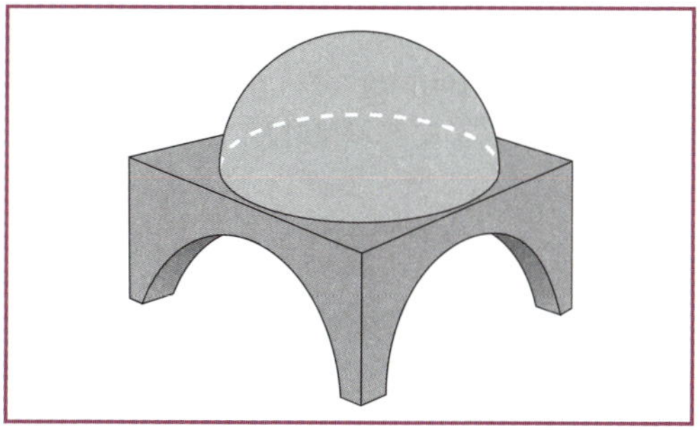

Halbkuppel

Da es sich ja nur um eine Halbkugel handelt, müssen wir die Oberfläche der Kugel halbieren und kommen dann auf folgende Formel:

$$A = \frac{4 \cdot \pi \cdot r^2}{2} = 2 \cdot \pi \cdot 3{,}8^2 = 90{,}73 \text{ m}^2.$$

Es müssen 90,73 Quadratmeter gestrichen werden.

### Lösung A.13
Ein Autor kann sich aus verschiedenen Gründen dafür entscheiden, ein Pseudonym zu wählen. Meist geschieht es aus Furcht vor Verfolgung oder aus Furcht vor Skandalen und Bloßstellungen. Das kann bei politischen, satirischen oder erotischen Schriften der Fall sein. Manchmal schreiben Autoren aus Scham oder aus ihrer Unsicherheit heraus nicht unter ihrem tatsächlichen Namen, vermeiden es aus Rücksicht auf Familie und Freunde, öffentlich aufzutreten, oder wollen ihren vielleicht wenig klangvollen Namen vermeiden.

### Lösung A.14
A. Eine Diode besitzt zwei Pole, die Anode (Minuspol) und die Kathode (Pluspol). Sie ist für Strom, der in eine Richtung fließt durchlässig; für Strom, der entgegengesetzt fließt jedoch undurchlässig. Hierdurch wird eine Gleichrichtung des Stroms ermöglicht. Leuchtdioden zeigen lediglich durch das Leuchten an, dass ein Strom fließt.

### Lösung A.15
Die Skizze könnte ungefähr so aussehen (s. nächste Seite):
Nun wird klar, dass wir hier mit dem zweiten Strahlensatz weiterkommen. Die entsprechende Gleichung lautet:

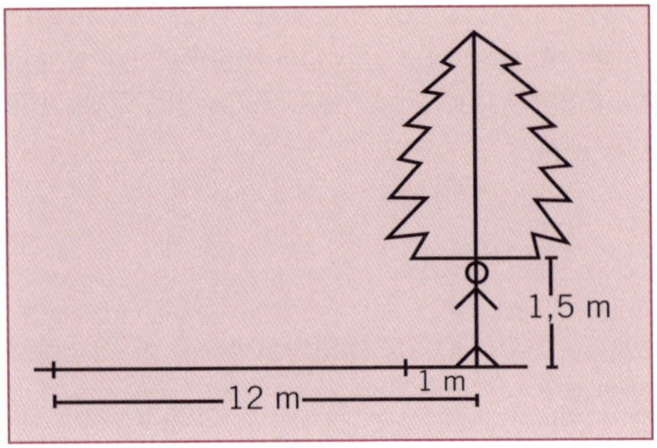


$$\frac{1{,}5}{1} = \frac{x}{12}$$

$$1{,}5 \cdot 12 = x = 18$$

Der Baum ist 18 m hoch.

## Lösung A.16

Die Textpassage weist zwei wesentliche Mängel auf: a) die Wahl des falschen rückbezüglichen Pronomens am Anfang des zweiten Satzes (nicht: er, der Partner, sondern: es, das Unternehmen); b) der durch die Konjunktion „weil" eingeleitete Satz liefert keine Begründung.

## Lösung A.17

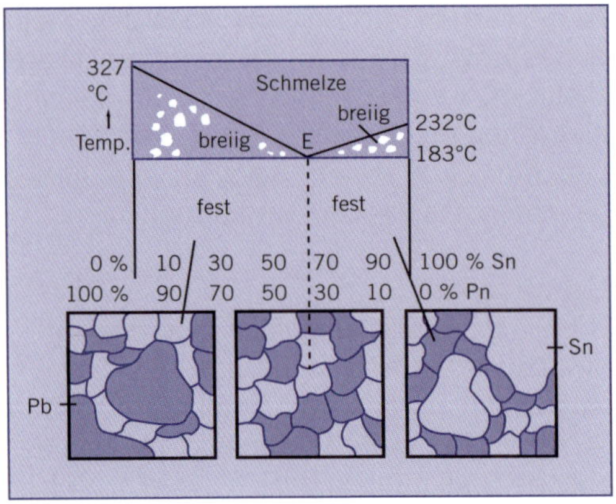


Eutektische Zusammensetzungen besitzen wegen ihres feinen Gefüges eine hohe Festigkeit.

## Lösung A.18

Das Glücksrad besitzt 12 Sektoren. Die Wahrscheinlichkeit, dass einer dieser Sektoren gewinnt, ist (zunächst unabhängig von seiner Farbe ) $\frac{1}{12}$. Bringen wir nun die Farben ins Spiel, so ergibt sich:

Weiß: 7 Felder Wahrscheinlichkeit ist

$$7 \cdot \frac{1}{12} = \frac{7}{12}$$

Blau: 3 Felder Wahrscheinlichkeit ist

$$3 \cdot \frac{1}{12} = \frac{1}{4}$$

Schwarz: 2 Felder Wahrscheinlichkeit ist

$$2 \cdot \frac{1}{12} = \frac{1}{6}$$

## Lösung A.19

C. Bei der Reihe von Wörtern handelt es sich um so genannte Sammelbezeichnungen (Kollektiva). Ein einzelnes Stück kann mit ihnen nicht bezeichnet werden.

## Lösung A.20

C. Die Graddifferenz zwischen Bornholm und Rostock beträgt 3°; also beträgt die Zeitdifferenz 3 · 4 Minuten je Grad = 12 Minuten.

## Lösung A.21

Auf den Fasan wird viermal geschossen. Er überlebt, wenn ihn keine Kugel trifft. P(Hans trifft nicht) = 1 – 0,8 = 0,2 (pro Schuss); P(Franz trifft nicht) = 1 – 0,2 =

0,8 (pro Schuss). Hans schießt einmal, Franz dreimal. Der Fasan überlebt das Ereignis, wenn: Hans trifft nicht UND Franz trifft nicht UND Franz trifft (wieder) nicht UND Franz trifft (nochmal) nicht → P(Fasan überlebt) = $0{,}8 \cdot 0{,}2 \cdot 0{,}2 \cdot 0{,}2 = 0{,}1024$. Die Überlebenschance des Fasans beträgt also 10,24 %.

Hans schießt mit seinem Gewehr einmal, Franz mit seinem Hightech-Gerät gleich dreimal. Hans feuert also $\frac{1}{4}$ der Schüsse ab, Franz $\frac{3}{4}$.

Die Wahrscheinlichkeit, dass ein Fasan dabei getroffen wird, errechnet sich nun so:
$P = 0{,}25 \cdot 0{,}8 + 0{,}75 \cdot 0{,}25 = 0{,}35$

Mit einer Wahrscheinlichkeit von 35 % wird ein Fasan getroffen.

## Lösung A.22

Die Paare der Synonyme sind:
zänkisch – streitsüchtig
anspruchslos – bescheiden
arrogant – anmaßend
verwegen – kühn
dreist – unverschämt

## Lösung A.23

Die Erdatmosphäre ist hochreaktiv, sie enthält u. a. so reaktive Gase wie Methan und Sauerstoff. Nur in einer reaktionsfreudigen Umwelt ist Leben möglich.

## Lösung A.24

Gehen wir einmal von 100 Taxis aus: Von diesen 100 Taxis sind 15 blau; der Zeuge identifiziert davon 80 % tatsächlich als blau, das sind 12. 85 Taxis sind grün, der Zeuge identifiziert davon 80 % tatsächlich als grün, das sind 68, also werden 17 Taxen irrtümlich als blau identifiziert. Insgesamt identifiziert der Zeuge 29 Taxis als blau und davon 12 richtig. Die Wahrscheinlichkeit, dass ein vom Zeugen als blau identifiziertes Taxi auch tatsächlich blau ist, ist demnach

$P = \frac{12}{29}$.

Er erkennt das Taxi mit einer Wahrscheinlichkeit von 41,38 % korrekt.

## Lösung A.25

Alle Wörter verwendet man nur in der Pluralform.

## Lösung A.26

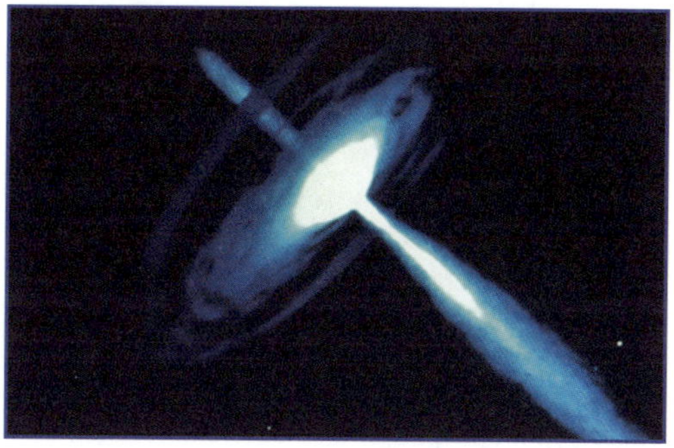

Schwarzes Loch

B. Ein schwarzes Loch kann, abhängig von der Masse eines Sternes, der Endzustand eines Sternes sein, nachdem dieser erloschen und kollabiert ist.

## Lösung A.27

Beim ersten „Wahlgang“ kann Hans aus allen zehn Sorten auswählen. Danach bleiben ihm noch 9 Sorten über und schließlich noch acht. Er hat insgesamt also $10 \cdot 9 \cdot 8 = 720$ Möglichkeiten, drei Sorten Wurst auszusuchen.

# Testauswertung

## Auswertung des Einführungstests

**0–8 richtige Antworten**
Ihre PISA-Kompetenz ist gering. Prüfen Sie, warum Sie die meisten Fragen nicht richtig beantwortet haben. Lag es an Denk- oder Rechenfehlern? Dann sollten Sie bei den folgenden Übungen auf größere Genauigkeit achten. Konnten Sie die Lösungswege nicht finden? In diesem Fall empfiehlt sich eine intensivere Beschäftigung mit den betreffenden Themengebieten. Bei vergrößerter Wissensbasis wird sich auch Ihre Erfolgsquote deutlich verbessern.

**9–17 richtige Antworten**
Sie besitzen durchschnittliche PISA-Kompetenz. Die Fähigkeit zu Transferleistungen ist in ausreichendem Maße vorhanden. Wenn Sie eine Reihe von Fragen nicht beantworten konnten, lag dies vor allem an spezifischen Wissenslücken. Um diese zu schließen, sollten Sie sich gezielt mit den betreffenden Themen auseinander setzen. Das vorliegende Buch bietet mit vielen hundert Übungen Gelegenheit dazu.

**18–26 richtige Antworten**
Ihre PISA-Kompetenz ist überdurchschnittlich hoch, aber immer noch steigerungsfähig. Neben einer ausgeprägten Fähigkeit zu Transferleistungen verfügen Sie über eine breite, solide Wissensbasis. Kleine Ungenauigkeiten haben jedoch zu einigen Fehlern geführt. Sehen Sie sich die Lösungswege der betreffenden Übungen noch einmal genau an und nutzen Sie die folgenden Kapitel für ein wirksames Training! Dann sollten Sie beim Abschlusstest das optimale Ergebnis erzielen.

## Auswertung des Abschlusstests

**0–9 richtige Antworten**
Sie haben unterdurchschnittlich abgeschnitten, d. h. Ihre PISA-Kompetenz ist gering. Vielleicht liegt es daran, dass Sie wenig Erfahrung im Umgang mit Testfragen haben. Auf jeden Fall sollten Sie in Ruhe überprüfen, warum Sie die meisten Fragen nicht richtig beantwortet haben. Lag es an Denk- oder Rechenfehlern? Dann sollten Sie künftig auf größere Genauigkeit achten. Konnten Sie die Lösungswege nicht finden? In diesem Fall raten wir Ihnen zu einer intensiveren Beschäftigung mit den betreffenden Themengebieten. Wenn Sie Ihr Wissen erweitern, wird sich auch Ihre PISA-Erfolgsquote deutlich verbessern.

**10–18 richtige Antworten**
Sie besitzen durchschnittliche PISA-Kompetenz. Die Fähigkeit zu Transferleistungen ist in ausreichendem Maße vorhanden, aber spezifische Wissenslücken haben dazu geführt, dass Sie eine Reihe von Fragen nicht richtig beantworten konnten. Setzen Sie sich gezielt mit den betreffenden Themen auseinander, um diese Lücken zu schließen! Nutzen Sie dazu das umfassende Wissensangebot des vorliegenden Buches!

**19–27 richtige Antworten**
Ihre PISA-Kompetenz ist überdurchschnittlich hoch, aber immer noch steigerungsfähig. Sie besitzen eine ausgeprägte Fähigkeit zu Transferleistungen und können auf ein breites, solides Wissen zurückgreifen. Kleine Ungenauigkeiten haben jedoch zu einigen falschen Antworten geführt. Sehen Sie sich die Lösungswege der betreffenden Übungen noch einmal genau an! Stellen Sie sich aus unserem Wissenspaket ein geeignetes Trainingsprogramm zusammen, um beim nächsten Test das optimale Ergebnis zu erzielen!